Bericht

über die

XXII. Tagung (Kriegstagung)

des

Deutschen Forstwirtschaftsrates

zu

Berlin

28.—30. März 1916

Berlin

Verlag von Julius Springer

1916

ISBN-13:978-3-642-90146-1   e-ISBN-13:978-3-642-92003-5
DOI: 10.1007/978-3-642-92003-5

Beratungsgegenstände:

1. Gewinnung von Nährstoffen und technischen Hilfsstoffen aus dem Walde.

    Berichterstatter: Oberforstmeister Riebel, Filehne.

2. Der forstliche Betrieb während des Kriegszustandes.

    Berichterstatter: Regierungsdirektor Dr. Wappes, Speyer.

3. Die wirtschaftliche Lage der Forstwirtschaft und des Holzhandels im Kriegszustande.

    Berichterstatter: Rittergutsbesitzer Prof. Dr. von Mammen, Brandstein.

4. Die Beurteilung des Diebstahles an aufgearbeitetem Holz als Mundraub.

    Berichterstatter: Universitätsprofessor der Rechte Dr. Dickel, Charlottenburg.

5. Die Umgestaltung des Deutschen Forstvereins und Forstwirtschaftsrates, Bericht der Satzungskommission.

    Berichterstatter: Regierungsdirektor Dr. Wappes, Speyer.

Über eine Reihe weiterer Beratungsgegenstände, die namentlich geschäftliche und sonstige Angelegenheiten des Forstvereins betreffen und demnach für die Allgemeinheit weniger Interesse bieten, ist in den „Mitteilungen des Deutschen Forstvereins" 1916 Nr. 3 (Verlag von Julius Springer, Berlin) näherer Bericht erstattet worden.

Inhaltsverzeichnis.

Teilnehmerverzeichnis

der XXII. Tagung (Kriegstagung) des Deutschen Forstwirtschaftsrates zu Berlin,
28.—30. März 1916.

Riebel, Oberforstmeister, Filehne, Vorsitzender.
Schede, Landforstmeister, Berlin.
Sieber, Oberforstmeister, Schleiz.
Runnebaum, Oberforstmeister, Erfurt.
Dr. Neumeister, Geh. Oberforstrat, Dresden.
von Kalckstein, Majoratsherr, Schultitten (Ostpr.)
Graf Finck von Finckenstein, Rittergutsbesitzer, Trossin (Mark).
Krieger, Oberforstmeister, Liegnitz.
Quaet-Faslem, Geh. Regierungsrat, Landesforstrat, Hannover.
Dr. von Mammen, Prof., Oberförster a. D., Schloß Brandstein (Obfr.)
Dr. Speidel, Oberforstrat, Stuttgart.
Gretsch, Oberforstrat, vorsitzender Rat, Karlsruhe.
Pilz, Oberforstmeister, Straßburg.
Reiß, Geh. Forstrat, Offenbach a. M.
von Bassewitz, Hofkammerpräsident, Exzellenz, Gotha.
von Oertzen, Oberforstmeister, Gelbensande.
Reuß, Oberforstrat, Dessau.
Lusig, Forstmeister, Grudschütz (Schlesien).
Waechter, Landforstmeister a. D., Berlin.
Erdmann, Forstmeister, Neubruchhausen (Hann.).
Martin, Forstmeister, Waldau b. Cassell
Dr. König, Oberförster, Güglingen.
Dr. Hausrath, Professor, Karlsruhe.
Ledig, Forstmeister, Hohnstein.
Schwarz, Geh. Forstrat, Obereschbach i. Taunus.
Heyer, Forstmeister, Jugenheim, z. Zt. Lodz.
Schönichen, Forstrat, Dessau.
Eulefeld, Forstrat, Lauterbach, z. Zt. Essen.
Graf zu Westerholt u. Gysenberg, Sythen (Westfalen).
Freiherr von Haxthausen, Abbenburg (Westfalen).
Blum, Forstrat, Aschaffenburg.
Dr. Bertog, Forstrat, Berlin, z. Zt. Luckenwalde.
Kranold, Oberforstmeister, Marienwerder.
Dr. Wappes, Regierungsdirektor, Speyer.
Dr. von Bühler, Professor, Tübingen.
Dr. Endres, Professor, München.
Dr. Udo Müller, Professor, Karlsruhe.
Dr. Schwappach, Geh. Reg.-Rat, Prof., Eberswalde.
von Stünzner, Hofkammerpräsident, Wirkl. Geh. Ober-Reg.-Rat, Berlin.
Kohlschütter, Geh. Hofkammer- und Forstrat, Sigmaringen.
Eigner, Oberforstrat, Regensburg.
von Gleichen-Rußwurm, Oberforstrat, Dessau.
von Gehren, Kammerpräsident, Ratibor.
von Harling, Landforstmeister, Neustrelitz.
Jäger, Forstmeister und Stadtrat, Görlitz.
Spengler, Forstamtsassessor, München, Generalsekretär.

———

Bericht über die XXII. Tagung des Forstwirtschaftsrats (Kriegstagung),

abgehalten zu Berlin vom 28.—30. März 1916.

Vorsitzender: Kgl. Oberforstmeister a. D. **Riebel**, Filehne.

Vorsitzender: Meine Herren! In ernster und schwerer Zeit eröffne ich die XXII. Tagung des Forstwirtschaftsrates und begrüße Sie herzlich. Namentlich möchte ich einen warmen Willkommengruß denjenigen unter uns widmen, die im Kriegsgewande, teilweis aus Feindesland, hierher geeilt sind, um an unseren Beratungen teilzunehmen.

Noch tobt der gewaltigste und grausamste Krieg, den die Erde je gesehen hat. Noch stehen unsere wehrfähigen Brüder und Söhne auf der schier endlosen Front gegen die Feinde ringsum, um unser Vaterland zu schützen, und es scheint die Zeit kaum angetan zu friedlicher Tagung. Aber es lagen eine Reihe dringender Fragen vor, geschäftlicher Angelegenheiten des Forstvereins, die es geboten erscheinen ließen, daß wir zusammenkamen. Vor allem beseelte uns aber wohl alle der Wunsch, uns aussprechen zu können über die großen wirtschaftlichen Fragen, die uns die Not des Krieges aufgedrängt hat. Ihr Vorstand hat sich daher auf mehrseitige Anregung veranlaßt gesehen, den Forstwirtschaftsrat zusammenzuberufen.

Meine Herren, mehr als je haben wir Anlaß, uns in dieser schweren Zeit treu zusammenzuscharen als wackere deutsche Männer um unsern Kaiser und unsere Landesherren, und wenn auch in kleinem Kreise, so werden Sie mir zustimmen, daß wir heute beim Beginn unserer Arbeit zunächst unseres erhabenen Kaisers gedenken. Möge Gottes Gnade ihn schützen vor Unheil und Gefahr, möge er ihm Kraft verleihen, in dem furchtbaren Kampfe durchzuhalten bis zum siegreichen Ende zu des Vaterlandes Heil und Ehre! In diesem innigen Wunsche rufen wir: Seine Majestät unser geliebter Kaiser, Wilhelm II., er lebe hoch! — und abermals hoch! — und zum dritten Male hoch! (Die Versammlung hat sich erhoben und stimmt lebhaft in die Hochrufe ein.)

Bevor wir in unsere Tagesordnung eintreten, habe ich noch einer anderen Ehrenpflicht zu genügen. Die feindliche Kugel hat auch in unsere Reihe eine schmerzliche Lücke gerissen. An der Spitze seiner tapferen Kompagnie fand den Heldentod unser verehrtes Mitglied, der preußische Oberforstmeister Karl Fricke, Direktor der Forstakademie zu Hannoversch Münden. Sein letzter Ruf: „Mein Vaterland ist mir lieber als mein Leben!" zeigt uns den Mann in seinem vollen Werte. Gleicher Schneid und überzeugungstreue kennzeichneten auch sein Wirken im Beruf. Seine Verdienste um das Vaterland und den deutschen Wald sind bereits in forstlichen Blättern eingehend gewürdigt worden. Der Deutsche Forstverein wird seinen gefallenen Helden später eine Ehrentafel in den Mitteilungen widmen, wozu die Vorbereitungen im Gange sind. — Auch hinter der Front hat der Tod in unserer Runde Ernte gehalten. Am 16. Dezember 1915 starb zu Freiburg, seinem Ruhesitz, unser hochverehrtes Ehrenmitglied, der Kaiserliche Oberforstmeister Eduard Ney. Ein tückisches Leiden zehrte schon seit mehreren Jahren an seiner schier unverwüstlich erscheinenden Lebenskraft und brachte den starken Mann zu Fall, der in seiner Erscheinung und in seinem Wesen seinem Ideal unter den Waldbäumen, der deutschen Eiche, so auffallend glich. Sein Leben und Schaffen als treuer Hüter und Pfleger des Waldes, als Forscher auf wissenschaftlichem Gebiet, sein segensreiches Wirken als vielbegabter Mensch und hochverdienter Staatsbürger sind in einem Nachrufe in unseren Mitteilungen beleuchtet worden. In Dankbarkeit möchte ich aber an dieser Stelle besonders daran erinnern, daß der Verewigte seinerzeit durch Begründung des Reichsforstvereins den wuchtigsten Anstoß zum festen Zusammenschlusse der deutschen Forstmänner aus Nord und Süd gegeben hat.

Meine Herren, ich bitte Sie, das Andenken dieser beiden von uns geschiedenen Mitglieder durch Erheben von den Plätzen zu ehren. (Geschieht.) Sie werden beide als edle Vorbilder treuester Pflichterfüllung, ja der Treue bis in den Tod, in unserer Erinnerung fortleben.

In den Reihen des Forstvereins haben wir noch erheblich größere Verluste zu verzeichnen. Sie wissen alle, welche Opfer gerade die grüne Farbe in dem schweren Kampfe hat bringen müssen. Leider bin ich heute noch nicht in der Lage, Ihnen die gefallenen Helden des Forstvereins alle namentlich zu nennen. Die Ermittlungen machen einige Schwierigkeiten und haben noch nicht zu Ende geführt werden können. Wir wollen trotzdem ihrer aller in Treue gedenken und ihnen Dank zollen für die schweren Opfer an Blut und Leben, die sie dem Vaterlande dargebracht haben. Sie alle werden in der geplanten Ehrentafel ihren Platz finden.

Manche unserer Mitglieder sind leider durch die Fülle der Aufgaben, die die jetzige Zeit jedem, der im Amte steht, aufbürdet, verhindert worden, in unserer Mitte zu erscheinen. Auch den Staatsforst-

verwaltungen ist es aus dem gleichen Anlaß nur zum geringen Teile
möglich gewesen, Vertreter in unsere Mitte zu entsenden. Als Vertreter
der preußischen Forstverwaltung wird von Mittag an Herr Landforst=
meister S c h e d e erscheinen. Anwesend sind von Vertretern der Staats=
behörden Herr Oberforstrat G r e t s c h (Baden) und Herr Oberforst=
rat S p e i d e l (Württemberg), beide Mitglieder unserer Vereinigung
und zugleich Vertreter ihrer Behörden. Indem ich diese Herren herz=
lich begrüße, möchte ich dem Dank des Forstwirtschaftsrates für das
Interesse Ausdruck geben, das die Zentralbehörden durch ihre Ent=
sendung an unserer Tagung kundgegeben haben.

Ferner ist eine Anzahl Herren unter uns, die heute zum ersten
Male in unserer Mitte erschienen sind und zwar Herr Landforstmeister
P i l z aus Straßburg, Herr Oberforstmeister K r i e g e r (Liegnitz),
Herr Professor H a u s r a t h (Karlsruhe), Herr Geheimer Forstrat
S c h w a r z und Herr Forstrat S c h ö n i c h e n. Ich erlaube mir,
die Herren namens der Versammlung zu begrüßen und Sie um Ihre
freundliche Mitarbeit zu bitten. Ich möchte den Wunsch aussprechen,
daß unsere Arbeit Ihnen Interesse bietet und Sie das, was Sie in
unserem Kreise erwartet haben, auch erfüllt finden mögen.

Wir können nunmehr in die Tagesordnung eintreten[1]).

Gewinnung von Nährstoffen und technischen Hilfsstoffen aus dem Walde.

Berichterstatter: O b e r f o r s t m e i s t e r R i e b e l, F i l e h n e.

Meine Herren! Für die Besprechung der wichtigen wirtschaft=
lichen Fragen, die uns die Not des Krieges aufdrängt, konnten in der
Eile der Zeit nur Einzel=Referenten gewonnen werden. Wir haben
uns dahin geeinigt, daß wir uns darauf beschränken wollen, einleitende
Bemerkungen und eine Übersicht über den Stoff zu geben, in der Hoff=
nung, daß die Diskussion dann noch reichliches Material dazu bringen
wird. Ich werde mich über einzelne Fragen, die bisher in der Literatur
und der öffentlichen Diskussion nicht besonders eingehend erörtert
worden sind, etwas ausführlicher aussprechen, mich dagegen mit den
Sachen, die in der neueren Zeit vielfach in der Tages= und Fach=
literatur behandelt und auch von den Behörden durch Flugblätter
dem großen Publikum zugänglich gemacht worden sind, nur kurz
registrierend befassen.

---

[1]) Eine Reihe hier anschließender geschäftlicher und anderer Vereins=
angelegenheiten, die für die Allgemeinheit weniger Interesse haben, sind in
den „Mitteilungen des deutschen Forstvereins" 1916, Nr. 3 (Verlag: Springer,
Berlin) zum Abdruck gebracht worden.

Meine Herren! Wohl niemand im deutschen Volke ist sich jetzt noch im Unklaren über den wahren Grund und das Ziel des furchtbaren Krieges, den wir zu bestehen haben. Jeder weiß und fühlt es, daß wir einen Existenzkampf auf Leben und Tod führen, wie er in der Geschichte wohl nur zwischen Rom und Karthago stattgefunden hat, einen Kampf, der wie damals, nur mit der Niederwerfung eines der beiden großen Nebenbuhler, Deutschland und England, enden wird. Die Verhältnisse lassen zahlreiche Punkte der Vergleichung zu. Wir können sicher sein, daß die führenden Männer Englands uns gegenüber ganz und gar die Gesinnung des alten Cato im Herzen tragen. Unsere Widersacher haben das ausgesprochene Bestreben, das deutsche Volk nicht nur politisch und wirtschaftlich, sondern sogar physisch zu vernichten. Man will uns durch Hunger zugrunde richten, und wir müssen deshalb mit aller Kraft sowohl an der Front als auch hinter der Front kämpfen, um diese schändlichen Pläne zu vereiteln. Dazu ist es nötig, daß wir im Lande alle Mittel hervorsuchen und rücksichtslos nutzbar machen, die geeignet sind, uns in der Ernährung des Volkes und seines Viehstandes unabhängig von der Einfuhr, vollständig frei vom Ausland zu machen und uns ganz auf eigene Füße zu stellen, nicht nur während des Krieges, sondern möglichst für die Dauer. Auch zur Deckung des Bedarfs unserer Industrie müssen wir im Lande für Kriegs- und Friedenszeit alle nur irgend erreichbaren Quellen erschließen. Die harten Lehren, die uns die Not des Krieges gebracht hat, sollen nicht verloren sein. Wir müssen uns darüber klar sein, daß der wirtschaftliche Kampf mit dem Waffengange nicht beendet sein wird; er wird weiter gehen und vielleicht in nicht zu langer Zeit wieder zu kriegerischen Verwicklungen führen. Die Maßnahmen, die wir jetzt treffen, dürfen wir also nicht ängstlich daraufhin prüfen, ob sie uns rasche Erfolge bringen, sondern wir müssen selbst solche Einrichtungen vorbereiten und in Angriff nehmen, die vielleicht erst in Jahren Früchte tragen können.

Die Leistung unserer heimischen Produktion, namentlich der Landwirtschaft, ist unerwartet groß gewesen. Wir haben früher jährlich $1^1/_2$ Milliarden an das Ausland für Mehreinfuhr an Nahrungsmitteln ausgegeben. Jetzt, wo uns fast sämtliche Zufuhren abgeschnitten sind, hat es die deutsche Landwirtschaft trotzdem zuwege gebracht, uns $1^3/_4$ Jahre zu ernähren. Allerdings sind wir noch nicht über den Berg damit. Zweifellos sind zu Anfang des Krieges noch reiche Vorräte im Lande gewesen, die allmählich aufgezehrt sind. Wir haben im vorigen Jahre eine schlechte Ernte gehabt, das Dürre-Jahr 1915 wird in der Tasche des Landwirtes noch lange merkbar bleiben. Es hat die Kraftprobe für die wirtschaftliche Leistungsfähigkeit des Reiches und den Opfermut seiner Bevölkerung nicht unerheblich erschwert. Trotzdem ist es bis jetzt gelungen durchzuhalten. Aber das Schwerste kommt noch, die nächsten Monate werden uns harte Entbehrungen auferlegen. Sind wir erst darüber hinweg bis zur nächsten Ernte, dann wird sich die Sache schon freundlicher gestalten, denn wir können immerhin hoffen, daß wir eine so schlechte Ernte wie 1915 nicht wieder haben werden, obgleich ja nicht zu verkennen ist, daß die Ernten allmählich herabgehen müssen. Es fehlt an den nötigen Arbeits= und Gespannkräften, an manchen wichtigen künstlichen Dünge= mitteln, und es werden alle im Lande zur Verfügung stehenden Mittel herangezogen werden müssen, um diesen Ausfall zu ersetzen. Anderer= seits ist zu hoffen, daß die Fortschritte, die in der Erzeugung und Ver= wertung der Nährstoffe gemacht sind, ihre wohltätige Einwirkung mehr bemerkbar machen werden. Wir haben auch gelernt, uns ein= zuschränken und die von der Reichsregierung durchgeführte Verbrauchs= regelung zeigt günstigen Erfolg. Es kommt dazu, daß die großen Flächen, die im besetzten Auslande von uns bestellt sind, mithelfen werden und daß auch die wieder erschlossene Verbindung nach dem Orient voraussichtlich ihre guten Früchte tragen wird. Wir können also hoffen, daß es uns doch möglich sein wird, ohne wesentliche Schädigung an unserer Volkskraft durchzuhalten.

Wenn wir nun zunächst näher betrachten, was uns hauptsächlich für die Ernährung von Mensch und Vieh fehlt, so sind es vor allem Fett und Eiweiß, die stickstoffhaltigen Nahrungs= und Futtermittel. Die Ernährungsfrage ist in der Hauptsache eine Stickstofffrage, während die Kohlehydrate sich, namentlich bei entsprechenden Verschiebungen in der Verwendung, wohl dauernd in genügender Menge beschaffen lassen. Es fehlt uns der ausländische Stickstoff für die Düngung, infolgedessen fehlt er auch bei der Ernte in unseren Nahrungsmitteln. Nun hat uns ja die Wissenschaft in der Beziehung wesentliche Fort= schritte gebracht, die allerdings zurzeit für die Nahrungsmittelerzeugung noch nicht merkbar in Wirksamkeit getreten sind. Es ist Ihnen bekannt, daß unter Mitwirkung der Staatsbehörden große Fabrikanlagen in Vorbereitung, auch zum Teil wohl schon im Gange sind, um den Stickstoff der Luft uns dienstbar zu machen. Da das Produkt aber in großen Mengen für die Sprengstoffindustrie gebraucht wird, ist für die Landwirtschaft noch nicht viel davon übrig geblieben, es ist tat= sächlich zurzeit Stickstoffdünger nicht zu haben. Er wird uns bei der Frühjahrsbestellung in großem Umfange fehlen. Der Landwirt wird trotz der Fürsorge der Regierung darauf bedacht sein müssen, sich selbst so viel Stickstoffdünger zu beschaffen, als nur irgend möglich ist. Wir werden unsere Viehbestände, soweit es die Futterverhältnisse gestatten, vermehren müssen, werden vor allen Dingen eine intensivere, ratio= nellere Ausnutzung des erzeugten Stickstoffes anstreben und die Ver= luste vermeiden müssen, die bei der jetzigen Düngeranwendung in großem Maße eintreten. Man wird ferner im Landwirtschaftsbetriebe

den Stickstoff der Luft durch Anbau von Leguminosen als Zwischen=
frucht und Vorfrucht noch viel mehr als bisher nutzbar machen, und
auf diese zweifellos billigste Weise den Boden tunlichst mit Stickstoff
anreichern müssen.

Auch in der Erzeugung stickstoff= bzw. eiweißhaltiger Nährstoffe
hat uns die Wissenschaft wichtige Fortschritte gebracht. Den Herren
wird wahrscheinlich bekannt geworden sein, daß es dem Leiter des
Instituts für Gärungsgewerbe, Professor Delbrück, gelungen ist,
sehr eiweißreiche Hefen zu züchten. In zuckerhaltiger Nährlösung,
die mit Ammoniaksalzen gedüngt und einer starken Durchlüftung aus=
gesetzt wird, sind Hefen erzeugt worden, die sich sehr rasch entwickeln
und binnen kurzem erhebliche Eiweißmengen zu produzieren in der
Lage sind, also ein sehr hochwertiges Futtermittel liefern. Hoffentlich
bewährt sich die Delbrücksche Entdeckung auch in der großen Praxis.
In Interessentenkreisen zweifelt man noch daran, ob sie wirtschaft=
lich durchführbar ist. Es werden wichtige Nährstoffe zur Züchtung
der Hefe verbraucht, Zucker und das noch schwieriger zu beschaffende
Ammoniak, und man fragt sich, ob der Verzehr dieser Nährstoffe nicht
schließlich kostspieliger wird als das Erzeugnis. Vorläufig darf man
aber auf die Kostenfrage nicht viel Gewicht legen. Wenn wir jetzt
die wichtigen und notwendigen stickstoffhaltigen Nährstoffe auf diese
Weise erzeugen können, so kann es nicht darauf ankommen, ob das Ver=
fahren später bei normalen Preisen wirtschaftlich weiter durchführ=
bar ist oder nicht. In allerneuester Zeit hat ein anderer namhafter
Gelehrter den Vorschlag gemacht, zur Düngung der Zuckernährlösung
das Ammoniak des tierischen Harns zu verwenden und die erzeugte
Hefe an Ort und Stelle ohne vorherige Trocknung frisch zu verfüttern.
Wenn das glückte, dann wären für die Viehzucht unbegrenzte Möglich=
keiten geschaffen. Wenn wir im Anschluß an große Viehstände gleich
mykologische Fabriken einrichten und aus der Zuckerlösung, die in
Form von Melasse immer zu haben ist, anstatt auf dem Umwege durch
den Acker in Jahresfrist, in 24 Stunden unter Mitwirkung des tieri=
schen Ammoniaks verwertbares Eiweiß schaffen könnten, dann wäre
die Ernährungsfrage für unsere Viehbestände glänzend gelöst. Ob
sich die Sache praktisch durchführen läßt, ist mir bisher nicht bekannt
geworden. Die Anregung ist jedenfalls der Beachtung wert. Ihre
Verwirklichung wäre einer der größten Fortschritte auf wirtschaft=
lichem Gebiete, die man sich überhaupt vorstellen kann.

Der Landwirt wird vorläufig die fett= und eiweißhaltigen Nähr=
mittel dadurch vermehren müssen, daß er den Anbau der früher viel
mehr verbreiteten Ölfrüchte und Leguminosen wieder möglichst ausdehnt.
Das ist aber nur durch eine Verschiebung in der Bodenbenutzung mög=
lich. Wir können mehr Anbaufläche nicht schaffen oder doch nur in
beschränktem Maße durch Moor= und Ödlandskultur. Auch der

Wald wird hier und da etwas hergeben müssen, besonders von seinen besseren Böden. In größerem Umfange wird eine Verminderung des Waldes aber nicht ratsam sein, abgesehen davon, daß ein großer Teil unserer Waldböden für landwirtschaftliche Nutzung nicht geeignet ist. Eine Verschiebung wird daher nur in der Weise möglich sein, daß wir die Futteranbaufläche zu vermindern suchen. An der Anbaufläche für Getreide und Hackfrüchte wird man im Interesse der Volksernährung nicht sparen dürfen; wohl aber könnten die jetzt dem Futteranbau und der Feldweide gewidmeten Flächen mehr für den Anbau von Körner-, Öl- und Hülsenfrüchten verwendet und dafür Ersatz geschaffen werden, indem wir einerseits vorhandene, bisher nicht hoch verwertete Futtermittel besser auszunutzen und andererseits neue Quellen zum Bezuge organischer Substanz für die Tierernährung zu erschließen suchen. In ersterer Beziehung hat uns auch wieder die Wissenschaft erfreuliche Fortschritte gebracht, namentlich in der Ausnutzung des Strohes, das bisher nur ein geringwertiges Füllfutter bildete. Das Friedenthalsche Strohmehl, von dem eine Zeitlang in den Zeitungen viel Aufhebens gemacht wurde, hat die Erwartungen, die darauf gebaut wurden, allerdings nicht erfüllt. Die rein mechanische Zertrümmerung der Zellen hat eine wesentlich bessere Ausnutzung, eine erheblich größere Verdaulichkeit nicht herbeigeführt. Trotzdem sind die Friedenthalschen Veröffentlichungen von großem Wert gewesen; sie haben die Aufmerksamkeit auf die Pflanzenmehle hingelenkt. Das Strohmehl hat sich im übrigen doch auch als nützlich erwiesen; es ist ein wertvoller Träger für Melasse und als Hilfsmittel bei der Trocknung von anderen Futterstoffen durchaus vorteilhaft verwendbar.

Neuerdings ist auf chemischem Wege die Aufschließung des Strohes für Futterzwecke in sehr viel besserer Weise gelungen. Prof. Franz Lehmann, Göttingen, und Dr. Dexmann, der Leiter einer großen Viehwirtschaft in Hannover, haben ein Verfahren ausgebildet, nach welchem das Stroh durch Kochung in Natronlauge, wie sie auch die Strohpapierfabriken anwenden, zu einem erheblichen Teile verdaulich gemacht wird. Durch Beigabe von Nährhefe und anderer Zusätze wird ein sogenanntes Strohkraftfutter erzeugt, das nach Angabe amtlicher Stellen dem Hafer an Futterwert ziemlich gleich stehen soll. Bisher ist davon allerdings noch nicht viel auf den Markt gekommen, es besteht aber Aussicht, daß das Futter bald in größeren Mengen zur Verfügung gestellt werden wird. Sollte sich das Verfahren bewähren und wir nicht wieder eine so schlechte Strohernte haben wie im vorigen Jahre, so wäre insbesondere für die Ernährung der Pferde ein großer Fortschritt erzielt. Auch der Forstwirtschaft wäre wesentlich geholfen, wenn wir ein gutes Pferdefutter für die nächste Abfuhrkampagne erhielten.

Neben der besseren Ausnutzung der bisher verfügbaren Futter-
stoffe kommt es aber darauf an, neue Nährstoffmengen zur Tierernährung zu beschaffen, und da müssen sich unsere Blicke in erster Reihe
auf den Wald richten, das größte Reservoir an organischer Substanz,
das wir im Lande haben. Es ist zweifellos, daß wir aus dem Walde
Hilfsstoffe zur Tierernährung in großen Mengen schaffen können.

Zur direkten menschlichen Ernährung wird der Wald nur verhält-
nißmäßig wenig beitragen können. In beschränktem Umfange kann das,
wie schon erwähnt, durch Hergabe von Anbauflächen für Feldfrüchte
geschehen. Es ist durchaus ratsam, in der Nähe bevölkerter Ortschaften,
namentlich von Orten mit kleinbäuerlicher Bevölkerung, den An-
grenzern Gelegenheit zu geben, Flächen mit gutem Boden landwirt-
schaftlich zu nutzen. Das ist für den Waldbesitzer eine billige und vorteilhafte Melioration und für die Angrenzer oft von großem Nutzen.
Aber es ist eines der kleinen Mittel, eine erhebliche Verminderung
der Waldfläche ist nicht ratsam.

Zum direkten Nahrungsmittelbezuge aus dem Walde kommen für
den Menschen nur Beeren, Pilze und sonstige Waldfrüchte in Betracht.
Es ist gewiß erwünscht, daß alle diese Nährmittel, auf die Herr
Dr. Wappes noch näher eingehen wird, in möglichst großem Umfange ausgenutzt und der Volksernährung zugeführt werden. Jetzt ist
von diesen Waldfrüchten, wie ich sie zusammenfassend nennen will,
nur eben das genutzt worden, was gewachsen ist, und auch das meist
nur unvollständig. Aber es ist wohl zu erwägen, ob wir nicht deren
Produktion im Walde fördern, die Vermehrung der fruchttragenden
Sträucher und Kräuter begünstigen können, wenn auch nicht durch
Anbau, so doch durch Schaffung geeigneter Lebensbedingungen für
ihre Entwickelung, insbesondere geeigneter Lichtzustände. Die Frage
ist durchaus der Prüfung wert. Es ist ein Gebiet, das lohnende
Arbeit bringen kann. Der rationelle Landwirt sucht von seinem
Acker jetzt möglichst im Jahre zwei Ernten zu nehmen. Wir müssen
auch dahin streben, daß wir die Nebennutzungen in einer Weise aus-
dehnen, daß wir in der langen Zeit der Bestandsentwickelung mehr
von der Fläche ernten können. Das wird sich ja vielleicht nicht durchweg mit unseren jetzigen waldbaulichen Idealen vertragen. Im ge-
schlossenen Buchen-, Fichten- und Tannenwalde wird es mit den
Nebennutzungen in der Regel nicht viel auf sich haben. Es werden
in der Hauptsache nur die Lichtholzarten in Frage kommen. Eine Vereinigung der rein waldbaulichen Interessen im jetzigen Sinne mit
einer Erweiterung der Nebennutzungen läßt sich wohl denken. Man
wird immer nur einen Teil der Waldfläche der Nebennutzung widmen.
Wir können eine Reihe von Jahrzehnten im gelockerten älteren
Stangenholz und im Baumholz die Nebennutzung ausüben und zum
Schluß vor der Verjüngung mit einem Teile des Ertrages, den uns

die Zwischennutzung eingebracht hat, einen Unterbau schaffen und gute waldbauliche Zustände herstellen. Ich gebe auch in dieser Beziehung Herrn Regierungsdirektor Wappes in seinen gestrigen Ausführungen durchaus recht, daß wir im Walde entschieden noch viel mehr leisten können. In der intensiven Ausnutzung und Förderung der Nebennutzungen sehe ich eines der Mittel, das uns darin am schnellsten zum Ziele führen kann. Alle diese Nutzungen führen schneller zur Ernte als der Wald.

Ich will mich bei den Beeren und Pilzen mit Rücksicht auf das, was wir noch hören werden, nicht länger aufhalten, und möchte nur noch erwähnen, daß gerade diese Nebennutzungen leider eine üble Kehrseite haben, nämlich die, daß sie einen erheblichen Arbeitsaufwand erfordern. Die Nutzung der Beeren und Pilze schon im jetzigen Umfange kann uns Forstleuten und namentlich den benachbarten Landwirten mitunter recht unbequem werden, weil die Arbeit in die Sommerzeit fällt, in die Zeit der Ernte. Es wird vielen von den Herren ebenso gegangen sein wie mir, daß es oft schwer gewesen ist, in guten Beerenjahren Erntearbeiter zu bekommen. Die Leute laufen in den Wald, wo sie bei bequemer und ihnen angenehmer Arbeit 4—8 Mk. am Tage verdienen können, und lassen den Roggen, soweit er ihnen nicht selbst gehört, auf dem Felde stehen. Wir müssen meiner Ansicht nach alle die Nutzungen in erster Linie fördern, die mit wenig Arbeitsaufwand in kurzer Zeit Erträge bringen. Zu diesen gehört die Beeren- und Pilznutzung nicht. Immerhin ist es für die Zukunft erwünscht, auch diese im Auge zu behalten, für geregelte Nutzung zu sorgen und uns auf die Weise vermehrte Einnahmen und der Bevölkerung eine größere Nahrungszufuhr zu sichern.

Ich komme nun zu den tierischen Futtermitteln, die aus dem Walde entnommen werden können. Da steht in erster Reihe das Gras. In der Beziehung kann der Wald sehr viel mehr leisten als bisher. In erster Linie möchte ich dringend anempfehlen, wo es irgend möglich ist, gute Wiesen im Walde zu schaffen. Wenn wir auch damit die Waldfläche etwas verkleinern, so ist das ein so hervorragender Fortschritt für die Ernährung der Viehstände in der Umgebung des Waldes und ebenso für den Geldbeutel des Waldbesitzers, daß man ihn sich nicht entgehen lassen sollte. Es gibt nichts Rentableres als den Grasbau, er ist weit rentabler als der Waldbau. Beim Grasbau ist es durchaus nichts Ungewöhnliches, daß man Reinerträge von 120—200 Mk. je Hektar erzielt. Das können wir im Walde nicht leisten. Daher ist es im allseitigen Interesse dringend zu empfehlen, dem Wiesenbau im Walde mehr Aufmerksamkeit zu widmen. Hierbei kommt ferner in Betracht, daß der Wiesenbau zu denjenigen Nutzungen gehört, die sehr rasch Geld bringen und verhältnismäßig wenig Arbeitskräfte erfordern. Bei der Meliorierung von Moorflächen, die wir ja im norddeutschen Flachlande Gott sei Dank in großer Menge haben, ist es eigentlich die Regel, daß die Anlagekosten schon im ersten Jahre wieder herauskommen, wenn die Verhältnisse einigermaßen günstig liegen und die Entwässerung nicht zu schwierig ist. Die späteren Jahre bringen dann glatte Reinerträge. In dem mir unterstellten Betriebe bilden diese Waldwiesen ein sehr wichtiges Objekt. Es sind große Wiesenflächen melioriert, die jährlich an die Bevölkerung verpachtet werden. Der Viehstand hat sich seit der Ausführung dieser Meliorationen in der ganzen Gegend sowohl quantitativ wie namentlich qualitativ sehr gehoben.

Die Flächen können sowohl zur Heugewinnung, wie auch als Weidekoppeln genutzt werden. Auch diese letztere Nutzung kann ich bringend empfehlen. Sie erfordert noch weniger Arbeitsaufwand. Die Anlage ist nicht schwierig und kostspielig, und die Erntearbeit besorgt das Vieh selber. Für 3—4 Stück Vieh braucht man 1 ha. Diese Einrichtung bietet eine außerordentlich wertvolle Hilfe zur Vermehrung unserer Viehbestände. Der Bauer kann sein Jungvieh mit geringen Kosten aufziehen; er füttert es ein halbes Jahr gegen das Weidegeld, und dieses kann bei einigermaßen günstigen Verhältnissen billig gestellt werden. In meiner Verwaltung beträgt es 30—35 Mk. für ein Stück Jungvieh und es werden dafür Gewichtszunahmen von 170—200 Pfund pro Stück im Sommerhalbjahr erzielt. Für Rindvieh ist es nicht nötig, für die Nacht Unterstände zu bauen. Pferde sind allerdings die Nacht nicht gern draußen, aber das Rindvieh hat sich daran gewöhnt. Nur muß man ihm eine windgeschützte Lagerstelle zurechtmachen aus Windschirmen von Reisig, so daß die Tiere bei kalten Nächten einigen Schutz haben. An warmen Tagen sucht das Vieh gern schattige Lagerstellen auf. Ausreichende Tränkgelegenheit ist nötig. Auch das verweichlichte Bauernvieh hat sich bald an den dauernden Aufenthalt im Freien gewöhnt; Erkrankungen sind kaum vorgekommen.

Auch die Gräser aus den Waldbeständen lassen sich als Viehfutter nutzen, wenngleich die im Schatten und ohne Dünger gewachsenen Pflanzen natürlich einen viel geringeren Futterwert haben, als solche von kultivierten Wiesenflächen. Diese Nutzung läßt sich zweifellos wesentlich erhöhen und es wäre in Erwägung zu ziehen, ob man sie nicht in geeigneten Beständen qualitativ durch billige Düngung mit Kalisalzen verbessern könnte. Auch von den Forstunkräutern sind manche sehr wertvoll. Beispielsweise hat die Nessel einen hohen Stickstoffgehalt, daneben reichlich Zucker. Es ist bekannt, daß junge Nesseln mit Vorliebe zur Schweinefütterung verwandt werden. Ebenso wird die Distel gern als Schweine- und Gänsefutter von den Leuten geholt. Wir können auch Forstunkräuter, die bisher vom Vieh nicht gern genommen wurden, durch entsprechende Behandlung sehr gut

dem Vieh verdaulich machen. Hierzu dient in erster Reihe die Ein=
säuerung in verbesserter Form, in ordnungsmäßig ausgebauten hohen
Silos von Zementmauerwerk oder Holz, die oben überdacht sind,
damit das Futter vor Regen geschützt ist. Das Futter, das in ge=
häckseltem Zustande eingebracht wird, wird einem starken Drucke
durch Belastung ausgesetzt. Es entsteht eine ziemlich erhebliche Er=
wärmung, dichter Luftabschluß ist nötig. Man erhält dabei nicht
ein Sauerfutter in gewöhnlichem Sinne, sondern eigentlich ein süßes
Futter, das sehr bekömmlich ist und vom Vieh gern genommen wird.
Dazu kann man allerlei Gräser, Schilf usw. benutzen. Das von
solchen minderwertigen, namentlich im Schatten gewachsenen Pflanzen
gewonnene Futter hat zwar nicht den Nährwert wie in gleicher Weise
behandelte Kulturgewächse, aber es ist doch ein Aushilfsfutter, das
zudem die Möglichkeit bietet, anderes geringwertiges Rauhfutter,
Strohhäcksel, Kaff in größeren Mengen als Beimischung zu verfüttern,
da es deren Verdaulichkeit befördert. Wo solche Silos bestehen, kann
man aus dem Walde große Mengen brauchbaren Futters herstellen.
Unter den Lichthölzern, Kiefer, Eiche, Erle finden sich oft große
Massen von Futtergewächsen, die jetzt meist unverwertet im Walde
bleiben. Sie geben kein Mastfutter, aber ein Erhaltungsfutter, mit
dem das Weidevieh den Winter über durchgebracht werden kann.

Viele der sogenannten Forstunkräuter lassen sich auch zur Er=
zeugung der vorhin schon erwähnten Pflanzenmehle verwerten. Die
Herstellung von Pflanzenmehlen ist ein wichtiger Fortschritt in der
Tierernährung, den wir der Technik zu verdanken haben. Es ist
Ihnen ja durch die Flugblätter der Behörden bekannt geworden, daß
jetzt aus Heidekraut ein Futtermehl hergestellt wird. Dieses Pflanzen
mehl enthält nur die feinsten Stengelteile, Blätter und Blüten, di
gröberen Teile sind ausgeschieden. Nach den amtlichen Mitteilungen
hat es einen ziemlich erheblichen Futterwert. Daß Heidekraut ein
ganz gutes Futtermittel ist, ist nichts Neues. In der Lausitz z. B.
bildete das Heidekraut im Winter das Hauptviehfutter bei der bäuer=
lichen Bevölkerung, es war sehr begehrt; die Leute holten sich Heide=
kraut den ganzen Winter hindurch aus dem Walde; sie brachten damit
ihr Vieh durch den Winter. Wenn auch der Milch= und Fleischertrag
danach nicht hervorragend war, so war es doch eine wertvolle Hilfe
für sie. Das Heidekrautmehl wird sehr sorgsam hergestellt und ist
infolgedessen sehr teuer; es wird mit 38 Mk. angeboten. Vielleicht
wäre es besser, die Herstellung nicht so subtil zu machen und lieber
die Stengel mit zu vermahlen und so ein billigeres Futter zu
schaffen. Die stickstoffreichen Ginsterarten und Besenpfriem würden
auf diese Weise verarbeitet sicher ein wertvolles Futter liefern.

Als weiteres beachtenswertes Futtermittel sind Laubheu und Laub=
holzreisig zu nennen. Das ist keine neue Sache. Mancher unter uns

wird sich von früher her erinnern, daß in Gegenden, wo Schafe ge=
halten wurden, die Pyramidenpappeln im Sommer bis dicht zum
Wipfel abgeästet und mit Reisigbündeln umstellt waren, die trocken
gemacht und den Schafen vorgelegt wurden. Die Verwendung des
Laubes kann in verschiedener Form geschehen. Einmal ist es üblich
und auch nützlich, das Laub schon grün zu verfüttern. Das ist das
Einfachste. Diese Verwendung fällt jedoch in eine Zeit, wo auch
andere Futtermittel genügend vorhanden sind. Das Schwierigste ist,
für den Winter ausreichende Futtervorräte zu schaffen. Dafür kommt
die Laubheugewinnung in Frage. Für diese schwärme ich persönlich
nicht sehr; es ist ein Notbehelf für den Kleinbetrieb. Der Bauer, der
am Grenzrain ein paar Bäume oder Knicks hat oder dicht am Walde
wohnt, kann das machen. Aber für den größeren Betrieb und nament=
lich zur Werbung für Geld und zum Verkauf eignet sich die Laub=
heugewinnung nicht. Ich fürchte, daß damit keine sehr günstigen
Erfahrungen gemacht werden. Das Futter kostet erhebliche Arbeit
und gerade zu der Zeit, wo wir unsere Arbeitskräfte auch anderweitig
brauchen. Die beste Zeit dafür ist, wie Herr Geheimrat Neumeister
ermittelt hat, Ende Mai, Juni, Juli. Das ist die Zeit, in der recht
viel in der Landwirtschaft zu tun ist mit der Heuernte, der Kartoffel=
und Rübenbearbeitung und der Getreideernte. Bei dem heutigen
Betriebe der Landwirtschaft gibt es den ganzen Sommer hindurch
keine Ruhepause mehr. Die Arbeit ist dauernd so reichlich, daß man
in einem größeren Betriebe nicht darauf rechnen kann, Arbeitskräfte
für die Laubheuwerbung frei zu machen. Dann aber muß das Laub=
heu sehr sorgfältig behandelt werden. Die Bunde dürfen nur klein
sein und müssen sorgsam aufgestellt werden, um gut zu durchlüften,
sonst wird das Laub schimmelig. Gegen Regen ist es empfindlich und
muß unter Dach aufbewahrt werden. Dabei braucht es im Verhältnis
zur nutzbaren Masse sehr viel Raum. Ich glaube nicht, daß seine
Gewinnung rentabel ist und größere Ausdehnung gewinnen wird.
Für den Kleinbetrieb kann sie immerhin eine nützliche Hilfe gewähren.

Viel mehr halte ich von der Verfütterung des Reisigs im zer=
mahlenen oder zerfaserten Zustande. Das ist auch nichts Neues. Ich
erinnere an die vor etwa 25 Jahren von Ramann und von Jena
ausgeführten Versuche, die einwandsfrei festgestellt haben, daß Reisig=
futter ein durchaus gutes und gesundes Futter im Werte von mittlerem
Heu ist. Es ist ein Futter, dessen Werbung jederzeit stattfinden kann.
Wenn man Zeit hat, kann man es im Sommer werben und füttern,
namentlich aber läßt es sich den ganzen Winter über gewinnen, wo
Arbeitskräfte zur Verfügung stehen. Alte Hauungen im Laubholze
liefern uns geeignetes Rohmaterial, einschließlich des Kopf= und
Schneidelholzbetriebes, namentlich läßt es sich aber in besonders dazu
angelegten Hecken und Niederwaldbeständen mit 2—3 jährigem Um=

triebe auf Grenzrainen, Wegerändern, Lichtstreifen, Ödlandflecken und anderen kleinen, sonst wenig nutzbaren Flächen erzeugen. Die Ramannschen Bestrebungen sind seinerzeit, wie den Herren erinnerlich sein wird, an der Habsucht eines Maschinenfabrikanten gescheitert. Die Sache ging gut, das Futter wurde von allem Vieh, von Rindern, Schafen, Pferden, gern genommen. Es fehlte nur an geeigneten Zerkleinerungsvorrichtungen. Die Herren haben viel herumprobiert und sind dann schließlich auf eine Firma in Hamburg hereingefallen. Diese Firma baute eine geeignete Maschine, die an sich schon ziemlich teuer war; aber die Firma verlangte außer dem hohen Preise für die Maschine noch pro Zentner Futter 1 Mk. Lizenzgebühr, während das Futter überhaupt nur etwa 1 Mk. pro Zentner wert ist. Damit fiel die Sache ins Wasser. Das auf das Verfahren erlangte Patent ist nicht zur Ausnutzung gekommen und verfallen. Auf die Sache müssen wir meines Erachtens unbedingt zurückgreifen. Jetzt macht die Zerkleinerung keine Schwierigkeiten mehr. Geeignete Maschinen sind vorhanden, außerdem hat sich die Verwendung der motorischen Kraft auf dem Lande durch die Überlandzentralen so ausgebreitet, daß die Einführung eines derartigen Betriebes keine sehr großen Anlagekosten verursacht. Eine solche Mahlanlage besteht aus einer starken Heitsgraderotie und einer geeigneten Mühle, sogenannte Schlagkreuzmühle, in der eine rotiereuse Betriebe mit stählernen Backen in einer Geschwindigkeit von 1500—2500 Touren in der man auf großen, die von einem Siebgehäuse umgeben ist, das man auf verschiedene Feinheitsgrade einstellen kann. Man kann das Futter zu vollständigem Mehl verarbeiten. Das ist jedoch meines Erachtens nicht nötig und wird unnötig teuer; es genügt eine intensive Zerfaserung, so daß die Kauarbeit des Viehs erleichtert, nicht aufgehoben wird; ich halte es sogar für wesentlich, daß das Vieh noch kauen muß. Soweit in der Aufschließung der Pflanzenmehle zu gehen, daß jede Zelle zertrümmert und der Zellinhalt dem Magensaft direkt zugänglich gemacht wird, halte ich nicht für erforderlich. Wir müssen dem Vieh noch etwas Kau- und Verdauungsarbeit übrig lassen. Die feine Mahlung erfordert vorherige Trocknung und sehr viel mehr Zeit, also wesentlich mehr Kosten. Die Produktion ist viel geringer. Bei gröberer Zerfaserung kann eine Mühle mittlerer Leistungsfähigkeit pro Tag bis zu 80 Zentner herstellen. Das ist eine Menge, die nicht nur für eine große Wirtschaft ausreicht, sondern von der auch noch an die umwohnende Bevölkerung abgegeben werden kann. Ich habe ein Muster mitgebracht, das aus einer solchen Mühle stammt. Es ist gemahlenes frisches Akazienholz, zerkleinert mit Sieben von 3 mm Lochweite. Das ist ein Futter, das schon vollständig zur Verwendung geeignet ist, wenn es auch noch kleine feste Holzteilchen enthält. Dieses zerfaserte Holz ist ein hervorragender Melasseträger, außerordentlich aufsaugungsfähig, dann ist es aber auch sehr gut als Beimischung zu Sauerfutter und Grünfutter verwendbar. Falls sich für die Verwendung in größerem Maße eine weitere Aufschließung zur besseren Ausnutzung erwünscht zeigen sollte, so wird diese durch die von Ramann empfohlene Behandlung als Brühfutter oder im Futtersilo, namentlich in Mischung mit saftreicherem anderem Futter leicht zu erreichen sein. Die Sache liegt hier wesentlich anders als beim Stroh, da wir es hier mit lebenden, wenig verholzten Pflanzenteilen zu tun haben. Voraussichtlich werden nur die Reiser der Laubhölzer in Frage kommen. Ob die Tiere sich auch an Nadelholz, besonders Kiefernreisig gewöhnen werden, wird weiterer Untersuchung vorbehalten bleiben müssen. Schafe fressen jedenfalls Kiefernreisig auch ohne vorherige Zerkleinerung, wie ich aus eigener Erfahrung weiß. Man kann bei ihnen mit Kiefernreisig tatsächlich die Strohfütterung ersetzen. Voraussetzung ist nur, daß man es den Tieren nicht beschneit oder naß gibt; es muß gut abgelüftet und abgetrocknet sein. Fast sämtliche Laubholzarten lassen sich bei allem Vieh verwerten, besonders eignen sich Buche und Birken. Vorsicht ist bei Akazien nötig, da Reste der Stacheln schädlich wirken könnten. Außerdem soll sich, wie ich kürzlich gelesen habe, Akazienrinde bei Pferden direkt als giftig erwiesen haben. Man wird also Akazie besser ausschließen, ebenso Faulbaum.

Jedenfalls läßt sich auf diese Weise eine Menge Futter schaffen, und zwar von einem Material, das uns in großen Mengen zur Verfügung steht und jetzt häufig einen unbequemen Ballast bildet. Als Brennholz hat es nur sehr geringen Wert und ist meist kaum absetzbar. Sehr oft müssen Läuterungshiebe zurückgestellt werden, weil das Material nicht verwertbar ist. Meist verfault es im Walde oder muß unter Aufwendung von baren Unkosten verbrannt werden.

Das wären im wesentlichen die Futtermittel, die wir aus dem Walde gewinnen können. Von anderen landwirtschaftlichen Hilfsmitteln ist noch die Streu zu erwähnen. Darüber brauche ich mich nicht weiter auszulassen. In diesem stroharmen Jahr ist sie in großem Umfange zur Verfügung gestellt worden, und wir müssen zweifellos auch der Landwirtschaft damit aushelfen. Sie braucht das Stroh zur Verfütterung, und der Wald muß ihr mit Streumaterial und ebenso mit Meliorations- und Düngermaterial zu Hilfe kommen. Die Stickstoffdünger sind augenblicklich nicht zu haben, und wir müssen daher die im Walde vorhandenen reichen Schätze an Moorerde und Torf hergeben, die bei zweckmäßiger Verwendung durchaus günstig wirken. Namentlich gute Moorerde wirkt auf Sandböden fast wie Chilisalpeter. Ebenso werden andere Meliorationsmittel, Lehm und Mergel, für die nächsten Jahre, wo die Zufuhr an ausländischen Düngemitteln knapp sein wird, eine wesentliche Hilfe bieten können.

Ich komme nun zu den technischen Hilfsstoffen, die wir aus

dem Walde entnehmen können. Hier steht in erster Linie das Holz. Darüber werden wir später noch Näheres hören. Ich möchte nur hervorheben, daß wir während der Kriegszeit natürlich nicht an der strengen Nachhaltigkeit festhalten dürfen, sondern das Holz nehmen müssen, wo es zu bekommen ist, wenn dringender Bedarf vorliegt. Wir dürfen auch vor stärkeren Vorgriffen nicht zurückschrecken. Das wird insbesondere der Fall sein in bezug auf die Beschaffung von Grubenholz und Papierholz. In der Beziehung sind von den Staatsbehörden ausführliche Anregungen ergangen, die ja, wie ich wohl annehmen darf, auch im Privatwalde Gehör und Beachtung finden werden. Wir müssen die deutsche Industrie soweit als irgend angängig leistungsfähig erhalten und ihr den Fortbetrieb ihrer Werke ermöglichen, ohne Rücksicht darauf, daß später die Erträge aus dem Walde zurückgehen könnten.

Wesentlich ist auch die Beschaffung genügenden Brennholzes. Brennholzknappheit ist entschieden vorhanden, in vielen Gegenden direkte Brennholznot. Auch hier werden wir helfen und alles aus= nützen müssen, was aus dem Walde zu holen ist. In dieser Beziehung möchte ich namentlich auf die Stockrodung hinweisen. Wir müssen jetzt auch die vielfach ungenützt bleibenden Stöcke nutzbar machen. Aller= dings werden vielerorts dazu die Arbeitskräfte fehlen. Wir können uns aber in größerem Umfange mit mechanischen Hilfsmitteln helfen. Die Stockrodemaschinen sollten in der jetzigen Zeit größere Beachtung erfahren und wir sollten damit die Produktion an Brennholz, soweit wie möglich, zu fördern suchen. Ein gutes Mittel, um dem Wald= besitzer die Arbeit abzunehmen, ist es, das Stockholz billig zur Selbst= werbung auszugeben. Es finden sich immer Leute auf dem Lande, die im Winter zeitweise abkömmlich sind. Wenn sie auch nicht voll arbeitsfähig sind, so schaffen sie doch im Laufe des Winters wenigstens ihren eigenen Bedarf an Brennholz. Ich habe seit vielen Jahren schon die Bevölkerung daran gewöhnt. Jetzt kommen sie gern und in großer Zahl, und es roden alte Invaliden, beurlaubte Landstürmer und selbst Frauen und Kinder. Die Schläge sind rein, ehe man sich umsieht. Die Leute werden auch in den Baumholzdurchforstungen unter entsprechender Kontrolle zur Stockrodung zugelassen. Ich halte es für nützlich, daß die Stubben auch da ausgerodet werden, schon um die Insektenvermehrung einzuschränken. Es gibt daneben eine ganz gute Bodenverwundung für den Anflug von Unterwuchs. Die Beseitigung der großen Mengen von Stubbenholz geschieht ohne Kosten= und Zeitaufwand für den Waldbesitzer und sie bringt auch noch eine bescheidene Einnahme.

Weiter möchte ich auf die Faserstoffe aus dem Walde hinweisen. Auch darin können wir einiges leisten, wenn es auch nicht sehr viel ist. Bekannt ist in letzter Zeit durch Umfrage der Behörden und durch

Veröffentlichungen in landwirtschaftlichen Zeitschriften geworden, daß die Nesseln ein sehr gutes Fasermaterial liefern. Da wir außerordentlich knapp an Faserstoffen sind, so ist es erwünscht, daß alles Vorhandene nutzbar gemacht wird. Neuerdings ist von einem Wiener Professor ein Verfahren bekannt gegeben worden, wonach die Vorbereitung der Nessel zur Fasergewinnung in außerordentlich kurzer Zeit und in einfacher Weise durch Wässerung erreicht werden kann. Wenn sich dieses Verfahren bewährt und ohne große Schwierigkeit von ländlichen Arbeitern auszuführen ist, so würde sich dadurch eine gute Ausnutzung der in manchen Gegenden reichlich vorhandenen Nesseln — wir haben sie mitunter in Erlenbeständen auf großen Flächen als Bodendecke — ermöglichen lassen, und es könnten immerhin erhebliche Mengen von Faserstoff ohne große Kosten gewonnen werden. Es wird auch hierin von Nutzen sein, geeignete Zustände im Walde herzustellen. Die Nessel will eine mäßige Beschattung haben und man könnte ihren Wuchs leicht durch Schaffung geeigneter Belichtungsgrade fördern, wo sie günstige Entwickelung zeigt und vorherrschend die Bodendecke bildet. Ich bin nicht genau orentiert, zu welcher Zeit sie geerntet werden muß. Sollte die Ernte wieder in die Hauptarbeitszeit fallen, so würden sich Schwierigkeiten bieten. Wenn aber die Gewinnung zwischen Heu= und Getreideernte zulässig ist, so würde sie sich in günstigen Jahren wohl durchführen lassen.

Über die heimischen Gerbmaterialien brauche ich Ihnen nichts zu sagen. Sie haben einen unerwartet hohen Wert erlangt, und der Eichenschälwald, den wir aufgegeben hatten, kommt wieder zu Ehren. Neues kann ich darüber nicht vorbringen; nur einen Punkt möchte ich kurz erwähnen. Ich glaube, man könnte auch an Gerbstoff größere Mengen beschaffen, wenn man das Eichenreiserholz darauf ausnutzte. Meines Wissens geschieht es schon hier und da. Die ganz schwachen Reiser, die zum großen Teil aus Rinde bestehen und im Holz auch Gerbstoffe haben, werden meist als geringwertiges Brennmaterial verwendet. Diese sollte man jetzt auch als Gerbmaterial verwerten. Die mechanische Behandlung kann keine Schwierigkeiten machen. Im Walde würden sie nur so weit vorzubereiten sein, daß sie bequem transportabel sind; die Gerbereien werden schon wissen, wie sie sie klein kriegen. Auch hierfür sind Schlagkreuzmühlen wahrscheinlich geeignet. Bei weiterer Untersuchung wird sich sicher auch noch manches andere finden. Auch Fichtenreisig läßt sich vielleicht nutzbar machen. Jedenfalls möchte ich die Vermahlung von Reisig als Gerbstoffe dringend empfehlen.

Ich wende mich dann zur Harznutzung. Auch hierüber will ich nicht viel sagen, wir haben in der letzten Zeit schon genug darüber gehört. Schon im vorigen Jahre ist die Harznutzung im Gange gewesen, und in diesem Jahre ist das noch in viel größerem Umfange geplant. Das ist eine Sache, auf die wir uns für die Dauer werden einrichten müssen und uns schon früher hätten einrichten sollen, denn es war mit Sicherheit zu erwarten, daß wir auf die Dauer von den Ländern, die uns bisher Harz zugeführt haben, nicht versorgt werden würden. Wir wurden bisher hauptsächlich aus den Südstaaten von Nordamerika versorgt: aus Florida, Louisiana, Georgia. Der Hauptausfuhrhafen war Savannah. Die Harznutzung wird dort in schonungsloser Weise ausgeübt; es werden bis vier breite Lachten am Stamm in die Höhe getrieben, so weit man vom Boden aus hinaufreichen kann, und die wunderschönen Kiefernbestände, die bei uns als pitch pine bekannt sind, werden grausam zugerichtet. Noch rascher zehren an ihnen die gewaltigen Sägewerke, so daß wir von da wohl nicht mehr allzu lange versorgt werden werden, namentlich nicht zu den bisherigen Preisen. Ich erinnere mich aus meinem früheren Verwaltungsbezirk, daß wir vor etwa 20 Jahren 100 kg gutes amerikanisches Kolophonium zu 11 Mk. bekamen. Vor dem Kriege kostete es schon das Doppelte, und jetzt hat es horrende Preise. Südfrankreich, das Terpentin und feine Harze liefert, deckt nur einen geringen Teil des Weltbedarfs. Es ist möglich, daß in unaufgeschlossenen Gebieten, insbesondere den tropischen Ländern, noch ungehobene Schätze liegen; aber ob sie uns zugute kommen werden, ist noch sehr die Frage und wir werden uns daher auf Selbstversorgung einrichten müssen. Was wir jetzt darin tun, wird eine dauernde Errungenschaft werden. Ich will auf die Art und Weise der Nutzung nicht eingehen; darüber ist so viel in letzter Zeit in die Öffentlichkeit gekommen, daß jedermann orientiert ist. Nur auf eins möchte ich aufmerksam machen, daß wir nämlich die jetzt in der Hauptsache empfohlene Art der Harznutzung mit dem Grandel werden verbessern und uns mehr dem französischen System werden anschließen müssen. Im ersten Jahre wird die Lachte nicht sehr hoch gemacht, und dann läuft dem Grandel noch ziemlich viel Flußharz zu. Gehen wir in den nächsten Jahren höher, so bleibt das Flußharz auf der Lachte sitzen und es gibt in der Hauptsache minderwertiges Scharrharz, aus dem das Terpentin durch Verdunstung verloren geht. In den Landes in Frankreich wird das Harz in untergehängten Gefäßen aufgefangen, die nach und nach höher gehängt werden, so daß das Flußharz schneller in die Sammelgefäße kommt. Dadurch wird mehr Terpentin gewonnen. Das Terpentin ist aber der wertvollste Bestandteil, der für eine Menge Industriebetriebe ein unentbehrliches Hilfsmittel bildet.

Ich möchte dann noch auf eine andere Art der Terpentingewinnung aufmerksam machen, die bei uns wohl leider ausgestorben ist. Früher hatte die Firma Schlobach & Schmidt in der Görlitzer Stadtforst eine Verkohlungsanlage. Besteht diese Anlage noch? (Forstmeister Taeger (Görlitz): Nein, die Anlage ist eingegangen, weil man seinerzeit die Industrie nicht geschützt hat. Die Terpentine kamen aus Rußland, Polen, Frankreich und Amerika so billig herein, daß es der Firma unmöglich war, noch Kosten für die Terpentin= gewinnung aufzuwenden. Vor 4—5 Jahren ist die Anlage ein= gegangen. In Ostpreußen besteht sie noch; da hat dieselbe Firma noch einen Ofen in Betrieb.) — Die Sache ist durchaus der Beach= tung wert. Ich habe den früheren Inhaber der Firma gekannt, und er hat mir schon vor 20 Jahren gesagt: wir stehen auf dem Aussterbe= etat, unsere Industrie ist nicht mehr existenzfähig; ich kann es noch aushalten, aber mit meiner Generation hört die Sache auf. Die Firma hatte drei Anlagen, eine in der Görlitzer Forst, eine in Oberschlesien und eine in Ostpreußen. Die in Ostpreußen soll also noch bestehen. Das Verfahren und die dazu erforderlichen Einrichtungen können also der Nachwelt noch erhalten werden. — Es besteht in einer Holz= verkohlung in gemauerten Mantelöfen mit indirekter Feuerung. Bei dieser Art der Verkohlung bleibt das Terpentin erhalten; es geht im unteren Teile des Ofens heraus und kann gesondert abgefangen werden. Bei allen Retortenverkohlungen geht das Terpentin durch Zerfall verloren; die Hitzegrade sind zu groß. Ich möchte dringend raten, dieses Verfahren im Auge zu behalten und, wo viel Stockholz zur Verfügung steht, den Versuch zu machen, die Industrie wieder zu beleben. Die Anlagekosten sind nicht sehr erheblich. Da ja erfreu= licherweise noch das Vorbild in Ostpreußen besteht, wäre es dringend wünschenswert, wenn diese gerade jetzt sehr nützliche Art der Ver= kohlung wieder in Gang käme. (Oberforstmeister v. Oertzen: Im Rostocker Stadtforst und auch in meinem Revier ist noch eine Anlage in Betrieb!) Zu dem Verfahren wird nur Stockholz verwendet. Wegen der Schwierigkeiten, die damals schon durch die Konkurrenz der ausländischen Terpentine bestanden, konnte die Firma nur ge= putztes Stockholz verwenden, gewonnen aus Stöcken, die mehrere Jahre nach dem Hiebe noch im Boden steckten und deren Splint abgefault war. Es mußte möglichst reines Kienholz sein, da sonst die Fabri= kationskosten zu hoch wurden. Man wird bei den jetzigen Terpentin= preisen wahrscheinlich auch gewöhnliches Stockholz gut verwerten können. Die Hauptsache ist, daß man noch angelernte Leute findet, denn die Leitung des Feuers der Öfen will gelernt sein und erfordert Erfahrung. In Stettin besteht eine Firma, die neuerdings die Ofen= verkohlung wieder aufgenommen hat. Näheres ist mir darüber nicht bekannt, namentlich weiß ich nicht, ob sie bei ihrem Verfahren das Terpentin gewinnt. Auch diese Sache dürfte der Förderung wert sein, da auch die anderen Holzdestillate wichtige technische Hilfsmittel sind.

Weiter wäre zu prüfen, ob nicht auch noch andere Teile der Kiefer eine lohnende Terpentingewinnung ermöglichen. Die Tortrix resinana zeigt uns ja, daß auch aus anderen Teilen der Kiefer als

aus dem Stamme eine ganze Menge Harz und wahrscheinlich auch
Terpentin zu holen ist. Sollten wir das nicht auch gewinnen können
durch eine geeignete Art der Destillation von Kieferreisig? Ob eine
trockene Destillation im Ofen möglich ist, ist zweifelhaft, weil bei
solchen fein verteilten Materialien die Verkohlung schwer durchzuführen
ist; es bildet sich außen ein Wärmeschutzmantel, und die inneren Teile
solcher leicht gelagerter Massen werden nicht warm und verkohlen
nicht. Es muß versucht werden, in anderer Weise die Terpentine aus
den jüngeren Zweigen zu nutzen. Vielleicht läßt sich bei der jetzigen
Not eine Aushilfe finden.

Dann möchte ich noch auf eine andere Sache aufmerksam machen,
die leider in unserem Vaterlande ganz unbeachtet geblieben ist.
Wir wissen alle, daß aus dem Holz auf dem Wege der trockenen
Destillation eine ganze Reihe wertvoller Produkte gewonnen werden,
darunter namentlich Essigsäure und der zu so trauriger Berühmtheit
gelangte Methylalkohol oder Holzgeist. Dagegen ist es wenig bekannt
geworden, daß wir auf dem Wege der nassen Destillation aus Holz
den anderen Alkohol, den Äthylalkohol, den richtigen Spiritus ge=
winnen können, und zwar in großer Menge. Die Gewinnung von
Äthylalkohol aus Holz ist eine Erfindung eines deutschen Professors,
der noch lebt, des Professors Classen von der Technischen Hoch=
schule in Aachen. Er hat vor über 20 Jahren ein Patent auf die Her=
stellung von Spiritus aus Holz erworben. In Deutschland ist der
Forscher aber nicht zur Verwertung seiner Erfindung gekommen,
unsere Branntweinsteuergesetzgebung hat die Verwertung dieses, meines
Erachtens sehr wertvollen Patentes einfach unmöglich gemacht. Unsere
Feinde benutzen das deutsche Patent. Fabrikanlagen, die danach
arbeiten, sind in Frankreich, in England und Nord=Amerika gebaut
worden und noch in Betrieb. Professor Classen, mit dem ich in Ver=
bindung getreten war, hat mir mitgeteilt, daß er solche Fabriken dort
selber eingerichtet habe. Ab und zu kamen in Holzzeitschriften schüchterne
Mitteilungen, daß da und dort im Auslande eine Fabrik zur Herstellung
von Spiritus aus Holz bestände. Aber in Deutschland hörte man nichts
davon. Das hat eben, wie mir Prof. Classen selbst bestätigte, an der
Steuergesetzgebung gelegen. Nun, meine Herren, wir stehen jetzt vor
solchen Umwälzungen, daß man nicht zögern sollte, hier schleunigst im
Wege der Gesetzgebung oder Verordnung Hilfe zu schaffen und diese
neue Produktionsquelle zu erschließen, die in vieler Beziehung außer=
ordentlich segensreich wirken kann. Nach den Mitteilungen von Prof.
Classen beträgt die Ausbeute an 100%igem reinem Alkohol von
100 kg trockenem Holze ca. 10 Liter. Also wenn wir den Festmeter zu
500 kg rechnen, würden wir vom Festmeter 50 Liter erzielen. Das
ist eine recht lohnende Ausbeute. Prof. Classen hat mir ver=
sichert, daß sein Verfahren der Kartoffelspirituserzeugung gegenüber

konkurrenzfähig sei, wie sich in England, Amerika und Frankreich ge=
zeigt habe. Es ist also meines Erachtens unter den jetzigen Verhält=
nissen eine durchaus aussichtsvolle Sache, Holzabfälle dazu zu ver=
werten. Das Verfahren besteht darin, daß das Holz in ausgebleiten
Kochern unter ziemlich starkem Druck mit schwefliger Säure behandelt
wird. Die schweflige Säure wird im Kocher in Schwefelsäure über=
geführt, und im Stadium der Entstehung wirkt die Säure auf das
Holz stark zersetzend ein. Ein großer Teil der Zellulose wird in
gärungsfähigen Zucker übergeführt, und dieser kann in der üblichen
Weise zu Alkohol vergoren werden.

Die Schwierigkeit besteht darin, daß das Verfahren nur für den
großen Industriebetrieb verwendbar ist. Es gehören verbleite Kocher
dazu, wie bei der Sulfit=Zellulosefabrikation und Destillierapparate,
die nach den bisherigen Einrichtungen ziemlich viel Kupfer erfordern.
Man hat aber in Brennereien die Kupferteile schon mit Erfolg durch
emaillierte Eisenteile ersetzt. Unüberwindliche Schwierigkeiten könnten
also nicht vorliegen. Fabrikmäßig ausprobiert ist die Sache; es
kommt nur darauf an, Anlagen zu schaffen mit den durch die Kriegs=
verhältnisse gebotenen Änderungen, namentlich unter Vermeidung der
Verwendung von Kupfer. Was die wirtschaftliche Seite betrifft, so
möchte ich darauf hinweisen, daß wir vor dem Kriege im Jahre 1913
im Deutschen Reiche 55 Millionen Zentner Kartoffeln zu Spiritus
verarbeitet haben. Die würden sich nach dem Verhältnis der Aus=
beute etwa durch 9 Millionen Festmeter Holz ersetzen lassen.
9 Millionen Festmeter werden für den Zweck nicht aufzubringen sein;
aber die Hälfte ließe sich sicher beschaffen, da man Reisig und allerlei
Holzabfälle verwenden kann. Wir würden wahrscheinlich nicht tief
in den Wald hineinzugreifen brauchen, um das nötige Rohmaterial zu
schaffen.

Meine Herren, Sie erinnern sich noch der seligen Trebertrocknung
vor etwa 20 Jahren, die mit einem Patent zur Verwertung von Holz=
abfällen im Wege der Verkohlung herauskam. Ich kenne die Sache
sehr genau, und habe selber bei der Versuchsanlage mitgearbeitet.
Es wurden Holzabfälle brikettiert und dann verkohlt. Die Art der
Verkohlung bewährte sich aber nicht — und daran scheiterte die Sache.
Die Bekanntgabe der durchaus gesunden Idee, Holzabfälle nützlich
zu verwerten, rief damals einen solchen Ansturm von Angeboten
hervor, daß die Firma, die sich die Lieferung der ziemlich kostspieligen
Apparate vorbehalten hatte, auf einmal für 35 Millionen Apparate in
Auftrag hatte. Wenn wir Holzabfälle jetzt zu Spiritus verarbeiten
könnten, würde sich sicher auch ein großes Angebot finden. Die großen
Holzbearbeitungsanlagen würden ihren Ballast an Hobel= und Säge=
spänen gern hergeben, und der Wald könnte seine Reiserholzmassen zur
Verfügung stellen. Wenn es uns möglich wäre, einen großen Teil der

Kartoffeln in der Spiritusgewinnung durch Holz zu ersetzen, so
würden die Kartoffeln entweder zur Ernährung frei werden — wenn
wir im jetzigen Augenblick 22 Millionen Zentner Kartoffeln mehr
hätten, würde das den Großstädtern außerordentlich wohl tun — oder
wir könnten die Spirituserzeugung erheblich erhöhen, und das wäre
auch ein Segen. Wer auf Petroleum= oder Spiritusbeleuchtung an=
gewiesen war, der wird empfunden haben, in welcher Not wir uns
im Winter befanden. Ich kann ein Beispiel dafür anführen. Als
stellvertretender Landrat hatte ich den Nachweis des Petroleumbedarfs
für Landwirtschaft und Heimarbeit zu erbringen, und ich ermittelte für
den Kreis 12 000 Liter pro Wintermonat. Bekommen habe ich noch
nicht 1000. In dem Verhältnis wurden die Leute versorgt, sie mußten
um 6 Uhr schlafen gehen. Wenn wir also den Kartoffelspiritus durch
Spiritus aus dem Walde ersetzen und der Wald wieder wie einst mit
dem Kienspahn die Erleuchtung des deutschen Volkes übernehmen
könnte, so wäre das ein gewaltiger Fortschritt. Das wäre eines von
den großen Mitteln, die uns zur Verfügung stehen. Ich würde
bringend wünschen, daß dieser Gedanke möglichst bald von den Be=
hörden aufgenommen und versucht wird, Fabriken für den Zweck
ins Leben zu rufen. Nach meiner Ansicht wären für die Fabrikation
die Zellulosefabriken geeignet, die jetzt so wie so nicht voll zu tun
haben; sie können nicht voll arbeiten, weil es ihnen an Rohstoff und
der Papierfabrikation an Hilfsstoffen fehlt. Meines Erachtens müßten
sie in der Lage sein, ohne sehr kostspielige Umänderungen diesen Be=
trieb einzuführen. Ich weiß allerdings nicht, ob die von diesen
Fabriken benutzten Kocher so stark gebaut sind, daß sie den ziemlich
hohen Druck, den die Behandlung erfordert, aushalten werden. Aber
im übrigen sind sie dafür geeignet, sie haben Holzzerkleinerung und
Kocher mit Bleiauskleidung oder säurefester Ausmauerung. Die
Destillationsapparate würden sich ohne Schwierigkeit beschaffen lassen
und sind nicht sehr kostspielig.

Meine Herren, ich möchte damit schließen. Ich hoffe, daß aus dem
Kreise der Versammlung noch vieles Neue mitgeteilt werden wird.
Ich möchte zum Schluß zusammenfassend sagen: wir können, wie im
einzelnen dargelegt wurde, aus dem Walde noch eine Menge heraus=
holen und werden dadurch in die Lage kommen, die Ideale des
Herrn Dr. Wappes der Verwirklichung näher zu führen, vor allem
aber können wir immerhin merklich dazu beitragen, dem deutschen
Volke über die jetzige schwere Zeit hinwegzuhelfen. (Lebhaftes Bravo.)

Geheimer Oberforstrat Dr. Neumeister (Dresden):
Meine Herren! Der Herr Vorredner hat besonderen Wert gelegt auf
die Ersatzmittel, die Futtermittel, die der Wald liefern kann, und er
hat in überzeugender Weise dargelegt, daß namentlich das Reisigfutter
von großer Bedeutung ist. Das Eintreten für das Reisigfutter vor

einer Reihe von Jahren ist mir gut bekannt. Damals haben R a m a n n und v o n J e n a mit mir Schriftwechsel gepflogen, weil ich schon lange vorher auf den Wert besonders des Laubreisigs hingewiesen hatte. Wie der Herr Vorsitzende schon erwähnte, scheiterte die Einführung des Reisigfutters an den Manipulationen einer Hamburger Firma. Bereits damals hat R a m a n n die Frage des Futterwerts des Reisigs aufgeworfen; denn wenn man mit großen Kosten verbundene Einrichtungen trifft, ist es wichtig, daß möglichst hochwertiges Futter geliefert wird. Die weitere Verfolgung dieser Frage ist gewiß von großer Bedeutung. Ich glaube auch, daß wir nach dem jetzigen wissenschaftlichen Stande zu guten Resultaten kommen werden. Es muß aber mit großer Energie vorgegangen werden. Leider muß ich gestehen, daß es sehr schwierig ist, die Versuche so durchzuführen, um die Allgemeinheit von deren Wert zu überzeugen. Der Widerstand bei der Einführung einer neuen Sache ist recht groß. Davon kann ich ein Lied singen, nachdem ich mich 30 Jahre lang fast ununterbrochen mit der Laubreisigfütterung beschäftigt habe.

Daß Nachteile oder Hindernisse bei der Gewinnung von Laubreisigfutter bestehen, von denen der Vorsitzende gesprochen hat, ist ohne Zweifel. Als ich 1886 mit den ersten Untersuchungen begann, war ich davon ausgegangen, ein Mittel zu schaffen, das für die Wildfütterung zweckmäßig wäre. Die Versuche wurden draußen im Walde gemacht, und es hat sich gezeigt, daß das Vorurteil gegen das Laubfutter nicht begründet ist. Zunächst kam es darauf an, den Zeitpunkt zu bestimmen, zu welchem das Laubreisig den höchsten Futterwert besitzt. Zweitens beschäftigte mich die Frage, Wege zu finden, auf denen man verhältnismäßig am leichtesten das Futter in einem gut haltbaren Zustande gewinnt, um es für die spätere Jahreszeit aufbewahren zu können. Wir haben die Untersuchungen getrennt geführt, erst für Laub, dann für feinere Zweige, und haben das Mittel genommen, um den mittleren Wert des Laubreisigs zu finden. Dabei hat sich sehr bald herausgestellt, daß etwa Ende Mai, Anfang Juni, wenn eben die Blattbildung beendet ist, der Wert am höchsten steht, und dann von Monat zu Monat wesentlich sinkt. Wir haben eine große Anzahl von Holzarten untersucht. Ich will nur kurz ein Beispiel aus der Untersuchungsreihe erwähnen.

Es lag nahe, Futterreisig aus den Eichenschälwäldern zu gewinnen, weil die Forstleute sagen: Wir wissen nicht, was wir mit dem Reisig anfangen sollen, wir müssen es mit Kosten herausschaffen. Wir führten die Schälschläge zu der Zeit, als das Laub völlig entwickelt war, Ende Mai. Hiergegen wendeten die Gerber ein: zu dieser Zeit hat die Rinde nicht mehr den vollen Wert. Durch Untersuchung wurde festgestellt, daß der Gerbstoffgehalt der Eichenrinde im Laufe des Jahres ganz gleich bleibt, sich nicht um $1/_{10}$ % verändert. — Nun kamen die Forstleute mit dem Einwand, zu dieser Zeit sei in manchen Gegenden das Schälen nicht vorzunehmen, weil dann die Ausschläge zu spät kämen, nicht genug verholzten und deshalb leicht durch Frühfrost litten. Durch Rundfrage wurde ermittelt, daß das nur sehr selten der Fall ist. Da wir mit dem Eichenschälwald wegen des gesunkenen Rindenpreises so schlechte Geschäfte machten, so müßte doch sein Ertrag wesentlich gehoben werden, wenn es gelänge, billig wertvolles Laubreisig zu gewinnen. Die Berechnung, die ich damals aufgestellt hatte, wurde anerkannt. Ich will noch ein paar Zahlen anführen. Anfang Juni fanden wir bei Eichenreisig 19,6%, Anfang August nur noch 13,2%, Anfang November 5,4% Rohprotein. Wir haben dann, weil auf den hohen Wert des Futtergrases im Walde hingewiesen worden ist, gleichlaufende Untersuchungen mit Gras gemacht, und danach stellte sich in der Zeit der Heugewinnung am 21. Juni auf drei verschiedenen Plätzen der Rohproteingehalt des Waldgrases auf 8,1%. Es stehen sich hier also Eichenreisig und Waldgras mit 19 und 8% gegenüber.

Auf Grund dieser Untersuchungen wurden von mir nun nach allen Richtungen hin Fütterungsversuche bei Haustieren vorgenommen. Die ersten Versuche habe ich durch das Entgegenkommen des preußischen Kriegsministeriums anstellen können. Es wurden bei einem Garde-Feldartillerie-Regiment Pferde ausgesucht und mit dem Reisig, das ich in Tharandt hatte gewinnen lassen und das gehäckselt worden war, gefüttert. 9 drusenkranke Pferde, die dieses Futter bekamen, wurden mir nachher vorgestellt. Man sagte: wir wissen die Pferde gar nicht mehr zu bändigen, so wundervoll haben sie sich erholt. — Diese Versuche wurden zunächst geheim gehalten. Dann wurde bestimmt, daß bei drei Armeekorps die Fütterungsversuche weitergeführt werden sollten. Der Widerstand, der sich da zeigte, war groß, weil man behauptete, daß Eichenreisig in hinreichender Menge nicht geliefert werden könnte. In dem einen Falle konnte ich mich nicht enthalten, daß der Einwand doch sehr befremdlich wäre, weil die Umgebung der Futterbezirke mit mehr als 100 000 ha Schälwald doch geradezu im Laube ersticke.

Die Versuche sind fortgesetzt worden, trotzdem der Widerstand so groß gewesen ist, daß man wohl hätte die Lust verlieren können. Aber bei Neuerungen darf man nicht nachgeben; sie erfordern Zeit und Geduld. Ich sollte nun meinen, daß ein hochwertiges Futter wie das Laubheu auch höhere Kosten verträgt und daß wir in Zeiten der Not alles daran setzen müssen, solches Ersatz-Futter zu gewinnen. Zurzeit haben wir noch ein eigenartiges Verhältnis: die Landwirte werden veranlaßt, Stroh herzugeben, das zur Fütterung benutzt wird, und sollen als Ersatz Waldstreu nehmen. Der Futterwert des Strohs ist aber nur gering gegen den des Laubreisigs. Ist es da nicht befremdlich, daß man nicht lieber zu einem Futtermittel greift, das hochwertig ist und das nach den vorliegenden Erfahrungen gern von den Haustieren genommen wird.

Interessante Erfahrungen liegen aus Bayern vor. Dort habe ich an maßgebenden Stellen großes Entgegenkommen gefunden; aber der betreffende Forstmeister, der die Versuche ausführte, hat auch mit großen Schwierigkeiten zu kämpfen gehabt. Die Leute haben es nicht geglaubt, die Bauern wollten nicht heran, sie sagten, das Laubheu sei gefährlich usw. Aus einer bayerischen Gemeinde, wo das Rindvieh in einem Notjahr mit Laubheu durchgehalten werden sollte — es wurden damals 6500 Zentner verfüttert —, wurde mir mitgeteilt: das Vieh blieb gesund, nahm an Fleisch gut zu, der Milchertrag wurde allgemein als gut anerkannt. Man hat dort mehrere Monate lang den ganzen Viehstand mit Laubreisigfütterung durchgehalten. Das sind doch beachtliche Resultate. Ich glaube, Herr Regierungsdirektor Wappes wird in der Lage sein, mitzuteilen, daß man auch in der Rheinpfalz Versuche gemacht und noch erheblich größere Mengen Laubfutter verwendet hat.

Was die Einwände betrifft, so gebe ich gern zu, daß die Laubreisiggewinnung am einfachsten ist in den Schälschlägen, im Niederwald oder bei Durchforstungen, wo man das Reisig nur wegzutragen und gut zu trocknen braucht, was am besten im Halbschatten geschieht. Auf diese Weise kann man viel Futter erhalten. Man kann aber auch durch Schneideln sehr viel gewinnen. Der kleine Landwirt muß für die Laubnutzung interessiert werden. Herr Oberforstmeister Riebel hat ganz recht: der Kleinbetrieb kann es am besten durchführen, die Arbeitskräfte werden dort besser ausgenutzt. Das Laubreisig wird zeitig gewonnen und zum Teil grün verfüttert oder getrocknet in Bündel gebunden oder gehäckselt. Das Häckseln halte ich für außerordentlich wichtig, weil sich das Reisig dann sehr gut aufbewahren und leicht in Säcken transportieren läßt. Das Häckseln soll am Sammelort erfolgen.

Noch in der letzten Zeit sind Anfragen gekommen, woraus ich entnehmen muß, daß man ganz falsche Vorstellungen von der Gewinnung hat. Ich bin z. B. gefragt worden: macht das nicht sehr viel Mühe, mit den Händen das Laub abzustreifen? Daran hat doch kein Mensch gedacht, daß bloß die Blätter abgestreift werden. — Dann hat Herr Prof. v. Mammen in seiner neuesten Schrift erwähnt, in einer Zeitung hätte gestanden, die Laubfütterung wäre sehr zweckmäßig, und es wäre jetzt — Ende September, Anfang Oktober — die beste Zeit, das Laub zu sammeln und zu verfüttern. (Heiterkeit!) Ich glaube, Prof. v. Mammen hat gesagt, auf diesen Gedanken müßte jemand in einer schlaflosen Nacht gekommen sein. (Heiterkeit!) Wer in aller Welt würde abgefallenes Laub dem Vieh vorlegen! —

Sie sehen, wie groß der passive Widerstand allenthalben ist. Ich gebe ja zu, daß die Laubreisiggewinnung gewisse Schwierigkeiten macht; aber bei einigermaßen gutem Willen können wir außerordentlich große Mengen Reisig im Schälwald, Niederwald, bei Durchforstungen und durch Schneideln gewinnen, und zwar zu einer Zeit, wo es sehr hohen Futterwert hat, weil da noch am ersten Arbeiter zu erlangen sind. Meine seit 30 Jahren angestellten Versuche bewegen sich in ganz anderen Bahnen wie die alte späte Laubnutzung. Es ist bekannt, daß die alten Griechen und Römer Laubnutzung trieben, und wenn Sie nach Serbien, Bulgarien, Mazedonien kommen, so finden Sie die Laubnutzung in großem Umfange, nämlich als Weide. Die Leute denken dort an nichts anderes, weil sie sehr wenig Wiesen haben; sie brauchen die Weiden, um das Vieh auszutreiben, damit es sich Laub sucht. Daß diese Flächen nicht gut aussehen können, wenn von Anfang Mai bis in den Herbst hinein die Tiere die Zweige abnagen, ist erklärlich.

Nun ist mir entgegengehalten worden: wenn ich zu so früher Zeit das Schneideln verlangte, dann würde es mit dem Zuwachs des Baumes sehr schlecht bestellt sein. Gewiß, das ist richtig, aber was spielt das für eine Rolle in Notjahren! Da sollen wir geringwertige Futtermittel wie Stroh benutzen und nicht das hochwertige Futter nehmen, das uns der Wald gewährt? Die vermeintlichen Schwierigkeiten sind zu überwinden. Ich kann versichern, daß ich in den 30 Jahren, seit ich die Untersuchung durchführe, noch nicht ein einziges Mal auf die Schwierigkeiten gestoßen bin, die in zu hohen Kosten gipfelten. Natürlich muß man auch die Laubreisignutzung erst lernen. Ist es denn nicht einfach, mit der gewöhnlichen Heckenschere die Zweige abzuschneiden?

Von Interesse war es, festzustellen, ob die Holzarten verschiedenen Futterwert haben. Das ist allerdings der Fall. Die Reihe, die ich damals durch Untersuchung habe feststellen können, beginnt mit schwarzem Holunder und Hirschholunder mit 27% Rohproteingehalt und hört auf mit Rotbuche mit 12,6%. Dazwischen reihen sich die anderen Holzarten ein. Die Eiche steht in mittlerer Linie. Wir können fast alle Laubhölzer nehmen, nur muß man dabei bedenken, daß ihr Laub nicht gleichzeitig gut trocknet. Hirsch= oder Schwarzholunder, der bekanntlich sehr schlecht trocknet, muß für sich getrocknet werden, während die meisten anderen Laubhölzer nicht so wasserreich sind. Herr Prof. v. Mammen hat darauf hingewiesen, daß im Großen Garten in Dresden die Holundersträucher ausgeschnitten und so Futter gewonnen worden wäre. Nun, das war in der Nähe einer großen Stadt nicht gerade billig, aber wir hatten dort den großen Vorteil, Glashäuser zum Trocknen und Aufbewahren benutzen zu können. Beachtlich ist auch, was Herr Oberforstmeister Riebel sagte:

will man Futter gut erhalten, so muß man für Überdachung sorgen. Hierfür gibt es doch einfache Vorrichtungen. Im Walde haben wir überdachte Schuppen für die Wildfütterung. Das dort aufgespeicherte Reisig hält sich mehrere Jahre. Das Laub von der Eiche z. B. sieht noch nach Jahren so grün und gut aus, daß man denkt, es sei eben erst gewonnen. Es hat auch ein vorzügliches Aroma. Als Kuriosum will ich erzählen, daß mir bei den Untersuchungen mitgeteilt wurde, es wäre auch geraucht worden, weil es einen so ausgezeichneten Geruch hätte.

Ich wiederhole noch einmal, wir müssen mit aller Energie vorgehen, um die Widerstände, die sich uns in dieser Frage entgegenstellen, zu überwinden. Ich wäre sehr dankbar, wenn wir nach der Anregung, die Herr Oberforstmeister R i e b e l zuletzt gegeben hat, in einer Denkschrift die wichtigsten Punkte zusammenstellten. Es ist unbedingt notwendig, daß wir die Laubfütterung heuer durchführen. Nehmen wir doch die Hilfe an, die uns der Wald so verhältnismäßig billig und reichlich bietet. (Beifall!)

R e g i e r u n g s d i r e k t o r Dr. W a p p e s (Speyer): Meine Herren! Der Herr Vorsitzende hat bereits angedeutet, daß ich einige Ergänzungen zu seinem Referat bringen will. Mit Rücksicht auf die vorgeschrittene Zeit verspreche ich Ihnen, mich möglichst kurz zu fassen und auch mein nachher anschließendes Referat so knapp als tunlich zu gestalten. Bevor ich zu diesen Ergänzungen übergehe, möchte ich mir gestatten, noch einige allgemeine Bemerkungen zu dem Bericht des Herrn Vorsitzenden zu machen.

Ich bin vollkommen mit dem Grundgedanken einverstanden, der durch das ganze Referat hindurchgegangen ist: n i c h t H o l z z u c h t, s o n d e r n B o d e n k u l t u r. Wir werden vielleicht diesen Gedanken überhaupt mehr durch unser Fach gehen lassen müssen, ganz besonders in der heutigen Zeit. Was jetzt das deutsche Volk braucht, ist in erster Linie jedes Erzeugnis, das nicht ersetzt werden kann und das dringend nötig ist. Wir können also unsere Aufgabe, für die kommenden Geschlechter Holz zu erzielen, einstweilen sehr ruhig zurückstellen.

Ich bin ganz damit einverstanden, daß wir im großen und ganzen das, was wir aus dem Walde in der Holznutzung oder durch Nebennutzung herausholen, in der Hauptsache für die Tierernährung verwenden müssen. Trotzdem glaube ich in meinen Ergänzungen noch darauf hinweisen zu können, daß der Wald auch unmittelbar für die menschliche Nahrung ganz bedeutende Mengen von Stoffen liefern kann.

Die Gewinnung von Futterlaub und Futterreisig ist im Jahre 1893 unter dem Druck der großen Futternot außerordentlich betrieben worden. In allen Forstversammlungen, in der ganzen Literatur wurde damals von Futterreisig gesprochen und die Sache ist mit großer Energie angefaßt worden. Auch Professor Ramann hat sich ihrer angenommen, es wurde eine Quetschmaschine konstruiert, alles hatte Interesse, und dann — ist die ganze Geschichte im Sande verlaufen. Bei der nächsten Futternot, die ja nicht so stark war, ist dann der Gedanke noch einmal aufgeflammt, von da ab aber ruhte er bis heute. Jetzt, wo die Not drängt, stehen wir vor der Tatsache, daß wir nichts organisiert haben und nichts wissen, stehen genau an der gleichen Stelle im Wissen und Können und in der Organisation wie im Jahre 1893.

Ich habe dies nur erwähnen wollen, um auf meine gestrigen Ausführungen zurückzukommen, und alles an der Organisation hängt und daß man Leute anstellen muß, deren Pflicht es ist, derartige Dinge zu verfolgen und bei den betreffenden Stellen und Behörden anzuregen. Ich bin überzeugt, daß seinerzeit jeder der Referenten in den Staatsforstverwaltungen seinen Akt „Futternot" mit Vergnügen geschlossen hat, als das Jahr 1893 vorüber war. Es ist begreiflich, daß die Staatsforstverwaltung derartige Sachen nicht weiter verfolgen kann. Dafür müssen besondere Organe geschaffen werden, sei es, daß die Versuchsanstalten es übernehmen, sei es, daß die deutschen Forstvereine allein oder im Verein mit ihnen vorgehen.

Dann möchte ich noch eine Erinnerung gegen den Vorschlag des Herrn Referenten vorbringen, bei den Gerbstoffhölzern auch das schwache Reisig zu verwenden. Ich habe mich für diese Sache um deswillen interessiert, weil wir in der Pfalz sehr viel Schälwaldungen haben. Es steht nun in der Literatur und ist mir auch von Gerbern gesagt worden, daß man dieses schwache Reisig nicht zu Gerbstoffzwecken benutzen kann. Der Gerbstoffgehalt ist verhältnismäßig sehr gering, es sind mehr Zuckerstoffe darin, der daraus gefertigte Extrakt ist daher im allgemeinen nicht gut verwendbar.

Bezüglich des Harzes hat der Herr Referent den Gedanken geäußert, daß man Kieferreisig destillieren könne, denn die Tortrix resinella zeige ja gewissermaßen das Vorhandensein des Harzes an. Ich möchte dazu bemerken, daß das Harz, das an den betreffenden Stellen sehr stark ausströmt, wahrscheinlich ein pathologisches Produkt ist. Es wird also durch einfaches Destillieren von Kieferzweigen nicht möglich sein, größere Mengen Harz zu gewinnen. Die Tortrix resinella veranlaßt die Harzbildung an Ort und Stelle. Ich habe sodann ferner mit einem Botaniker gesprochen und ihn gefragt: warum geht es nicht, daß man das Harz durch Druck nach und nach aus schwachen Hölzern auspreßt? Die Weymouthskiefer, die wir in großen Massen haben, ist ungemein harzreich. Darauf wurde mir erwidert, daß die Bildung des bei Verwundungen so stark ausströmenden Harzes auf pathologische Prozesse oder Reizerscheinungen zurückzuführen ist, die das Harz von den weiteren Stellen in Kanälen den angeschnittenen

Stellen zuführen. — Ich habe also Bedenken, ob es möglich ist, nach der Richtung hin etwas zu machen.

Auf die Anfrage des Herrn Kollegen Neumeister möchte ich noch bemerken, daß im Jahre 1893 in der Pfalz eine sehr starke Futternot war. Die Pfalz hat bekanntlich ein sehr warmes Klima, und die Wiesenkultur hatte durch die Trockenheit schwer gelitten. Man war also gezwungen, in weitestem Umfange auf Futterlaub und Futterreisig zurückzugreifen. Wie mir mein Amtsvorgänger mitgeteilt hat, sind damals in der Pfalz 32 000 Stück Vieh ausschließlich mit Futterlaub einige Wochen durchgebracht worden ohne jeden Nachteil, mit hreem Erfolge. Ich habe aber trotzdem Bedenken, ob man die Futter= laub= und Futterreisiggewinnung von Betriebs wegen irgend= wie durchführen kann. Wie die beiden Herren auch erwähnt haben, geht es nur für den Kleinbedarf, es geht nur dann, wenn die Arbeits= kraft nahezu nicht gerechnet, wenn das Futterlaub draußen im Walde gewonnen, alsbald nach Hause gebracht und unmittelbar verfüttert wird. Ich habe im vorigen Jahre, als die Futternot drohte, auch daran gedacht, ob man nicht die Schälwaldungen ausnutzen könne, namentlich das frisch ausschlagende Reisig der großen Schälschläge. Wir haben ja unsere Schälschläge um das Drei= bis Vierfache ver= mehrt. Ich hatte gedacht, es müßte möglich sein, im August, September die neuen Schälschläge zu nutzen und vielleicht die älteren schon vorher. Ich wollte aber sicher gehen und habe mich bereits im April und Mai bei Landwirten erkundigt. Die haben sich jedoch gänzlich ab= lehnend verhalten. Wir wären bereit gewesen, viele Tausende von Zentnern Futterreisig zu gewinnen, wenn die Landwirte zugesichert hätten, daß sie das Laub mindestens zum Selbstkostenpreise abnehmen. Die Herren waren aber — wie gesagt — gänzlich abgeneigt und meinten: wir wollen erst die Heuernte abwarten, und als die kam, ist von Laub keine Rede mehr gewesen. Im übrigen muß ich sagen: ich war froh, daß die Geschichte so ausgegangen ist. Unsere ganzen Schälschläge waren nämlich von Meltau befallen, und wir wären in rechte Schwierigkeiten gekommen, wenn wir große Massen hätten liefern müssen. —

Nun möchte ich Ihre Aufmerksamkeit noch auf drei Gegenstände lenken gewissermaßen als Ergänzung zu dem Referat des Herrn Vor= sitzenden. Er hat erwähnt, daß die Pilze und Beeren von ver= hältnismäßig geringer Bedeutung seien. Im großen und ganzen mag das richtig sein. Wir dürfen aber doch erwarten, daß sich die Bevölkerung jetzt, wo die große Fleischnot herrscht, mit ganz anderer Intensität als sonst auf die unentgeltlich dargebotenen Früchte des Waldes, insbesondere zunächst die Pilze, werfen wird. Ein Be=

denken kommt dabei vor allem in Betracht. Schon im vorigen Jahre haben wir in den Zeitungen vielfach von Pilzerkrankungen gelesen. Im heurigen Jahr darf man erwarten, daß derartige Fälle noch mehr vorkommen, wenn hier nicht eingegriffen und Aufklärungsarbeit geleistet wird; anderseits wird es trotzdem möglich sein, daß noch große Mengen von Pilzen im Walde verfaulen und für die Ernährung nicht nutzbar gemacht werden, obwohl die Pilze, wenn auch ihr Nährwert vielleicht nicht so hoch ist, in der Ernährung des Volkes zweifellos eine große Rolle spielen könnten. In der Pfalz z. B. wendet man, wie ich bemerkt habe, der Pilzgewinnung sehr wenig Aufmerksamkeit zu. Man ist ungemein mißtrauisch, und eine pfälzische Hausfrau ist sehr schwer dazu zu bringen, ein Pilzgericht anzunehmen, auch wenn man schwört, daß man Pilzkenner und seiner Sache sicher sei. In Oberbayern ist die Sache ganz anders. Da sind die Pilzweiberl, die den ganzen Wald durchsuchen, hier wird die Sache förmlich sportmäßig betrieben. Im vorigen Jahre gab es bei uns tausend und aber tausend von Zentnern eßbare Pilze im Walde, die nicht gewonnen wurden, nur weil die Kenntnis der Pilze nicht genügend verbreitet war. In der Pfalz werden im allgemeinen nur zwei Arten verwendet, alle anderen 10 oder 20, die in großer Menge da sind, werden einfach nicht genützt, weil die Leute sie nicht kennen und sich nicht trauen.

Es wäre doch von außerordentlichem Werte, wenn die Pilzkenntnis verbreitet werden könnte, und da ist die Frage: ist es nicht Aufgabe der **deutschen Forstleute**, nach dieser Richtung aufklärend und fördernd zu wirken? Ich gebe zu, daß es nicht so einfach ist, eine Organisation zu schaffen. Ich für meine Person habe vor, die Aufklärung der Bevölkerung in der Pfalz durch einen großen Touristenverein, dessen Vorstand ich bin, einzuleiten. Wir werden wahrscheinlich förmliche Pilzkurse halten und Pilzprüfungsstellen errichten. Ich habe voriges Jahr gelesen, daß derartige Pilzprüfungsstellen in Königsberg und anderwärts bestanden haben, die zweifellos sehr vorteilhaft gewirkt haben. Durch diese Pilzprüfungsstellen gewinnen die Leute zunächst die Sicherheit, daß ihnen nichts passiert, und sie lernen dann auch rasch selbst durch die Belehrung, die ihnen dort zuteil wird. Ferner könnte man die Pilzkenntnis durch Vorträge und Demonstrationen weiter verbreiten, und hier wäre den deutschen Forstleuten eine große Aufgabe gegeben, durch deren Erfüllung sie wertvolle Mitarbeit an der Kriegsversorgung des deutschen Volkes leisten könnten. Wenn ich aber sage: die Forstleute sollen das Publikum aufklären, so entsteht die Frage: sind die Forstleute selbst so weit, daß sie das können? Da glaube ich nun, daß wir das in verhältnismäßig sehr kurzer Zeit zu leisten vermögen. Wir sind alle naturwissenschaftlich gebildet, jeder von uns kennt den

Wald und ist imstande, sich in kurzer Zeit über Art und Ort zu informieren.

Vielleicht wäre es auch eine Aufgabe unserer Fortbildung, hier einmal einzugreifen. Ich will nachher einmal mit den anwesenden Mitgliedern der Fortbildungskommission die Sache besprechen, ob wir nicht in dieser Richtung eine Arbeit leisten können, etwa dahin gehend, welche Pilzbücher und welche Tafeln am zweckmäßigsten sind, welche Kochbücher hier in Frage kommen —, kurzum, daß wir unseren Leuten passendes Material verschaffen. Ich denke natürlich nicht daran, daß ich etwa als Pilzredner mit den übrigen Kollegen von der Fortbildungskommission herumziehe, um pilzaufklärend zu wirken. Aber ich dachte mir, daß es doch von Wert wäre für Forstvereine oder eine kleinere Gruppe von Forstleuten, die sich zusammenfinden, wenn eine Aufklärung auf diesem Wege erfolgte. Ich selbst habe vor, in der Pfalz die forstlichen Zusammenkünfte und privaten Vereinsversammlungen dazu zu benutzen, um unter dem pfälzischen Forstpersonal nach Möglichkeit die Kenntnis der Pilze zu verbreiten. Ich glaube, daß das ganz leicht gehen wird. Ein paar gute Pilzkenner treibt man schon auf, und wenn die ersten Pilze kommen, hält man Versammlungen und bringt dazu die Pilze mit. Das ist ziemlich einfach. Es gibt kaum ein halbes Dutzend Pilze im deutschen Walde, die direkt giftig sind. Wenn man zwei, drei der allerschädlichsten weiß, so kann man ziemlich sicher sein, daß wenigstens kein Todesfall vorkommt. Wenn man dann noch ein paar Angaben über die Behandlung der Pilze gibt und die Frauen aufzuklären vermag, dann findet sich alles andere von selbst. Ich glaube, die deutsche Hausfrau wird sehr dankbar sein, wenn man heuer ihre Küche mit Pilzgerichten zu versorgen weiß.

Dann möchte ich noch auf eine weitere Pflanze hinweisen, die der Herr Referent nicht erwähnt hat, die aber nach meinem Dafürhalten von großer Bedeutung sein kann: das ist die S o n n e n b l u m e. (Zustimmung.) Es wird Ihnen bekannt sein, daß der Samen der Sonnenblume außerordentlich ölhaltig ist, bis zu 40% Öl enthält. Ich habe im vorigen Jahre bereits, als die Frage der Öl- und Fettnot auftrat, darüber nachgedacht und mich mit Sachverständigen benommen, welche Pflanzen im deutschen Walde gefunden oder angebaut werden könnten, die nach dieser Richtung hin etwas zu leisten vermöchten. Nach mehrfachen Besprechungen bin ich zu dem Ergebnis gekommen, daß die Sonnenblume hier in erster Linie in Frage kommen muß. Ich bin auch auf Kohlraps aufmerksam gemacht worden. Aber dessen Anbau bietet eher kulturtechnische Schwierigkeiten. Dagegen wird die Sonnenblume keinerlei Anbauschwierigkeiten machen. Als ich mit diesen Erhebungen zu Ende und entschlossen war, die Sache für meinen Regierungsbezirk anzufangen, ist mir erst bekannt geworden, daß die Sonnenblume schon 1915 von fast allen deutschen Eisenbahnverwaltungen angebaut worden ist. Man hat also damals von sachverständiger Seite die Öl- und Fettnot voraus- gesehen und die deutschen Eisenbahnverwaltungen darauf aufmerk- sam gemacht. Daran, daß wir auch dafür geeigneten Boden haben, hat kein Mensch gedacht. (Heiterkeit.) Das ist wieder der alte Be- weis dafür, daß man uns nur als Holzförster anschaut und nicht daran denkt, daß wir auch in anderer Beziehung etwas leisten können. Ich muß sagen, die späte Entdeckung hat mich recht geärgert, zumal wir heuer vor einer großen Schwierigkeit stehen. Vielleicht kann mir der eine oder andere der Herren Auskunft geben. Es hat sich nämlich das große Bedenken erhoben, ob es möglich ist, die Sonnen- blume wegen des W i l d s t a n d e s anzubauen. Die Meinungen meines Personals sind geteilt. Wir haben die Sonnenblume durch einen reinen Zufall auf einem ziemlich armen Boden in eingezäunter Fläche angebaut, auf einem Sand, wie er in Norddeutschland wohl meistens verbreitet ist. Er hat sich gezeigt, daß sie dort, allerdings mit etwas Düngung, ausgezeichnet gediehen sind. Nun hat der einschlägige Förster gesagt, daß er auch außerhalb der eingezäunten Fläche Sonnen- blumensamen gesteckt habe und daß dieser von Rehwild aufgenommen worden sei. Daß die Kaninchen der Sonnenblume schädlich sind, darüber ist kein Zweifel; man wird wohl da, wo diese in größerem Maße vorhanden sind, vom Anbau Abstand nehmen müssen. Dagegen waren in bezug auf das Rehwild die Meinungen der Beamten geteilt. Die Landwirte meinten, die Sonnenblume habe ein so rauhes und filziges Blatt, daß ihr das Rehwild nicht gefährlich sei. Jedenfalls sind wir jetzt in der großen Verlegenheit: werden die frisch antreibenden Pflanzen durch das Rehwild aufgenommen oder nicht? Wenn sie aufgenommen werden, so wird bei starkem Rehwildstande nicht viel übrig bleiben; bei schwächerem wird man darauf rechnen können, einen Teil durchzubringen. Ich bin zu der Auffassung gekommen, daß man zu drei verschiedenen Zeiträumen die Samen stecken soll in der Hoffnung, daß, wenn auch im Anfange, wo noch Nahrungsmittel- not für das Rehwild besteht, die Pflanzen angenommen werden, wenigstens die spätere Saat durchkommt. Allerdings ist zu erwägen, daß die Sonnenblume sehr frühzeitig gesteckt werden muß, damit der Samen ausreift. Es besteht die Gefahr, daß sie in einem nassen Jahr zwar sehr schöne Blütenstände bildet, daß jedoch der Samen nicht ausreift und bereits auf dem Stock verfault.

Ich möchte bemerken, daß von den deutschen Eisenbahn- verwaltungen 26 000 kg Saatgut gewonnen worden sind, woraus bei 40% Ölgehalt 11 Tonnen feinsten Speiseöls zu erzielen sind. Ich möchte weiter erwähnen, daß uns der Kriegsausschuß für Fette und Öle zugesagt hat, das Kilo mit 60 Pfg. zu bezahlen. Es ist also kein sehr riskantes Unternehmen. Wenn auf dem Ar ein einziges Korn aufgeht, kommt ein Riesenblütenteller heraus, der den ganzen Aufwand ersetzt. In dieser Beziehung wird es wenig Schwierigkeiten geben. Ich habe geglaubt, mit einigen 100 kg den Versuch in der Pfalz machen zu sollen. Es ist wohl anzunehmen, daß der Kriegs=ausschuß für Fette und Öle, der hier in Berlin besteht, Saatgut in reichlicher Menge hat, so daß Versuche gemacht werden können. Wer sich dazu entschließt, muß sich aber beeilen, denn in einigen Wochen muß die Aussaat erfolgen, im April soll der Samen bereits gesteckt werden; je nach dem Klima wird wohl noch bei Saat um zwei bis drei Wochen später die Ausreifung stattfinden können. Ent=scheidend ist natürlich das Jahr. — Ferner möchte ich darauf hin=weisen, daß der Kriegsausschuß für Fette und Öle eine sehr knapp gefaßte und gute Anleitung für die Kultur der Sonnenblume bietet. Hinsichtlich der Anbautechnik haben wir einfach Auftrag gegeben, daß durch die Kulturen überall da, wo kein Gras steht, Kerne im Abstand von 60—80 cm eingesteckt werden. Das machen zwei Mädchen, in ein paar Stunden wird ein Hektar durchgesteckt. Wir hoffen, auf diese Weise einen reichlichen Beitrag zu der Fettproduktion des Deutschen Reiches oder wenigstens unserer eigenen Gegend liefern zu können.

Endlich möchte ich noch auf eine weitere Pflanze zu sprechen kommen, die mir auch von der größten Wichtigkeit zu sein scheint, nämlich die Heidelbeere. Ich habe gestern bereits, um den Ge=danken etwas anzuregen, davon gesprochen, daß die Heidelbeere für die Volksernährung eine außerordentliche Bedeutung hat. Wir haben uns bisher dieser Pflanze, die Hunderttausende und vielleicht Millionen Hektar des deutschen Waldes bedeckt, gar nicht angenommen, sondern man hat das Wachstum und die Nutzung ganz dem Zufall überlassen. Jetzt liegt nach meinem Dafürhalten die Sache anders. Ich glaube, daß wir uns wenigstens klar machen müssen, wie die Situation ist, daß wir uns fragen: wie groß ist die Ausdehnung der Heidelbeere, was kann sie für Erträge liefern, und daß wir, wenn wir ihre Be=deutung anerkennen, uns weiter darüber schlüssig werden, ob wir in irgend einer Weise fördernd oder regelnd hier eingreifen wollen.

Ich verfolge die Angelegenheit schon seit einigen Jahren, und für die Pfalz wenigstens kann ich bestimmtere Angaben machen. Es hat sich ergeben, daß von 210 000 ha Wirtschaftswald über 20 000 ha mit fruchttragenden Heidelbeeren bedeckt sind, also etwa 10%. Ich weiß natürlich nicht, ob man diesen Prozentsatz ohne weiteres auf die Waldfläche des Deutschen Reiches übertragen darf, aber ich habe mich, obwohl ich schon seit längerer Zeit daran gedacht habe, nicht getraut, eine Erhebung anzuregen, von der Auffassung ausgehend, daß die Behörden ohnehin jetzt genug mit Fragebogen und Statistik geplagt sind. Immerhin habe ich bei Gelegenheit der nach=

her zu besprechenden Korrespondenz über den Forstbetrieb während des Kriegszustandes an meine Bekannten die Anfrage gestellt, in welchem Umfange die Heidelbeere bei ihnen verbreitet ist, und ich habe da wenigstens den Eindruck gewonnen, daß man wohl 10% der deutschen Waldfläche als mit Heidelbeeren bestockt annehmen kann. Es gibt große Waldgebiete, wo sie zweifellos in weit größerem Maße verbreitet ist, und eine Menge von Waldungen, wo man sie durch eine einfache forstliche Maßregel, nämlich durch etwas Auf= lichten des Unterstandes, noch bedeutend fruchttragender gestalten könnte.

Daß die Heidelbeere außerordentlich für die Ernährung des Menschen geeignet ist, darüber brauche ich nichts zu sagen. Ich möchte nur darauf hinweisen, daß der hygienische Wert bei Verarbeitung und Verwertung in getrocknetem Zustande sehr hoch anzuschlagen ist, daß z. B. das Versenden getrockneter Heidelbeeren an die Front zweifellos sehr begrüßt werden würde; sie hemmt namentlich den Durchfall, eine Handvoll getrockneter Heidelbeeren wirkt verstopfend und bringt den Magen in Ordnung.

Zweifellos kommt auch der Standpunkt des Waldbesitzers hier in Betracht. Der Waldbesitzer wird sich fragen: was habe ich von der ganzen Geschichte —, und da ist die Antwort: nichts als Ärger. Das ist ein Standpunkt, der im Frieden vollkommen zu billigen ist. Im Kriege müssen wir, glaube ich, anders denken. Hier handelt es sich einfach um den volkswirtschaftlichen Wert. Wir müssen uns fragen, ob die Heidelbeere Volksnahrung in größerer Masse er= zeugt, und wenn wir diese Frage bejahen, so haben wir die verdammte Pflicht und Schuldigkeit, soweit es an uns ist, das letzte Kilogramm dem deutschen Volke zugänglich zu machen. Da wird sich natürlich manche Schwierigkeit ergeben. Die Frage wäre namentlich: sollen und wollen wir in irgend einer Weise ordnend und regelnd in die ganze Heidelbeernutzung eingreifen? Nach der Richtung liegen die Verhältnisse in Deutschland außerordentlich verschieden. Zweifellos ist es sehr erwünscht, wenn Frauen und Kinder die Heidelbeernutzung in größtem Maßstabe vornehmen. Es ist aber sicher sehr unerwünscht, wenn Arbeitskräfte, die man anderweitig sehr gut verwenden kann, im Walde herumlaufen und Heidelbeeren pflücken, eine Erscheinung, die wir z. B. in der Pfalz sehr zu unserm Bedauern häufig sehen müssen und heuer besonders unangenehm empfinden würden. Es wäre also schon in dieser Beziehung sehr nötig, in irgend einer Weise regelnd einzugreifen.

Die Gesetzgebung ist, soweit mir bekannt, sehr verschieden. In Preußen haben Sie den sog. Pilz= und Beerenparagraphen, der meiner Erinnerung nach einmal große Aufregung verursacht hat. Bei uns in Bayern steht im Forstgesetz von der Heidelbeere überhaupt nichts. Es ist zwar verboten, Bucheln und Eicheln zu sammeln, aber von Pilzen und Beeren steht nichts darin. Wir können also nach dem Forstgesetz niemanden strafen, der etwa im Walde Heidelbeeren wegnimmt. Praktisch ist die Sache von manchen Gemeinden insofern geordnet worden, als sie einfach den Beschluß gefaßt haben: in unserem Walde darf niemand Heidelbeeren pflücken als die Angehörigen der Gemeinde. Wie es aber würde, wenn eine Strafanzeige und eine Verhandlung erfolgte, das ist noch nicht vollkommen geklärt. Da es einen Paragraphen des Forstgesetzes nicht gibt, könnte man nur mit zivilrechtlichen Mitteln vorgehen, und das wäre schwierig.

Eine weitere Frage ist, ob man nicht in irgend einer Weise in die Nutzung, in den Handel, in die weitere Verwertung ordnend eingreifen soll. Zweifellos wäre es hier möglich, daß z. B. militärisch Maßregeln getroffen werden, und ich würde es vom Standpunkt des bayerischen Forstbeamten und Waldbesitzers aus, den ich zu vertreten habe, begrüßen, wenn wir die militärische Gewalt benutzen könnten, um eine Sache in Ordnung zu bringen, bei der wir zivilistisch nichts haben machen können —, z. B. das Verbot, daß arbeitskräftige Leute die Heidelbeeren sammeln, daß man die Gewinnung der Heidelbeere an die Lösung eines Scheines knüpft und auch, daß man den Handel irgendwie regelt, Höchstpreise festsetzt, um Treibereien vorzubeugen. Ich bin fest überzeugt, die Preistreibereien bei der Heidelbeere werden genau so kommen wie bei allen anderen Nahrungsmitteln. Schon im vorigen Jahre ist der Preis für die Heidelbeeren in einigen Gegenden kolossal hinaufgetrieben worden, ich glaube, auf 40 Pfg. das Pfund, ein außerordentlicher Preis.

Das sind die Gedanken, die ich Ihnen in dieser Frage hauptsächlich vortragen wollte. Es würde nun an uns die Frage herantreten: wollen wir nach der Richtung hin etwas Positives leisten? Das ließe sich nach einer Richtung machen. Der Deutsche Forstverein kann Erhebungen anstellen über die mit fruchttragender Heidelbeere bestockte Fläche in Deutschland und in den besetzten Gebieten; er kann ferner Erhebungen vornehmen, ob es Flächen gibt, die mit einfachen forstlichen Manipulationen, Auflichten oder Heraushauen von Gestrüpp, zu besserer Fruktifikation gebracht werden können, weiter Erhebungen über die administrativen und rechtlichen Verhältnisse in den verschiedenen deutschen Bundesstaaten, und er kann endlich eine Organisation zur Aufklärung der Bevölkerung schaffen. Ich glaube, es wäre schon am Platze, daß wir uns der Frage annehmen. Am einfachsten wäre es, wir würden einen Sonderausschuß für Pilze und Beeren als Kriegsmaßregel gründen und diesem den Auftrag geben, die Sache weiter zu verfolgen. Irgend eine Arbeit für den Forstwirtschaftsrat selbst wird keinesfalls daraus entstehen. Ich glaube aber, daß es gut wäre, wenn aus unserer Mitte einige Herren beauftragt würden, sich der Sache zu widmen, die dann alle erforderlich erscheinenden Schritte etwa im Benehmen mit der Vorstandschaft tun.

Landforstmeister Schede (Berlin): Meine Herren! Ich möchte mich zunächst über die Laubheufütterung und -Gewinnung äußern und kann da den Ausführungen des Herrn Geheimrat Neumeister durchaus beipflichten. Nach meiner Überzeugung ist die Verwertung eines Teiles des in unseren Wäldern gewachsenen Laubes zu Futterzwecken eine außerordentlich wichtige Sache, wichtig deshalb, weil das Laub einen guten Nährwert hat und weil wir, wenn wir auf das Laub zurückgreifen, das Rauhfutter fast nach Belieben vermehren können. Die preußische Staatsforstverwaltung hat schon im vorigen Jahre sich mit dieser Angelegenheit beschäftigt und zunächst das Laubheu der Bevölkerung teils unentgeltlich, teils gegen ein ganz geringes Entgelt zur Selbstwerbung zur Verfügung gestellt. Das Resultat war kläglich. Es hat sich so gut wie niemand darum beworben, niemand glaubte, es nötig zu haben. Die Gewinnung in eigener Regie hatte die Verwaltung zunächst nicht ins Auge gefaßt. Nun kam die dürre Zeit. Da wurde der Forstverwaltung die Sache doch bedenklich. Wir sagten uns: wenn die Bevölkerung auch selber nichts tun will, so haben wir die Verpflichtung, nach Kräften dafür zu sorgen, daß im Notfall doch einigermaßen Futter aus dem Walde bereitgestellt werden kann. Die Revierverwaltungen wurden demgemäß angewiesen, auf Kosten der Verwaltung das Heu zu werben und bis auf weiteres aufzubewahren. Gerade damals hatte aber die Dürre ihr Ende erreicht und es trat nun eine Regenzeit ein, die für die Gewinnung des Laubheus verhängnisvoll war. Ein großer Teil des Heues verdarb nicht nur infolge der Nässe, sondern wurde auch wegen der Schwierigkeit des Trocknens sehr teuer. Wir hatten also viel schlechtes und teures Futter gemacht. Im ganzen waren es etwa 100 000 Zentner, von denen uns die Heeresverwaltung etwa 50 000 abgenommen hat, während wir mit einem großen Teil der anderen Hälfte noch bis heute sitzen geblieben sind. (Heiterkeit.) Allmählich kommen aber doch die Leute, und wir hoffen, wenn auch vielleicht mit finanziellem Verlust, den ganzen Rest noch los zu werden. Der Gesamtschaden, den wir dabei erleiden, wird übrigens gering sein. Trotzdem die Sache vielfach nicht geschickt angefangen worden ist — es muß eben alles gelernt werden — und obwohl die Regenzeit die Kosten des Werbens erheblich gesteigert hat, so haben diese doch nicht mehr als durchschnittlich je Zentner 2,50 Mk. betragen. Da gut geworbenes Laubheu den Wert von mittlerem Wiesenheu hat — das ist durch sorgfältige Untersuchungen ja wiederholt zweifelsfrei festgestellt worden —, so kann man nicht sagen, daß die Kosten zu hoch geworden sind; sie sind noch durchaus erträglich.

Trotz dieser infolge besonderer Umstände nicht gerade günstigen ersten Erfahrungen haben wir uns entschlossen, die Laubheugewinnung in diesem Jahre mit verstärkter Energie in Angriff zu nehmen, und sind in dieser Absicht durch die Berichte bestärkt worden, die uns inzwischen über die Ergebnisse der Fütterung von Laubheu zugegangen sind. Die Berichte sind teils von Zivilbehörden, teils von Landwirten, die uns Laubheu abgenommen haben, teils von militärischer Seite erstattet worden. Ihre Mehrzahl verhält sich gegen das Laubheu als Pferdefutter allerdings ablehnend. Nicht wenige von ihnen schienen aber doch von einer gewissen Voreingenommenheit gegen das neue Futtermittel diktiert zu sein. Bei anderen war die ablehnende Stellungnahme mit dadurch bedingt, daß das gelieferte Heu von schlechter Beschaffenheit war; es war verregnet und hatte Schimmel bekommen, so daß es nicht nur in seinem Futterwert gemindert, sondern für Pferde direkt schädlich war. Trotzdem sind zahlreiche und insbesondere die Stellen, die sich ernstlich und ohne Vorurteil mit der Sache befaßt und den Wert des Laubheus gründlich untersucht haben, in erfreulicher Übereinstimmung zu dem Ergebnis gekommen, daß der Futterwert ein befriedigender ist und daß das Futter auch den Pferden gut bekommt, und zwar ohne daß erhebliche Unterschiede des Wertes der einzelnen Heusorten, die dabei in Betracht kamen, festgestellt werden konnten. Die Pferde haben allerdings insofern ein eigentümliches Verhalten gegenüber dem Laubheu gezeigt, als sie es nicht durchweg gern oder überhaupt genommen haben. Unter größeren Pferdebeständen haben sich namentlich immer einige Tiere gefunden, die nicht dazu zu bringen waren, auch nur ein einziges Laubheureis ins Maul zu nehmen, selbst nicht, wenn sie tagelang haben hungern müssen. Auf der anderen Seite wieder haben sich mehrfach einzelne Pferde gefunden, die das Laubheu mit großer Gier genommen und es allem anderen Futter vorgezogen haben. Ein Oberveterinär berichtete, er habe 16 Pferde gefüttert und die Fütterung so eingerichtet, daß allmählich alles andere Futter mit Ausnahme des Laubheus und von $1^1/_2$ kg Hafer den Pferden entzogen wurde. Ein paar Pferde hätten auch diese $1^1/_2$ kg Hafer nicht genommen, sondern das Laubheu, wenn ihnen beides zur Wahl gereicht wurde. Das Gesamtergebnis dieser Fütterung sei gewesen, daß die Pferde bei gewöhnlicher Arbeit nicht nur in gutem Zustande geblieben seien, sondern zum Teil sogar an Gewicht zugenommen hätten. Also doch ein erfreulicher Erfolg.

Was das Verhalten der anderen Vieharten gegenüber dem Laubheu anlangt, so geht aus den vorerwähnten Berichten hervor, daß die Kühe das Futter im Durchschnitt gern nehmen, die Schafe sogar sehr gierig, desgleichen die Ziegen. Allen drei Tierarten bekommt es ausgezeichnet. Namentlich die Schafe und Ziegen kann man sehr ausgiebig damit füttern; die Milcherträge haben weder bei diesen noch bei den Kühen gelitten.

Vielfach sind bei der Art der Verfütterung des Laubheus noch Fehler gemacht worden. Wenn man namentlich Pferden, die bis dahin gutes Wiesenheu bekommen haben, Laubheu, so wie es aus dem Walde kommt, unzerkleinert verabreicht, dann wird natürlich das meiste in die Streu getreten, dann nehmen sie es nicht. Nach den Erfahrungen bei den Truppenteilen muß das Laubheu gehäckselt und mit Strohhäcksel 2c. vermischt werden. Dann wird es meist gut angenommen.

über die Früchte des Waldes, namentlich die Beeren, auch noch ein paar Worte! Zunächst möchte ich auf die Bucheckernfrage zurückkommen. Herr Oberforstmeister v. Oertzen sagte an anderer Stelle, es wäre ein großer übelstand gewesen, daß es den mit der Sache befaßten Instanzen an forstlicher Beratung gefehlt habe; anderenfalls hätte man nicht zu dem Unsinn kommen können, für den Doppelzentner Bucheln den viel zu niedrigen Preis von 46 Mk. festzusetzen. Meine Herren, das ist insofern nicht ganz zutreffend, als es der betreffenden Instanz tatsächlich an einem forstlichen Berater nicht gefehlt hat. Ich erlaube mir, mich als diesen Berater vorzustellen. (Große Heiterkeit.) Ich schäme mich meiner Ratschläge auch gar nicht, nehme es im Gegenteil als mein Verdienst in Anspruch, daß schließlich dieser verhältnismäßig hohe Preis — den ich allerdings gern noch etwas höher gewünscht hatte — festgestellt worden ist. Ich vertrat dabei mit Nachdruck den Standpunkt, daß man überhaupt kein Ergebnis erzielen würde, wenn man nicht einen Preis zahlen wollte, der einen reichlichen Gewinn übrig ließe. Der Preis müßte um so höher sein, weil wir fast nirgends mit vollen Masten zu tun hätten, sondern nur mit Sprengmasten, und daß unser Ziel sein müßte, auch diese nach Möglichkeit auszunutzen. Dies Ziel sei natürlich nur bei entsprechend hohen Preisen zu erreichen. Ich habe schließlich dem Preise von 46 Mk. zugestimmt, weil ich auch ihn noch für einen erträglichen hielt. Die Erträgnisse der Bucheckerverwertung sind trotzdem im allgemeinen ganz außerordentlich klägliche gewesen. Aber, Herr Kollege, die Gründe dafür haben nicht in dem zu niedrigen Preise gelegen. (Oberforstmeister v. Oertzen: Bei uns im Preise!) Bei uns nicht. Ich habe alle Berichte durchstudiert, die die Regierungen und die Oberförster erstattet haben, es sind nach diesen Berichten und nach meiner überzeugung andere Gründe gewesen — es führt zu weit, sie auseinanderzusetzen —, die das sehr geringe Ergebnis herbeigeführt haben; kein einziger Bericht, der dem Minister zugegangen ist, spricht davon, daß der Preis von 46 Mk. zu gering gewesen wäre Der Durchschnittspreis, zu dem die Bucheckern bei uns in Preußen gesammelt worden sind, hat ja durchschnittlich auch nur

34,6 Mk. je Doppelzentner betragen, obwohl den Revierverwaltern gesagt worden war: sammelt überall, auch wenn ihr bis zu 46 Mk. je Doppelzentner Unkosten habt, denn wir wollen unter allen Umständen möglichst viele Bucheln haben und gehen nicht darauf aus, Geschäfte zu machen. Wenn also wir in der Staatsforstverwaltung nicht mehr als 34,6 Mk. für den Doppelzentner ausgegeben haben, so kann man doch wohl annehmen, daß der Preis von 46 Mk. für Leute, die für sich selber sammeln, im allgemeinen recht reichlich und nicht unzureichend gewesen ist. (Oberforstmeister v. Oertzen: Wieviel Bucheln sind wohl im ganzen geliefert worden? Vielleicht kann man erfahren, welche Oberförsterei am meisten geliefert hat und wieviel einige überhaupt abgeliefert haben?) Das kann ich nicht genau sagen, es sind etwa 1000 Zentner gewesen. (Oberforstmeister v. Oertzen: Ich habe nämlich 400 Zentner sammeln lassen und auch einige Erfahrung dabei bekommen!) Unsere Erfahrungen sind ja unter den verschiedensten Verhältnissen gesammelt worden. Ich gebe nochmals meiner Überzeugung Ausdruck, daß die Geringfügigkeit des Ergebnisses des Buckeckersammelns nicht auf einen zu geringen Preis zurückgeführt werden kann.

Nun die Beeren! Ich verkenne keinen Augenblick, daß die Beeren eine ihrem massenhaften Vorkommen entsprechende außerordentliche volkswirtschaftliche Bedeutung haben. Aber diesen Beerenmassen entsprechen die für ihre Ernte zur Verfügung stehenden Arbeitskräfte leider so wenig, daß die preußische Staatsforstverwaltung schon zu Friedenszeiten ihre Politik immer dahin hat richten müssen, die Bevölkerung zum Sammeln der Beeren nicht anzuregen, vielmehr den Teil der hierfür in Betracht kommenden Personen, die ihre Kräfte als landwirtschaftliche Erntearbeiter nützlicher verwerten können, nach Möglichkeit vom Beerensammeln zurückzuhalten. Das rechtzeitige Einbringen der landwirtschaftlichen Ernte ist hier entschieden das weitaus wichtigere Interesse. Die Landwirtschaftskammer in Stettin hat vor einigen Jahren einmal Erhebungen über die Beerensammler veranstaltet und ist zu dem Resultat gekommen, daß 50% von ihnen vollkräftige Arbeiter sind, die der Landwirtschaft in einer Zeit, in der diese große Mangel an Arbeitern hat, entzogen werden. Meine Herren, das ist ein Mißstand, der einer etwaigen Förderung des Beerensammelns durch die Verwaltung meines Erachtens entscheidend entgegensteht. Auch die preußische Staatsforstverwaltung hat im Jahre 1909 eine Statistik über das Sammeln von Beeren durch Ausgabe von Zetteln aufgemacht, und das Ergebnis dieser Statistik war, daß im Jahre 1908 in den Staatsforsten 522 000 Personen gesammelt haben, die durchschnittlich 9,5 Tage im Walde gewesen sind Das ist, den Tag zu 10 Stunden gerechnet, eine Arbeitszeit von 4 945 000 Tagen Der Erlös der Sammler aus diesen Beeren hat nach der

Veranschlagung der Oberförstereien ungefähr 7 392 000 Mk betragen. Wenn Sie erwägen, daß gering gerechnet 50% dieser Beerensammler vollkräftige Arbeiter waren, die der Landwirtschaft zur Erntezeit fehlten, so müssen Sie meines Dafürhaltens zu dem Schluß kommen: wir dürfen und können in der jetzigen Kriegszeit, in der wir so empfindlichen Mangel an landwirtschaftlichen Arbeitern haben, in der alles darauf ankommt, daß wir unsere landwirtschaftliche Ernte gut hereinbringen, nicht einen Finger rühren, damit die Beeren etwa noch mehr als bisher gesammelt werden.

Dann wurde die Brennessel von dem Herrn Vorsitzenden erwähnt. Ich habe die Ministerialakten danach durchgesehen und habe gefunden, daß bereits in den 70 er Jahren diese Frage erörtert worden ist. Ich habe aus den Akten jener Zeit eine Probe von Brennesselfaser ausgegraben, die ich bitte zirkulieren zu lassen; sie stellt ein ausgezeichnetes Produkt dar. Die Brennesselfrage ist neuerdings wieder in Fluß gebracht worden durch die Erfindung des Professors Richter in Wien, die die Herstellung der Faser anscheinend sehr erleichtert. Früher sind dadurch Schwierigkeiten entstanden, daß bei längerem Liegen der Brennessel im Wasser sich ein Bazillus entwickelte, der die Fasern zersetzte. Das wird jetzt dadurch vermieden, daß das Wasser bald nach dem Einlegen der Nesseln gewechselt wird. Das erste Wasser, in dem die Nessel gelegen hat, soll noch zur Zuckerfabrikation verwertet werden, da die Brennessel nicht weniger als $8^1/_2\%$ ihres Trockengewichtes an Zucker enthält. Der vormalige Oberforstmeister Müller in Königsberg hat im Jahre 1874 ein ausführliches Gutachten über das Brennesselvorkommen in Ostpreußen abgegeben. Er rechnete aus, daß ohne weiteres jährlich etwa 30 000 Zentner getrockneter Brennesseln aus den ostpreußischen Staatsforsten abgegeben werden könnten. Nach seiner Angabe wären in diesen mindestens 1000 ha voll mit Brennesseln bestanden. — Die Brennesselfaser ist anerkannt besser als die Flachsfaser, haltbarer und stärker. Ihre Gewinnung wird, glaube ich, keine großen Schwierigkeiten machen. Ein ziemlich langer Zeitraum steht dafür zur Verfügung. Die beste Gewinnungszeit ist die unmittelbar vor der Blüte; das wäre mitten des Sommers. Nach der Blütezeit treibt die Brennessel ihre Seitentriebe, und da diese beseitigt werden müssen, so wird die Ernte nach der Blütezeit teurer als die frühe. Unter der Voraussetzung, daß man diese Mehrausgabe nicht scheut, kann man die Brennessel bis zum Herbst gewinnen. Ich höre eben, daß jetzt von Aufkäufern sogar noch vorjährige Brennesseln gesucht werden, die draußen überwintert haben. Es scheint also, daß die Faser sich so lange brauchbar erhält.

Mit ein paar Worten möchte ich noch auf ein neues Futtermittel aufmerksam machen, das der Professor Dr. Mer und Geh. Regierungsrat Dr. H a n s e n in Königsberg neuerdings empfehlen, nachdem sie damit Versuche an Schweinen mit gutem Erfolge angestellt haben. Das ist die Wurzel von Pteris aquilina. Ich darf eine Anzahl von Abdrücken der Verfügung überreichen, die wir hierzu haben hinaus= gehen lassen, um den Beamten zu empfehlen, die Wurzeln der außer= ordentlich verbreiteten Pflanze nach Möglichkeit der Bevölkerung zur Verfügung zu stellen. Die aus dem Boden ausgegrabene Wurzel wird so, wie sie ist, in frischem Zustande den Schweinen verfüttert. Es ist kein Mastfutter, aber ein Erhaltungsfutter, das namentlich Läuferschweinen mit Vorteil gegeben werden kann.

Eine Frage von Bedeutung ist zurzeit die Möglichkeit der Ver= wertung des Holzes zu Futterzwecken, wie schon von dem Herrn Vor= sitzenden erörtert worden ist. Ich möchte hierzu nur kurz noch erwähnen, daß verschiedene Verfahren jetzt so weit gefördert sind, daß man wohl sagen kann: es ist gute Aussicht vorhanden, daß sie zu einem brauchbaren und wertvollen Futter führen werden. Das eine Ver= fahren basiert auf der chemischen Aufschließung des Holzes. Es kann ohne wesentliche Veränderungen der Apperaturen in jeder Zellulose= fabrik ausgeführt werden und läuft auf eine Verzuckerung von etwa 35 Gewichtsprozenten des zu einem Brei verkochten Holzes hinaus. Die ganze Kochmasse wird getrocknet und kommt als ein Pulver in den Handel. Ein zweites Verfahren beruht auf einer Zermürbung des Holzes durch Einwirkung von Säuredämpfen derart, daß es hiernach mit geringem Kostenaufwand unter Zertrümmerung aller Zellen zu einem ganz feinen Mehl verarbeitet werden kann. Die Her= stellung eines so feinen Holzmehles auf rein mechanischem Wege war bisher ganz außerordentlich teuer, so teuer, daß seine Verwendung als Futter nicht in Betracht kommen konnte, obwohl man seinen Futter= wert kannte. Ein drittes Verfahren, aus Holz Futter zu machen, besteht darin, daß die in der Ablauge der Sulfid=Zellulosefabriken gelösten Teile des Holzes in Gestalt eines wertvollen Futters zurück= gewonnen und damit zugleich diese Ablaugen, die bekanntlich jetzt für die umwohnende Bevölkerung eine große Plage sind, unschädlich gemacht werden. (Beifall.)

O b e r f o r s t m e i s t e r v. O e r t z e n (Gelbensande): Nur ein kurzes Wort! Der Herr Landforstmeister wird mir gestatten, daß ich auf den scheinbaren Widerspruch ganz kurz zurückkomme.

Zunächst möchte ich betonen, daß ich selbst, wenn ich als Sach= verständiger in den Kriegsausschuß berufen worden wäre, der thüringi= schen Behauptung gegenüber, daß nur 11 Mk. gezahlt zu werden brauchten, auch nicht gewagt hätte, gleich 70 Mk. zu fordern. Ich habe mir sogar zuerst gesagt: bei 45 Mk. muß es noch ein Geschäft für die Forstverwaltung sein, und habe deshalb auch versucht, alles herauszudrücken, was möglich ist. Ich habe einer Frau gesagt: sammle

recht fleißig, soviel du kannst. Sie hat 7 und 8 Liter pro Tag ge=
sammelt. Das kann also ein Mensch mit der Hand aufsammeln, wenn
er fleißig ist. Wir haben ein anderes Verfahren eingeschlagen, haben
mit Schüttelsieben gearbeitet und meinten, so noch bessere Resultate
zu erzielen. Wenn eine Frau 7—8 Liter den Tag sammelt, so
können Sie sich ausrechnen, was das kosten muß. Nicht bloß das
Sammeln an sich macht Kosten, sondern es kommt der Transport aus
dem Walde hinzu sowie die Aufbewahrung. Der Gewichtsverlust beim
Tocknen ist bedeutend. Ein Liter trockener Bucheln wiegt nicht ganz
1 Pfund. Der Kriegsausschuß verlangte die Lieferung trockener guter
Ware, frei von fremden Bestandteilen. Was das heißt, das kann nur
der beurteilen, der wirklich darin gearbeitet hat. Das ist nicht so
leicht; die Bucheln wärmten sich immer wieder an. Ich habe bis zum
Februar mit den 300 Zentnern gebraucht, bis ich sie liefern konnte.
100 habe ich noch zu Saatzwecken sammeln lassen. Bis in den
Februar hinein habe ich immer wieder umschaufeln müssen. Da
liegen die Kosten. Wenn eine einzelne Oberförsterei vielleicht
20 Zentner sammelt und kann sie gleich abliefern, so ist das sehr
viel billiger zu machen. Es haben sich Leute gefunden, die für 5 Mk.
den Zentner, ja aus Patriotismus umsonst gesammelt haben. Aber
viel war das nicht. Hätte ich die Bucheln gleich versenden können,
so wäre ich wohl auch mit 17 Mk. ausgekommen. Um den Leuten
das Sammeln verlockend zu machen, hätte man unbedingt einen
höheren Preis geben müssen. Frauen und Kinder wollen bei solcher
Arbeit bei uns nicht mit 1 Mk. zufrieden sein; wenn sie nicht erheb=
lich mehr verdienen, dann danken sie dafür. (Landforstmeister
S c h e d e: Es würde mich sehr interessieren, wieviel bei Ihnen der
Durchschnitt gekostet hat!) Es ist ungefähr auf den Selbstkostenpreis
herausgekommen, 22,5 Pfg. Teurer wurde es, da auch Gefangene
und andere Männer herangezogen wurden. Wir wollten eben auf
jeden Fall Bucheln gesammelt bekommen. Billiger wurde andererseits
die Gewinnung, indem einzelne Posten aus Patriotismus für ein
geringes Entgelt, ja umsonst gesammelt wurden. Das kann aber nie=
mals größere Mengen bringen.

O b e r f o r s t m e i s t e r R u n n e b a u m (Erfurt): Meine Herren!
Herr Kollege R i e b e l hat die zu verhandelnde Frage hier in so aus=
führlicher Weise erörtert, daß man auf verschiedene Punkte nicht weiter
einzugehen braucht. Er hat aber in seinem Referat auf zwei Punkte
hingewiesen, die mich sehr interessieren, das ist die Gewinnung des
Terpentinöls und die Harznutzung.

Meine Herren! Das Terpentinöl ist für unsere Industrie von
so großer Bedeutung, daß wir uns fragen müssen, ob wir nicht dieses
Öl auch in unserm deutschen Walde zu gewinnen vermögen. Wir haben
alljährlich eine Einfuhr aus Rußland und Amerika für etwa

8—10 000 000 Mk. Ich habe auch in Amerika Gelegenheit gehabt, die Harznutzung und die Terpentinölgewinnung in Augenschein nehmen zu können, und ich habe nach meiner Rückkehr mit den Leitern verschiedener chemischer Fabriken darüber Rücksprache genommen, ob man nicht bei uns auf einem einfacheren Wege, so bei der Stubbenholzgewinnung und bei den Reiserdurchforstungen der Nadelholzbestände, die in der norddeutschen Tiefebene bei den Aufforstungen eine so große Rolle spielen, die Gewinnung des Terpentinöls mit besorgen könne. Herr Schlobach, von dem schon die Rede war, und andere Herren in Ostpreußen haben mir seinerzeit gesagt: ja, das können wir nur machen, wenn sie uns Stubbenholz- und Reiserquantitäten in bedeutenden Mengen nach unseren Fabriken bringen können. Meine Herren, dazu sind wir in vielen Örtlichkeiten nicht in der Lage; die Transportkosten zu den Fabriken sind so bedeutend, daß es unmöglich ist, diesem Wunsche zu entsprechen. Ich habe daraufhin den Herren gesagt: versucht doch, uns transportable Destillationsöfen zu schaffen, die wir in jedem Schlage aufstellen können und, wenn sie da ihre Schuldigkeit getan haben, wieder an andere Orte gebracht werden können.

Mit einem Herrn Dittmar in Stettin glaube ich jetzt diese Frage gelöst zu haben. Leider ist der Herr im Felde; er hat mir nicht weiter Aufschluß geben können. Aber ich habe da doch seine Einrichtungen kennen gelernt, und auf Grund seiner Erfolge und seiner finanziellen Berechnung habe ich die Überzeugung gewonnen, daß diese transportablen Öfen für uns eine große Bedeutung haben. Durch seine Art der Konstruktion ist er auch in der Lage, diese Öfen zu mäßigem Preise abzugeben und sie in unseren Hiebschlägen aufzustellen und die Stubben- bzw. die Reisighölzer dem Destillationsprozeß zu unterziehen. Die Ergebnisse an Terpentin- und Kienöl und zum Schluß natürlicherweise auch an Holzkohle sind nach seinen mir vorgelegten Berechnungen so günstig ausgefallen, daß ich mich sofort gefragt habe: wo können wir nun diesen Versuch ausführen.

Ich habe den Thüringer Wald in Aussicht genommen und speziell das Herzogtum Gotha. Dort im Gothaischen existieren noch eine große Anzahl von Berechtigungen: die Gothaer Ortschaften im Thüringer Wald haben ein Anrecht auf den Bezug von so und soviel Stubbenholzkohle alljährlich, und die Forstverwaltung ist bis dahin nur in der Lage gewesen, durch die gewöhnliche Meilerverkohlung diese Kohle zu liefern, natürlich mit recht bedeutenden Kosten, ohne daß sie das Terpentin- und Kienöl dabei gewinnen konnte. Die Gothaische Forstverwaltung in der Person des Herrn Oberforstmeisters v. Blücher, der jetzt auch im Felde steht, ist der Sache mit mir nähergetreten, und wir wollten den Versuch, der in Stettin gemacht wurde, in den Wald übertragen. Leider ist das durch den Krieg nicht mög-

lich gewesen; aber ich habe die Überzeugung, daß es uns nach den
Versuchen in Stettin wahrscheinlich gelingen wird, eine derartige Ein=
richtung nach dem Kriege auch bei uns im Walde treffen zu können.

Nun, meine Herren, wenn uns dieser Versuch, über den ich
hoffentlich im nächsten Jahre hier im Forstwirtschaftsrat Mitteilung
machen kann, gelingt, dann sind wir in der Lage, einen großen Teil
der Einfuhr von 8 Millionen Mark für uns zu ersparen und das
Terpentinöl auf diese Weise bei uns zu gewinnen, was für uns recht
bedeutungsvoll wäre. Wir haben die Frage, wie wichtig es ist, daß
wir unsere jungen Kieferreiserbestände zur rechten Zeit durchforsten
und dieses Material auch verwerten können, im nordwestdeutschen
Forstverein schon vor langen, langen Jahren besprochen. Verwerten
können wir es jetzt sehr schlecht; wir sind nur auf diesem Wege in der
Lage, die Rente dieser Aufforstungsgebiete zu steigern, und wenn es
uns weiter gelingt, auch das Stubbenholz so verwerten zu können, daß
wir das Terpentinöl mit der Kohle gewinnen, dann sind wir auch
um ein Bedeutendes vorangeschritten. — Das, meine Herren, als
Miteilung über die Terpentinölgewinnung.

Recht bedeutungsvoll ist aber auch weiter für uns die Harz=
gewinnung. Ich stimme darin mit meinem verehrten Nachbar voll=
ständig überein, daß für uns in Zukunft die Gewinnung des Harzes
eine sehr, sehr große Bedeutung hat. Wir werden nicht mehr erwarten
können, daß wir von Amerika und Rußland diesen bedeutenden Import
erhalten werden, sondern wir müssen für unsere Industrie selbst
Harz zu gewinnen suchen.

Ich brauche nicht weiter daran zu erinnern, zu welchen Zwecken
überhaupt das Harz verbraucht wird. Wie wichtig es aber gewesen
ist, im vorigen Jahr diese Harzgewinnung ins Leben zu rufen, das
mögen Sie nur daraus entnehmen, daß wir eine große Anzahl unserer
Granaten nicht hätten schaffen können, wenn wir nicht das Harz ge=
wonnen hätten. Die Harzgewinnung konnten wir aber zunächst nur in
unseren vom Rotwilde geschälten Fichtenbeständen vornehmen, und wir
mußten sofort damit beginnen. In der Oberförsterei Benekenstein
im Harz, wo ich auch eine große Anzahl von Beschädigungen in den
Fichtenbeständen habe, habe ich diese Frage mit der Militärverwaltung,
den braunschweigischen und wernigerodischen Forstbeamten sehr ein=
gehend an Ort und Stelle erörtert, und es ist uns gelungen, prak=
tische Instrumente zur Gewinnung des Wildharzes herzustellen. Mit
Hilfe dieser Werkzeuge haben wir recht bedeutende Quantitäten der
hiesigen Kriegsgesellschaft zuführen können. Wir haben in den
40 jährigen Fichtenbeständen, die ja ziemlich stark von Rotwild in
Anspruch genommen werden, pro Hektar etwa 3—4 Zentner Wildharz
gewonnen und an Werbungskosten 4—5 Mk. pro Zentner gehabt. Wir
haben es auch mit guten Ergebnissen verwertet und es seinerzeit der

Kriegsgesellschaft zugeführt. Inzwischen sind aber die Anforderungen an dieses Harz so kolossal gestiegen, daß sich die Preise etwa um das Zwei=, ja das Dreifache gesteigert haben. Irre ich nicht, so sind die letzten Angebote 30—35 Mk. pro Zentner gewesen. (Zuruf: 40 Mk.) Und wenn ich eben sagte: 3—4 Zentner pro Hektar und Werbekosten 4—5 Mk., so können Sie daraus selbst die Folgerung ziehen, welche Rente man auf diese Weise durch die Harzausbeute gewinnen kann.

Ich gestatte mir, Ihnen hier diese kleinen Abzüge herumzugeben, die die einzelnen Werkzeuge veranschaulichen; vielleicht wird doch manche Forstverwaltung in der Lage sein, auch von der Gewinnung des Wildharzes noch weiter Gebrauch machen zu können.

Aber, meine Herren, mit dem Wildharz ist es allein noch nicht geschafft, sondern wir werden in unseren Fichtenbeständen, wie wir das in den Kiefernbeständen jetzt auch schon ausführen, zu den alten Lachten wieder übergehen müssen. Nach dieser Richtung hin hat Herr Forstmeister T e i c h m a n n in Schmiedefeld im Thüringer Wald mit seinem neu konstruierten Lachtenreißer sehr schöne Erfolge erzielt, und darauf möchte ich auch noch die Aufmerksamkeit der Herren lenken. Es ist nach seinen Versuchen notwendig, daß man den Lachten= reißer in einer solchen Form herstellt, daß man dabei auch bedeutende Quantitäten von Harz gewinnt, daß man nicht viel Flußharz, sondern reines Harz erzielt. Da ist ein Lachtenreißer, den die Firma Schmidt in Schmiedefeld konstruiert, sehr beachtenswert, der eine Lacht reißt, die $2^1/_2$ cm weit ist. In vielen Lehrbüchern finden Sie die An= weisung, daß man die Lacht 5 cm breit machen soll. Das ist falsch. Es hat sich gezeigt, daß die Lacht von $2^1/_2$ cm am meisten den Harz= ausfluß befördert, und diese $2^1/_2$ cm Lacht hat auch den Vorteil, daß man sie mit einem Zuge reißt, während man sonst mit dem 5 cm breiten Lachtreißer zweimal reißen muß, wodurch sich die Werbungs= kosten bedeutend erhöhen.

Die Ergebnisse, die diese Versuche gezeitigt haben, sind recht beachtenswert. Wir haben bei 30 cm starken Stämmen drei Lachten und bei 20—30 cm starken Stämmen zwei Lachten gerissen und aus der Lacht, wenn ich recht orientiert bin, etwa 75 g gewonnen. Der Preis dieses Harzes ist erheblich höher als der für Wildharz, so daß also auch der finanzielle Ertrag ein recht bedeutender ist.

Meine Herren, daß wir an vielen Stellen Gelegenheit haben, unsere Fichten in dieser Beziehung zu nutzen, brauche ich nicht weiter zu betonen. Wenn wir in unseren Beständen, die in den nächsten Jahren zur Nutzung gelangen, diese Lachten auch wieder reißen, dann brauchen wir nicht zu befürchten, daß wir in diesen Beständen nach 10 Jahren die Rotfäule haben; das ist nicht anzunehmen. Nach den Versuchen meines verstorbenen Freundes H a r t i g ist seinerzeit fest=

gestellt worden, daß die Rotfäule bei diesem Vorgang erst nach etwa
20 Jahren auftritt.

Also ich will betonen, daß wir in der Lage sind, außer dem
Wildharz auch das Harz an der Fichte gewinnen zu können, unsere
Industrie auf diese Weise vortrefflich zu unterstützen und uns auch
vom Auslande mehr oder weniger unabhängig zu machen. Wie es bei
der Kiefer aussieht, darüber habe ich weiter keine Erfahrungen als
wie die, die von meinem Freunde Kieniß in der Zeitschrift nieder-
gelegt sind; aber vielleicht wird einer der Herren auch darüber seine
Erfahrungen mitteilen können.

Ich schließe damit, meine Herren, daß ich hoffe, Ihnen vielleicht schon in der nächsten Sitzung über die Erfolge, die die transportablen Destillationsöfen ergeben haben, weitere Mitteilungen machen
zu können. (Bravo!)

Rittergutsbesitzer Freiherr von Haxthausen
(Abbenburg): Meine Herren! Es ist im Laufe unserer gestrigen und
heutigen Verhandlungen sehr oft in sehr anerkennender Weise von der
Landwirtschaft die Rede gewesen, und namentlich hat Herr Oberforstmeister Riebel im Anfange seiner heutigen Ausführungen darauf
hingewiesen, in wie hohen Maße die Landwirtschaft dazu berufen war,
bei dem Durchhalten in diesem Weltkriege mitzuwirken. Er hat dann
im Anschluß daran gesagt, die Landwirtschaft müßte immer noch
intensiver betrieben werden. Das ist ohne Zweifel richtig; es lassen
sich in der Landwirtschaft die Erträge noch sehr viel steigern. Aber
je intensiver der Betrieb ist, desto teurer wird er, und je teurer er wird,
desto größer ist auch das Risiko, und deswegen wäre als Voraussetzung auch gerade für die Landwirtschaft in vielen Produkten ein
höherer Zollschutz anzustreben.

Gerade das, was uns jetzt im Kriege am meisten fehlt — auf
die Lohe komme ich nachher noch —, ist der Raps, der heute Morgen
schon erwähnt wurde. Früher wurde in Deutschland sehr viel Raps
zur Ölgewinnung angebaut; er ist auch als Futtermittel sehr wichtig,
denn die Rapskuchen sind ja ein sehr wertvolles Futter. Weiter fehlt
uns die Wolle und der Flachs. Im landwirtschaftlichen Ministerium
ist man, wie mir neulich versichert wurde, aber der Ansicht, daß das
Schaf der Kultur weichen müßte. Jedoch läßt sich das Schaf sehr
wohl mit einer intensiven Landwirtschaft verbinden. Allerdings ist
das Schaf nicht das genügsame Tier, von dem Herr Oberforstmeister
Riebel sprach. Das Schaf ist diejenige Tiergattung, die an die
Qualität des Futters die allergrößten Anforderungen stellt, abgesehen
allerdings von dem genügsamen alten Landschaf; aber bei dem ist die
Wolle- und Fleischproduktion so minderwertig, daß es nicht mehr in
Betracht kommen kann. Mit dem Flachs und der Wolle ist es ganz
ähnlich gegangen, wie es heute Morgen Herr Forstmeister Täger in

bezug auf Terpentin ausführte. Gerade bei uns in Westfalen war der Flachsbau sehr ausgedehnt. Dann aber wurden durch unsere Industrie große Quantitäten aus Rußland bezogen, und man sagte: wenn die einheimische Produktion keinen Flachs mehr liefern kann, weil er zu teuer ist, dann beziehen wir ihn aus dem Ausland. Jetzt haben wir den Krieg und nunmehr kommen die Behörden wieder auf den Flachs= bau zurück. Das läßt sich aber nicht so leicht machen; denn der Flachs stellt ungeheure Anforderungen an den Boden, und man kann noch nach drei Jahren ganz genau sehen, wo der Flachs gewachsen ist.

Ebenso verhält es sich mit der Lohe. Es ist noch gar nicht so lange her — es war in Düsseldorf —, daß wir uns auch im Forst= wirtschaftsrat sehr viel über unsere Schälwaldungen unterhalten haben, und da war man auch zu der Meinung gekommen, daß der Schälwald eine abgetane Sache wäre. Jetzt im Frühjahr sind die königlichen Regierungen überall auch an die Privatwaldbesitzer durch Rund= schreiben herangetreten, man möge möglichst viel Lohe gewinnen. Jetzt ist das nicht mehr möglich; denn eine Unmasse von Loheschlägen sind in Nadelholzbestände übergeführt.

Ich möchte auch noch besonders darauf hinweisen, daß bei unseren Beratungen im Forstwirtschaftsrat Graf Nesselrode darauf hin= wies, daß der Schälwald in Westfalen und am Rhein nicht bloß für die Lohegewinnung da wäre, sondern auch als Viehweide für die Gras= nutzung in Betracht käme. Heute morgen haben wir ja gehört, wie wertvoll die Grasnutzung im Walde ist.

In bezug auf Terpentin haben wir heute morgen gehört, daß die Gewinnung daran gescheitert ist, daß die einheimische Produktion nicht genügend gegen die Einfuhr geschützt wurde.

Dann wurde auch noch von dem Holzspiritus gesprochen. Herr Oberforstmeister Riebel sagte, es wäre im Interesse der Kartoffel= brennerei damals der Sache nicht nähergetreten worden; man wollte letztere nicht schädigen. Ich glaube nun, daß dieser Grund in Zukunft fortfallen wird. Es kam der Landwirtschaft nur darauf an, ein billiges Massenfutter zu bekommen, und das lieferte eben die Kartoffel durch die Schlempe. Jetzt, nachdem die Kartoffeltrocknung immer mehr betrieben wird, fällt dieser Grund weg; denn die Kartoffelflocken werden in viel höherem Maße den Anforderungen entsprechen, die man an ein billiges Massenfutter zu stellen hat, als die Schlempe. Die Schlempe mußte frisch verfüttert werden, und sie konnte nur da ver= braucht werden, wo die Brennerei war, während, wenn die Kartoffel= trocknung in großem Maße durchgeführt wird, das nicht bloß für die betreffenden Interessenten selber, sondern auch für weitere Kreise, auch für die Militärverwaltung und die städtischen Pferdehaltungen ein wertvolles Pferdefutter bedeutet. Deswegen werden sich wohl wegen des Holzspiritus keine Gegensätze mehr zeigen.

Dann komme ich noch auf das getrocknete Laub, von dem der Herr Landforstmeister heute morgen sprach. Daß die Versuche so wenig Anerkennung bei den Pferdehaltern und Landwirten gefunden haben, liegt meiner Ansicht nach darin, daß die Pferdebesitzer sehr wohl wissen, in wie hohem Grade es gerade bei Pferden bedenklich ist, einen Futterwechsel eintreten zu lassen.

Oberforstmeister v. Oertzen (Gelbensande): Ich möchte mich ganz kurz fassen und nur über die Laubheugewinnung sprechen. Herr Geheimrat Dr. Neumeister hat auf die großen Schwierigkeiten hingewiesen, denen er in Friedenszeiten auf allen Seiten begegnet sei, sowohl bei denen, die das Heu liefern, als auch bei denen, die es abnehmen sollten. Über diese Schwierigkeiten habe ich auch noch etwas zu sagen.

Ich habe im vorigen Jahre aus einem Revier von ca. 7000 ha 1200 Zentner Laubheu geliefert. In Anbetracht dessen, daß die große preußische Forstverwaltung nur 100 000 Zentner geliefert hat, von denen auch noch ein größerer Teil verschimmelt ist, ist das ein ganz erhebliches Quantum, und es ist außerdem unverschimmelt abgeliefert worden. Und nun die Schwierigkeiten: Die Landwirtschaft hatte natürlich in der Zeit, wo Laubheu gewonnen wird, keine Not, und wo keine Not ist, ist auch kein Entgegenkommen. Bei den Proviantämtern war genau dasselbe der Fall. Das bei uns zuständige Generalkommando hatte den Proviantämtern aufgegeben, sie sollten angeben, wieviel Laubheu sie haben wollten. Sie verhielten sich aber gänzlich ablehnend. Dann aber kam der Druck durch das Kriegsministerium in Berlin. Da ging es. Schwierigkeiten lassen sich eben im Kriege kolossal leicht überwinden, und zwar aus zwei Gründen. Einmal spielt, wenn nur produziert wird, die finanzielle Frage nicht die Rolle, wie das sonst der Fall ist, und zweitens ist dem Befehl des Generalkommandos Folge zu geben. Bei der Landbevölkerung konnte ich kein Laubheu los werden; bei dem Generalkommando habe ich meine 1200 Zentner glatt abgesetzt.

Nun bin ich aber nicht in der Lage, so billig zu wirtschaften wie die preußische Staatsforstverwaltung; ich kann nicht das Laubheu zu 2,50 Mk. frei Waggon liefern. Zwischen dem Waldpreis und der Lieferung frei Waggon besteht ein großer Unterschied, namentlich wenn das Heu in gutem Zustande geliefert wird. Ich kann es im Walde sehr billig schaffen, und wenn ich es immer in kleinen Quantitäten heranbringe, ist es preiswert zu machen. Aber wenn ich es frei Waggon liefere, habe ich mit den Schwierigkeiten der Unterbringung und doppelter Anfuhr, Verladung und Gewichtsverlust zu rechnen. Wenn man aber etwas für nützlich und richtig erkannt hat, sind im Kriege solche Schwierigkeiten auch zu überwinden, besonders wenn man mit dem Generalkommando Fühlung nimmt. In der Beziehung möchte ich doch glauben, daß sich manches machen läßt. Wenn man heute der landwirtschaftlichen Bevölkerung das Laubheu zur Verfügung stellte, so würde sie es auch gern nehmen; denn heute ist Not vorhanden. Und wenn Sie nicht in der Zeit der Not das Eisen schmieden, so werden Sie es im Frieden sicherlich nicht warm bekommen.

Forstrat Eulefeld (Lauterbach): Nicht überall haben wir in den Hirschen solche Helfer, die das Harz so billig liefern; wir müssen die Arbeit selbst machen. Wenn Herr Forstrat Kieniß berechnet, daß bei der Gewinnung des Harzes die Arbeitskosten pro 50 kg 57 Mk. betragen, und wenn uns von der Rohstoffabteilung des Kriegsministeriums für diese 50 kg 70 Mk. geboten und außerdem 20% Tara abgezogen werden, so daß nur 56 Mk. übrig bleiben, dann ist es unmöglich, zu liefern. Ich habe bereits von Herrn Geheimrat Schwappach gehört, daß er eine Eingabe an das Kriegsministerium gemacht und darauf hingewiesen hat, daß es nicht möglich wäre, das Harz zu diesem Preise zu liefern. Bisher ist in der Literatur auch nur davon gesprochen worden, daß das Harz von den Kiefern gewonnen werden soll. Herr Oberforstmeister Runne= baum hat auf die frühere Harznutzung von Fichten im Thüringer Wald hingewiesen und außerdem darauf, daß durch die Verkohlung von Stockholz auch jetzt Terpentin gewonnen werden würde. Ich habe früher in Revieren des Gothaischen Thüringer Waldes gearbeitet und weiß, daß dort keine Kiefernstubben verkohlt werden, sondern Fichten= stockholz; ich glaube aber, daß aus Fichtenstöcken nur sehr wenig Ter= pentin gewonnen werden wird. Es sollten im Deutschen Reiche 70 000 ha Kiefernwald auf Harz genutzt werden; diese Fläche wurde aber auf Veranlassung des Herrn Forstmeister Dr. Kieniß=Chorin auf 50 000 ha herabgesetzt, und wenn vermutet wird, daß noch weniger Bestandes= flächen zur Harzgewinnung kommen, so ist das ein Beweis dafür, daß es überhaupt nicht möglich ist, zu diesem Preis das Harz zu liefern.

Es ist auch an die Privatforstverwaltungen die Bitte gerichtet worden, sie sollten sich den staatlichen Forstverwaltungen anschließen und Harz liefern. Mir hat ein Herr aus der Versammlung vorhin gesagt, daß er statt 70 Mk. 260 Mk. bekommen könnte, da eine Firma, die das Harz sehr nötig braucht, diesen Preis zahlen würde. Aber wir dürfen es gar nicht an Dritte abgeben, da die Heeresver= waltung die Hand darauf gelegt hat, und infolge der Zurückhaltung kann das Reich in größte Verlegenheit kommen. Ich bitte deshalb den Herrn Vorsitzenden, geeigneten Ortes vorstellig zu werden, daß der Preis für Kiefernterpentin und Harz wesentlich erhöht wird.

Ich möchte dann noch auf die Laubheunutzung zu sprechen kommen. Als Herr Geheimrat Dr. Neumeister in den 80er

Jahren auf die Laubheugewinnung namentlich für Wild hingewiesen hat, hat er als gutes Futter hauptsächlich die Himbeere und die Brombeere genannt. Heute hat Herr Geheimrat Dr. Neumeister nicht davon gesprochen. Das ist ein ganz vorzügliches Futtermittel; ich habe es damals getrocknet. Wenn ich jetzt hier höre, daß das Laubheu verschimmelt ist, dann ist es eben falsch getrocknet worden. Ich habe es unter den breiten Kronen der Buchen getrocknet, und dann ist es vorteilhaft, schichtenweise Salz aufzustreuen.

Was dann die Thüringer Rindengewinnung betrifft, so möchte ich darauf hinweisen, daß im Gothaer Thüringer Wald seinerzeit alle Fichtenrinde für Gerbzwecke verkauft wurde, und zwar nahmen die Gerber stets die Rinde am liebsten, die aus der unteren Lage, aus der Ebene gewonnen wurde, weil sie viel dicker, glatter und gerbstoffreicher ist. Jetzt sind die Preise für Gebirgsrinde höher gestellt als für Rinde aus den Tieflagen. Ich halte das für anfechtbar.

Dann möchte ich auf eins aufmerksam machen. Seinerzeit wurde im Gothaischen Thüringer Wald von den geschälten Fichten das Harz abgeschabt, um Vanillin daraus zu gewinnen, und es ist vielleicht möglich, daß wir, wenn uns keine Vanille mehr aus den Kolonien Englands zugeführt wird, sie von den geschälten Stämmen gewinnen können.

Dann ist außerdem jetzt in die Erscheinung getreten, daß auf einmal die Holzhändler das geschälte Holz nehmen, während jahrzehntelang behauptet wurde, das im Saft gefällte Holz wäre nichts wert. Ich habe in Cassel seinerzeit Holz ausgestellt von Sommer- und Winterfällung vom gleichen Schlag. Das im Sommer gefällte Holz war weiß und das im Winter gefällte Holz rotstreifig. Zum Schlusse möchte ich noch bemerken, daß die Douglasfichte reich an Terpentin ist; ebenso wie die Weißtanne.

Die Hauptsache ist aber — und darauf hinzuwirken möchte ich den Herrn Vorsitzenden bitten —, daß andere Preise für Kiefernterpentin und Harz zugebilligt werden, sonst wird das, was im Deutschen Reiche erzielt werden soll, nie und nimmer wahr werden.

Geheimer Oberforstrat Dr. Neumeister (Dresden): Ich wollte mir nur eine Zwischenbemerkung erlauben. Der Herr Vorredner hat erwähnt, daß ich in den 80 er Jahren hauptsächlich von Himbeerlaub gesprochen habe. Das ist nicht zutreffend. Ich habe im Jahre 1886 Versuche über Rinden und Futterlaub der Eichen gemacht. Bei Mitteilung derselben habe ich erwähnt, daß man, wenn es sich darum handelt, Futterlaub zu gewinnen, außerdem an die Zwischenhölzer, die vorkommen, an die Sträucher, Himbeeren usw., denken müsse. Dann, glaube ich, besteht auch eine unrichtige Auffassung hinsichtlich der Gebirgsrinde. Bei dieser hat man sicherlich die Transportschwierigkeiten im Auge gehabt; sonst würde man den Preisunterschied mit anderer Rinde nicht verstehen.

Oberforstrat Reuß (Dessau): Nur einige kurze Bemerkungen. Im allgemeinen habe ich in meiner kleinen Verwaltung dieselben Erfahrungen gemacht, wie Herr Landforstmeister Schede sie für Preußen vorgetragen hat. Alle Maßnahmen, die getroffen worden sind, können wir nur als Ausnahmemaßregeln für die Zeit des Krieges betrachten. Ist der Krieg vorüber, so wird meist alles das, was uns heute wünschenswert erscheint, wieder zurücktreten, und wir werden die alte Wirtschaft, die sich doch auf der Höhe befand, im großen ganzen weiter betreiben. Vielleicht wird in bezug auf die Harznutzung, wenn wir aus Amerika kein Harz mehr bekommen können, eine Änderung eintreten.

Zu den einzelnen Nutzungen gehören immer einige „Wenn" und „Aber". Pilze und Beeren sind bei uns keine Nahrungsmittel, sondern sind als Genußmittel zu betrachten; als Nahrungsmittel kommen sie außerordentlich wenig in Frage.

Die Heidelbeere ist wohl diejenige Beere, die bei uns am meisten in Frage kommt. Sie geht meist nach Frankreich und kommt als Rotwein wieder zurück. Als Nahrungsmittel kommt sie kaum in Betracht. Die Pilze werden von der Waldbevölkerung nicht gegessen. Sie werden nach der Stadt gebracht und immer etwas höher bezahlt, als die Fleischpreise betragen. Das sind keine Nahrungsmittel mehr, sondern sie sind nur als Genußmittel anzusehen. Wenn wir die Beerenzucht im Walde fördern wollen, müssen wir z. B. in den Heidelbeerschlägen den Baumwuchs vermindern, um Licht zu gewinnen und die Beeren in die Höhe zu bringen. An Holz fehlt uns ein Drittel des Konsums, es wird bei uns eingeführt; Beeren führen wir dagegen aus. Das würde also auch noch nicht einmal eine wirtschaftliche Maßnahme sein. Gerade in bezug auf die Heidelbeere haben wir 10 Jahre hindurch wegen der Düngung, Erträge usw. Versuche gemacht, und ich war der Meinung, daß Ihnen diese Akten darüber zugesandt worden sind. (Zuruf von Dr. Wappes: Nein!) — Dann werde ich sie Ihnen noch zusenden; Sie bekommen da eine Menge hübscher Erfahrungstatsachen.

Wenn Holz zu Spiritus verarbeitet werden soll, so steht dem entgegen, daß wir in normalen Zeiten genügend Kartoffeln für die Spiritusbrennerei haben. An Spiritus ist kein Mangel, sonst wäre er nicht kontingentiert, und alle Domänen, die ein großes Kontingent haben, werden besser verpachtet als die anderen. Wenn die Landwirtschaft es abweist, daß wir auch mit unserm Holz als Spirituskonkurrenten hervortreten, so ist das berechtigt; das Holz können wir besser verwerten.

Was nun die Laub-Waldheu- und Grasnutzung anbetrifft, so treten diese Nutzungen in den Jahren, die nicht als hungrig und dürr gelten, wieder zurück. Wir haben Wiesen genug, so daß nur in ganz wenigen Gegenden Waldheu verbraucht wird, am meisten noch da, wo die Jagdbesitzer wenig Mittel haben, um das Wild durchfüttern zu können; hier tritt das Waldheu an die Stelle. Es wurde vorhin gesagt, daß überall noch Laub-Waldheu vorhanden wäre und man es nicht los werden könne. Wir haben noch das ganze Material, es sind etwa 2000 Zentner vorrätig, von denen wir noch nichts los geworden sind. (Zuruf: Dem Generalkommando anbieten!) — Das haben wir getan, wir haben überall herumgeschrieben; aber da, wo anderes Heu zu bekommen ist, nimmt man das lieber.

In bezug auf die Brennesseln möchte ich sagen, daß es einmal gewünscht worden ist, die Brennessel als Futterpflanze zu nutzen — das ist im Mai, wenn sie anfängt zu schießen — und dann zur Gewebefabrikation; das ist im Spätsommer. Das eine schließt das andere aus; wir können sie entweder nur als Futter oder nur zur Gewebefabrikation verbrauchen. Einen Nachteil hat aber die ausgiebige Werbung der Brennessel, und diese Erfahrung haben wir im Bernburger Revier gemacht. Das ganze Revier ist mit Brennessel bestanden. Durch die Frühjahrsnutzung ist die Niederjagd gänzlich zerstört, so daß ein Abschuß von 1000 Stück Fasanen und anderem Niederwild wegfällt, und diese 1000 Stück Niederwild bedeuten auch etwas für die Volksernährung. Also alle diese Nutzungen haben doch immer ihre zwei Seiten.

Dann diese Zern Fichtenrindengewinnung! Wir haben im Oberharz schon in den 70 er Jahren bedeutende Erträge an Gerberrinde genützt; wir haben sie von stehenden Stämmen genommen. Die Stämme wurden im Sommer aerumpft, wie man zu sagen pflegt. Dabei kann man mit 4 m langen Leitern ziemlich hoch hinaufgehen und die ganze Rinde abnehmen. Das Holz wird außerdem sehr fest und nicht schlecht. Wir haben sogar die Beobachtung gemacht, daß in diese so abgetrockneten Stämme der Bostrichus lineatus nicht hineingeht, weil das Holz zu fest ist. Auf ähnliche Weise wollte ich in diesem Jahre auch vorgehen. Im übrigen sind die Holzhändler nur dann mit der Sommerschälung einverstanden, wenn es sich um Papierhölzer handelt; diese nimmt man ganz gern geschält.

Forstmeister Heyer (Jugenheim, zur Zeit Lodz): Meine Herren! Ich brauche Ihnen nicht zu versichern, daß gerade dieser Beratungsgegenstand und die dazu gemachten Ausführungen, ebenso wie die weiter zur „Kriegsberatung" stehenden Gegenstände für mich von besonderem Interesse sind. Ich darf Ihnen dazu vielleicht aus meinen Erfahrungen in dem besetzten Gebiete Russisch-Polens einiges mitteilen. Vorausgeschickt sei, daß dieses Gebiet mir bis zum Kriegsausbruch völlig fremd gewesen ist, wie das heilige russische Reich uns Deutschen ja leider überhaupt; sowie daß in den besetzten Gebieten, wie Herr Oberforstmeister v. Oertzen schon andeutete, es natürlich leicht ist, Maßnahmen durchzuführen, die sich als kriegsnotwendig erweisen, da ein Befehl genügt, das zu erreichen, was unter Umständen in Deutschland durch lange Aktenverhandlungen nicht zustande kommt.

Es kam darauf an, das Vieh durchzuhalten, und es erging der Befehl, die Waldweide zuzulassen. Ich sah der Sache nicht ohne Besorgnis entgegen. Aber wenn man die jungen Bestände ausnimmt, so ist die Weide für den Wald nicht so gefährlich; und zwar nicht nur nach meiner Beobachtung, sondern auch nach der jahrzehnte- und jahrhundertelangen Erfahrung in den genannten Gebieten. Diese sind wiesenarm, auf großen Flächen quellig, Drainagen fehlen, so war und ist man auf die Waldweide angewiesen, und dabei und trotzdem sind die zum Teil wundervollen Bestände erwachsen, die sich sehen lassen können. Die Waldweide hat es uns in Russisch-Polen ermöglicht, die Viehbestände nicht allein durchzuhalten, sondern vielfach zu vermehren, und das ist nicht nur dem Heer, sondern auch der Bevölkerung und uns selbst zugute gekommen. Wenn also die Frage hier an Sie herantreten sollte, so möchte ich Sie bitten, sich nicht geradezu ablehnend zu verhalten; die Sache läßt sich mit der nötigen Umsicht ganz gut durchführen. — Das Vieh bleibt die Nacht draußen, wird dadurch widerstandsfähiger und bleibt von Krankheiten frei, was bei reduziertem Viehstand besonders wichtig ist.

Was das Roden der Stubben betrifft, so hat es sich nach meiner Erfahrung bewährt, die Hälfte des Holzertrages dem Unternehmer für die Werbung zu überlassen, während die andere Hälfte der Forstverwaltung verbleibt.

Dann die Gerbstoffe! Es ist hier erwähnt worden, daß man dazu das Reiserholz heranziehen sollte. Ich weiß nicht, ob es den Herren bekannt ist, daß in jüngster Zeit auch Eichenaltholz zu Gerbstoff verarbeitet wird. Es sind das Eichen, die zu andern Nutzzwecken nicht zu gebrauchen sind, Brennholzeichen, auf ungeeignetem Standort erwachsen. Nachdem die Kriegsleder A.G. Berlin mit uns ins Benehmen getreten ist, sind ganz wesentliche Käufe, und zwar zu sehr guten Preisen, zustande gekommen. Ich werde sie Ihnen gleich mitteilen. In Lodz, wo infolge des Krieges Hunderte von Fabriken stillstehen, sind passende Betriebe, die Destillationsapparate enthalten, mit einigen Abänderungen der vorhandenen Anlagen für die Gerbstoffgewinnung in Gang gesetzt worden. Die Bearbeitung geht so vor sich, daß das Eichenholz auf einer Raspel zerrissen, dann gemahlen und sodann der Gerbstoff herausgezogen wird. Der Erfolg ist ein recht guter. Die Kriegsleder-A.-G. hat zunächst höhere Anforderungen an Güte und Stärke der Hölzer gestellt, Stammabschnitte

von 15 cm Mindestzopf verlangt, sie ist jetzt auf 10 cm herunter=
gegangen und zahlt frei Waggon 22 Mk. für den Festmeter. Es
handelt sich, wie gesagt, um ganz elendes Holz. Auch die Stubben
nimmt sie, und zahlt dafür 14 Mk.! Das sind vorzügliche Preise,
und das Ganze dient schließlich vaterländischen Zwecken.

Außerdem wird die Fichtenrinde jetzt in viel größerem Umfange
benutzt als früher. So wird die Rinde der Papierhölzer in Säcken
gesammelt und der Kriegsleder=A.=G. zugeführt. Sie zahlt 8—10 Mk.
für den Zentner. Es ist das eine Rinde, die in unseren deutschen
Holzverkaufverträgen zum Verbrennen oder zur Wegschaffung aus
den Schlägen bestimmt war.

Was das Harz betrifft, so ist den Herren wohl bekannt, daß
wir große und umfangreiche Versuche mit der Kiefernharzgewinnung
anstellen. Das Generalgouvernement Warschau hat dem Kriegsaus=
schuß für pflanzliche und tierische Öle und Fette in Berlin 20 000
Zentner Kiefernharz zugesagt, und es findet eine umfangreiche Harz=
gewinnung in Russisch=Polen statt. Es werden 70—100jährige Be=
stände gelachtet, und es empfiehlt sich, dabei auch die Stangen nicht
auszulassen. Sie liefern ebenfalls wertvolles Harz, auch in großen
Mengen. Wegen Mangels an Gefäßen zum Auffangen des Harzes —
wenn man 3—4 Lachten auf den Stamm rechnet, so sind das 1000
Lachten auf den Hektar, also für 100 Hektar 100 000 Gefäße! —
werden Löcher am unteren Ende der Lachten gebohrt, worin das
Harz aufgefangen wird. Das hat sich bewährt und ist mit wenig
Kosten durchzuführen. — Sollte noch einer der Herren irgendwelche
Einzelfragen haben, so stehe ich gern zur Verfügung.

Die Pilze, die, wie schon Freiherr v. Haxthausen sagte,
in Russisch=Polen in Mengen genutzt werden, sind dort ein ebenso
beliebtes wie wertvolles Nahrungsmittel. Die Leute sind auf das
Sammeln eingefuchst, und es sterben dort weniger Menschen an Pilz=
vergiftung als bei uns; jedenfalls mehr an Trichinose als an Pilz=
vergiftung. Die polnischen Analphabeten verstehen auch ohne Pilz=
bücher und =Merktafeln die eßbaren Pilze von den schädlichen zu
unterscheiden.

Nun noch etwas in bezug auf unsere Gesetzgebung. Wenn
wir gehört haben, daß ein Betrieb wie der von Schlobach und Schmitt
eingehen mußte, wenn wir ferner gehört haben, daß die Äthylalkohol=
gewinnung aus Holz daran scheiterte, daß ihr die Steuergesetzgebung
nicht zu Hilfe kam, so müssen wir sagen, daß es da an etwas fehlt!
Ich stehe nicht auf dem Standpunkt des Herrn Oberforstrats Reuß,
der sagt: es wird im Frieden später von den Kriegserfahrungen nichts
mehr nutzbar gemacht und es wird bleiben wie bisher. Dazu ist diese ganze
große Zeit, sind die Erfahrungen, die wir in ihr und durch sie machen,
zu ernst. „Wir müssen und werden uns auf eigene Füße stellen!",

dieser Satz wird die Grundlage nicht nur unserer wirtschaftlichen Gesetzgebung werden. Dazu gehört ein entsprechender Zollschutz und eine
entsprechende Steuergesetzgebung, damit wir allezeit und allerseits
d u r c h h a l t e n können. (Bravo!)

G r a f v o n W e s t e r h o l t = G y s e n b e r g (Sythen): Meine
Herren! Ich habe nur noch einige Ergänzungen und Beantwortungen
von Fragen, die heute von dem einen oder andern gestellt wurden,
nachzutragen.

Wenn der Herr Landsforstmeister in bezug auf das Farnkraut
darauf hinwies, daß es noch als Schweinefutter in Betracht käme,
so möchte ich darauf aufmerksam machen, daß bei uns die F a r n -
s t r e u gesammelt und zum Füllen der Strohsäcke für die Gefangenen
verwendet wird. Außerdem ist Farnkraut nach den Versuchen, die
angestellt wurden, für die Papierfabrikation zu gebrauchen; in einer
Papierfabrik bei Düsseldorf wird es erfolgreich verwendet.

Das Laubheu betreffend habe ich im Bereich des VII. Armee=
korps merkwürdige Erfahrungen gemacht. Mit großem Eifer stürzte
man sich auf die Laubheugewinnung. Die Sache hörte auf, als man
erfuhr, die Proviantämter kauften es nicht. Die Generalkommandos
verfügten: „Wir werden Euch Euer Wiesenheu nehmen, und Ihr
Produzenten behaltet dafür das Laubheu.“ Mein Laubheu liegt
noch wohlverwahrt im Schuppen; ich bin es noch nicht los geworden.
Mein Wiesenheu habe ich aber auch behalten dürfen.

Was die Heidelbeere anbelangt, so besteht wenigstens bei uns
in Westfalen eine Vorschrift, nach der die Polizeibehörden das Sammeln regeln können. Meine Gegend hat unter der Heidelbeerernte
zu leiden, wie wohl wenig andere, weil ich nahe dem Industriebezirk
lebe. Für meinen Amtsbezirk besteht eine Verordnung, die genehmigt ist und gute Wirkung gehabt hat. Wir können danach den
Wald sperren und auf das unbefugte Sammeln steht eine Strafe von
3—8 Mk. Wir haben auf diese Weise im vorigen Jahre die ganze
Heidelbeerernte eingebracht, ohne Schaden für den Wald durch plan=
mäßige Ernte; die Schulen sind zur Ernte herangezogen, sowie Leicht=
verwundete aus den Lazaretten verwendet worden.

Was die Pilze betrifft, so gebe ich Herrn H e y e r recht, daß
der Pole sie sehr gut zu kennen und zu schätzen weiß. Ich möchte
aber davor warnen, diese Kenntnis als Gemeingut vorauszusetzen.
Der Botaniker weiß, daß der Pilz zu gewissen Zeiten giftig ist und zu
anderen nicht. Das mag der Pole, der dort aufgewachsen ist, zu
unterscheiden wissen; aber die polnische Bevölkerung, die wir zu
vielen Tausenden in unseren Gegenden sitzen haben, kennt den Unter=
schied vielfach nicht mehr, und so kostet es nicht nur Choleratropfen,
sondern auch Tote jedes Jahr.

Zur Anfrage bezüglich der Sonnenblumen kann ich sagen, daß in den Fasanenrevieren Sonnenblumen angebaut sind, weil die Samenkörner ein ausgezeichnetes Fasanenfutter abgeben. Ich habe nie Klagen darüber gehört, daß die Rehe die Sonnenblumen belästigt haben; wohl aber geht im Herbst der Eichelhäher an sie und auch die Fasanen picken sie aus, so daß man im Spätherbst nichts mehr von Körnern findet.

Weiter möchte ich die Herren darauf aufmerksam machen, daß das Kriegsministerium im vorigen Jahre verfügt hat, daß die Gefangenen nicht mehr im Walde gebraucht werden sollen. (Zuruf.) — Diese Anweisung ist wenigstens für das III. und VII. Korps ergangen. — Ich möchte darauf hinweisen, daß gegebenenfalls das Kriegsministerium vom Forstwirtschaftsrat darum angegangen werden möchte, die Beschäftigung von Gefangenen im Walde wieder zu gestatten; bei uns sind durch diese mißverstandene Sache Schäden entstanden. Tausende von Festmetern konnten nicht geschält werden, und der Wald sieht jammervoll aus durch den Borkenkäfer.

Ich frage an, ob man das Laubheu nicht einsäuern kann?

Das Heidemehl betreffend, von dem der Herr Oberforstmeister Riebel gesprochen hat, möchte ich noch bemerken, daß die Ursache für den teuren Preis zum Teil bei der Heeresverwaltung liegt, die bei uns kein Arbeitspensum von den Gefangenen verlangt. Bei uns liegt ein Truppenübungsplatz, die Senne. Dort existiert eine Krankheit, die man als Sennekrankheit bezeichnet. Die Nieren der Pferde werden angegriffen durch den Terpentingehalt des Heidekrautes. Durch Abdreschen des Heidekrautes entfernt man die holzigen Teile, in denen Terpentin enthalten ist.

Professor Dr. Hausrath (Karlsruhe): Meine Herren! Gestatten Sie mir nur zwei kurze Bemerkungen, einmal hinsichtlich der Frage des Holzspiritus. Wie mir schon vor einigen Wochen von dem Vorstande der Chemisch-Technischen Versuchsanstalt in Karlsruhe mitgeteilt wurde, ist die Gewinnung von Holzspiritus aus Sulfitablauge nicht nur mit Erfolg in Angriff genommen, sondern es besteht die feste Absicht, bei den maßgebenden Stellen, diese Art der Spiritusgewinnung in einem solchen Umfange durchzuführen, daß es uns im Frieden möglich sein wird, das amerikanische Petroleum einfach zu unterbieten und von unserem Markte auszuschließen. Es ist sehr erfreulich, daß, wie wir heute gehört haben, dadurch keine wesentliche Konkurrenz für unsere Landwirtschaft entsteht.

Die Terpentingewinnung aus jungen Nadelholzzweigen bzw. Nadeln ist sehr wohl möglich. Diese sind von Natur aus recht reich an Harz und Terpentin. Dafür, daß das möglich ist, berufe ich mich nur auf die in den 70er Jahren betriebene Bereitung von Waldwolle, auch ein Industriezweig, der dem mangelnden Zollschutz zum Opfer gefallen ist, der aber unter den jetzigen Verhältnissen wieder aufleben könnte.

Im übrigen stehe ich der Harznutzung für die Friedensjahre mit großem Bedenken gegenüber. Ich glaube nicht, daß es uns möglich sein wird, Preise durchzusetzen, die den Schaden, der für den Waldbesitzer gar zu leicht durch das Auftreten von Insekten mit dieser Nutzung verbunden sein kann, ausgleichen.

Dann möchte ich gleich noch eine Anfrage des Herrn Vorredners, soweit ich es kann, zu beantworten suchen, nämlich hinsichtlich des Weideröschens oder, wie es auch genannt wird, des Rotwurzes. Es ist mir bekannt, daß in einzelnen Teilen des Badischen Schwarzwaldes das Weideröschen von der landwirtschaftlichen Bevölkerung als ausgezeichnetes Futtermittel für Schweine gewonnen wird; in anderen Teilen des Landes ist diese Nutzung bisher unbekannt gewesen. Es käme also nur darauf an, hier Aufklärung zu schaffen.

Oberforstmeister Kranold (Marienwerder): Ich möchte über die Verwertung des Harzes eine Mitteilung machen, die mir eben vorher durch Herrn Landsforstmeister S c h e d e bekannt geworden ist und der mich ermächtigt hat, das hier mitzuteilen.

Die preußische Staatsforstverwaltung beabsichtigt nicht, ein Geschäft aus dem Verkauf des Harzes zu machen, sondern gibt es für ein ganz Billiges an das Reich ab. Die vertraglichen Abmachungen sind derart getroffen, daß die Kriegsgesellschaft die vollen Kosten trägt, einschließlich der Beschaffung der Werkzeuge, und außerdem für alle anderen Übelstände, die hiermit verbunden sind, einen Preis von 25 Mk. je Hektar bezahlt. Das letztere klingt natürlich sehr merkwürdig, wenn es sich um Stoffe handelt, die nach Gewicht berechnet werden müssen. Denn auf einem Hektar kann ich drei Stämme oder 300 Stämme haben; der Preis ist derselbe. Die preußische Staatsforstverwaltung hat lange verhandelt; der Vertrag ist erst in den letzten Wochen zum Abschluß gekommen, und zwar deshalb, weil die Kriegsgesellschaft Bedenken trug, das große Risiko auf sich zu nehmen, das durch den Abschluß eines Vertrages je Kilogramm sich ergeben würde.

Die Ablieferung des Harzes erfolgt im Laufe des Sommers und Herbstes. Wie dann unsere Verhältnisse sind, kann natürlich kein Mensch voraussagen. Ob im nächsten Herbst, im Oktober, wenn die Verrechnung erfolgt, noch Krieg ist, ob dann die hohen Preise, die jetzt für Harz angelegt werden, tatsächlich noch bezahlt werden, ist nicht vorauszusehen. Das hierdurch sich ergebende Risiko war von der Kriegsgesellschaft auf 12 Millionen Mark berechnet. Das wollte und konnte sie nicht tragen. Nach vielen Verhandlungen mit dem

Reichsschatzsekretär ist die Sache dann so gekommen, daß das Reich eine Bürgschaft von 8 Millionen und die selbstverständlich eine solche von 2 Millionen übernimmt, so daß im ganzen eine Sicherheit von 10 Millionen zur Verfügung steht, falls die Verhältnisse sich so ändern sollten, daß der Preis für das Harz nicht mehr gezahlt werden kann, wie das heute geschieht.

So liegen tatsächlich die Verhältnisse bei der preußischen Staats= forstverwaltung. Daß Private, wenn sie ihr Harz verkaufen wollen, andere Preise zu erreichen suchen müssen, ist selbstverständlich; denn bei 25 Mk. je Hektar ist natürlich von irgend einer Verwertung gar keine Rede. Meine Herren, wenn man annimmt — ich glaube, die Zahl behalten zu haben —, daß ein Kiefernstamm von, sagen wir, 40—50 cm Durchmesser jährlich 3 kg Harz geben soll, und man rechnet 200 Stämme auf das Hektar, dann haben Sie auf ein Hektar 600 kg Harz gleich 12 Zentnern. Wenn Sie für diese 12 Zentner 25 Mk. bekommen, so ist das nichts. Ich bitte, bei den Preisen, die man für Harz fordern muß oder die andere Leute zahlen wollen, nicht die Abmachungen der preußischen Staatsforstverwaltung zum Ver= gleich heranzuziehen; das würde kein zutreffendes Bild geben. Wie gesagt, der preußische Staat hat sich entschlossen, das Harz geradezu umsonst, kann man sagen, dem Reiche zu überweisen.

Regierungsdirektor Dr. Wappes (Speyer): Meine Herren! Ich möchte zu dem Gedankenaustausch, den wir ja in so interessanter Weise pflegen, nur einiges noch bemerken, indem ich mit einigen Erwiderungen auf die Ausführungen hier eingehe, die sich an meine Mitteilungen geknüpft haben.

Herr Landforstmeister Schede hat Bedenken gegen meine An= schauung ausgesprochen, daß man die Heidelbeere in möglichst aus= gedehntem Maße nutzen soll, und zwar von dem Standpunkt aus, daß die Gewinnung der Heidelbeere dadurch wieder große Schädigungen herbeiführt, daß der Landwirtschaft Kräfte entzogen werden. Ich bin vielleicht etwas kurz gewesen, indem ich davon sprach, daß man auf die möglichst umfangreiche Nutzung der Beeren hinarbeiten solle, glaube aber doch auch schon angedeutet zu haben, daß die Regelung nach meiner Meinung gerade nach der Richtung gehen muß, daß man Kräfte, die anderweitig wertvolle Arbeit liefern können, abhält, und umgekehrt diejenigen Kräfte, die für die Heidelbeergewinnung gut sind und sonst nicht beschäftigt werden können, zu dieser Nutzung heranzieht. Es ist von einem der Herren Redner — ich glaube von Herrn Grafen Westerholt — bereits angedeutet worden, daß man Schulen, Gefangene usw. heranziehen soll, und da möchte ich namentlich noch darauf hinweisen, daß man in größerer Zahl, wenn das auch kein angenehmes Material ist, namentlich auch die Be= völkerung der Städte, der großen wie der kleinen Städte heranziehen

kann, wo die Frauen und namentlich die Kinder oft völlig beschäftigungs=
los daheim sitzen. In der Pfalz erfolgt die Beerennutzung in aus=
gedehntem Maße durch großstädtische Bevölkerung. Die Stadt Karls=
ruhe entsendet in der Heidelbeerzeit täglich Tausende und Abertausende
in die benachbarten bayerischen Staatsforsten, in denen Heidelbeeren
in großen Mengen stocken, und es ist sogar schon so weit gekommen,
daß die bayerischen Gemeinden an uns die Forderung gestellt haben,
wir sollten ihnen diese „Ausländer" fernhalten. (Heiterkeit.)

Also ich möchte durchaus nicht haben, daß die Heidelbeeren da=
durch genützt werden, daß man arbeitsfähige Kräfte dazu heranzieht,
sondern im Gegenteil, ich möchte, daß gerade die größere Macht,
die heute die Verwaltungen unter dem Kriegszustand haben, dazu
benützt wird, um Elemente, die seither in großer Zahl, obwohl zu
anderen, schweren Arbeiten fähig, sich zur Heidelbeerernte gedrängt
haben, fernzuhalten. In der Pfalz z. B. ist das zum Teil in großer
Ausdehnung der Fall. Da gehen die kräftigsten Männer hinaus,
die Mädchen sagen den Dienst auf, setzen sich einige Wochen nach
Haus und helfen da bei der Heidelbeerernte; sie verdienen dort mit
Leichtigkeit im Tage 3—4 Mk. und zwar bei einer angenehmen und
bequemen Arbeit. Also gerade diese Elemente möchte auch ich fern=
gehalten wissen. Umgekehrt kann man es aber sehr gut organisieren,
wenn die Sache richtig angefaßt wird, daß man Leute heranzieht,
die anderweitig nichts leisten können und nur hier zur Gewinnung
dieser wertvollen Frucht beitragen.

Herrn Oberforstrat Reuß gegenüber möchte ich, wie das auch
schon Herr Kollege Heyer betont hat, ausdrücklich feststellen, daß
die Heidelbeere bei uns in Süddeutschland und namentlich in der Pfalz
entschieden als Volksnahrungsmittel betrachtet wird, schon
dadurch, daß sich diejenigen Leute, die Beeren sammeln, neben Brot
in dieser Zeit fast ausschließlich durch Heidelbeeren ernähren. Das sind
in der Pfalz viele Tausende; die Heidelbeere wird in den besten
Familien vielfach zu Kuchen, zu Marmeladen und dergleichen Sachen
verwendet, wo sie dann andere Nahrungsmittel, wie Fleisch, völlig
ersetzt. Das wird natürlich während des Krieges und bei den jetzigen
Ernährungsverhältnissen in weit größerem Maße der Fall sein
als sonst.

Gerade so ist es auch mit den Pilzen. In Altbayern ist der
Pilz ein ausgeprägtes Volksnahrungsmittel, und es kommen dort auch
verhältnismäßig sehr wenig Vergiftungen vor. (Zuruf: 20 im vorigen
Jahre!) — Das ist im Verhältnis nicht viel! (Große Heiterkeit.)
Vielleicht sind das gar keine Altbayern gewesen, sondern Franken
oder Pfälzer. (Heiterkeit.) — Ich hoffe aber, daß Herr Kollege Heyer
aus der Pilzkenntnis der Altbayern nicht den Schluß zieht, daß die
Münchener ebensowenig von der Kultur beleckt sind wie die Polen.

Das ist einfach Erfahrungs= und Gewohnheitssache. In Altbayern kennt die Hausfrau, jeder Mensch die Pilze, die Altbayern sind auch die anderswärts sachkundigsten Führer, wenn jemand in den Wald geht, um Pilze zu suchen.

Die Nährstoffe, die aus dem Walde herausgetragen werden, und noch mehr die Nährstoffe, die der Wald bietet, und bisher un= genutzt dargeboten hat, sind nach meinem Dafürhalten sehr bedeutend, und es wäre schon wert, daß wir uns der Sache annehmen.

Oberforstrat Gretsch (Karlsruhe): Ich möchte zunächst noch auf einen Punkt hinweisen, der noch gar nicht zur Sprache gebracht worden ist: auf den Fett= und Öl= gehalt des Samens der Esche und Linde und noch einiger anderer Waldsamen. Hierüber ist im vorigen Jahre vom Kriegsaus= schuß für Fette und Öle ein Merkblatt verbreitet worden, das meines Wissens vom Ministerium für Landwirtschaft auch an die preußischen Oberförstereien verteilt worden ist. In diesem Merkblatt sind auffallend hohe Gehalte an Fett und Öl dieser Samen, besonders der Esche und Linde angegeben. Ich habe die Zahlen nicht genau in Erinnerung; es handelt sich aber um Ölgehalte zwischen 20 und 60%. In Karlsruhe wurde eine Nachprüfung dieser Ölgehaltsziffern veranstaltet. Sie erfolgte von der amtlichen Nahrungsmittel=Prüfungsstation und vom Bodenkundlichen Labora= torium der Technischen Hochschule. Beide Untersuchungen haben über= einstimmend ergeben, daß der Gehalt an Fett und Öl des Samens der Esche und Linde erheblich geringer ist als die Ziffern, die durch dieses Merkblatt mitgeteilt worden sind. Ich zweifle nicht daran, daß die wissenschaftlichen Untersuchungen, die in Karlsruhe vorgenommen wurden, richtig sind, und es scheint mir, daß die Angaben in diesem Merkblatt doch nicht auf genügenden Unterlagen beruhen. Man wird also wohl die Bedeutung dieser Samen für die Fett= und Ölherstellung etwas überschätzt haben. Wir haben voriges Spätjahr die Gewinnung des Eschensamens sehr befürwortet; es ist dem aber bis jetzt kaum eine Folge gegeben worden. Es wäre mir deshalb von Interesse, zu erfahren, ob vielleicht in einer anderen Forstverwaltung in erheblichem Maße Eschensamen gewonnen worden ist. Die Sache erscheint immerhin einer gewissen Förderung wert.

Dann noch ein Wort zur Laubheu= und Grasnutzung. Ich habe über die Gewinnung des Laubheus nicht allzuviel Be= friedigendes gehört. Wir hatten in der Badischen Forstverwaltung die Selbstgewinnung von Laubheu im vorigen Jahre vollständig frei= gegeben. Es hat aber kein Mensch auch nur ein Pfund gewonnen; es war kein Interesse dafür vorhanden. Nicht einmal das Gras in den Waldungen ist in genügendem Maße genutzt worden. Der Standpunkt wird wohl als richtig anzuerkennen sein, daß, so lange irgendwie Gras zur Heubereitung gewonnen werden kann, man davon Umgang nehmen könne, Laubheu aufzubereiten. (Zustimmung.) Es wird ein Notbehelf sein. Ich wäre sehr dankbar, wenn ich darüber näher informiert werden könnte.

In bezug auf die Harznutzung hat Herr Runnebaum auch die Frage des Preises angeschnitten, an der ich auch sehr interessiert bin. An uns ist auch das Ersuchen gerichtet worden, Harz zu nutzen. Wir haben Erhebungen veranstaltet, und wir wären in der Lage, auf etwa 2000 Hektar von Kiefern Harz zu gewinnen. Wir sind aber noch im Zweifel, ob wir bei einem Preise von 75 Mk. für den Doppelzentner bestehen können, der uns vom Ausschuß für Fette und Öle angeboten ist. Das, was Herr Eulefeld als Gestehungskosten angegeben hat, scheint mir das Höchstmaß der Kosten zu sein. Forstmeister Kienitz hat die Kosten zum Teil erheblich niedriger angegeben; die Sache scheint mir daher noch nicht genügend geklärt zu sein. Herr Forstmeister Kienitz hat in seiner Oberförsterei Chorin Versuche eingeleitet, und ich habe vor, die Versuchsbestände morgen anzusehen. Ich möchte die Anregung geben, daß möglichst viele Herren auch aus anderen Verwaltungen sich an der Besichtigung beteiligen, damit wir über diese wichtige Frage weiteren Aufschluß bekommen.

Oberforstrat Reuß (Dessau): Es ist hier eine Frage wegen Laubheu und Waldgras gestellt worden. Das Laubheu ist von der Sonne bestrahlt und nährreich, während das Waldgras ein Schattengebilde und daher ziemlich wertlos ist.

Oberförster Dr. König (Güglingen): Ich möchte erwähnen, daß aus Eschensamen in Württemberg gutes Speiseöl hergestellt wurde. Das beste Öl haben aber nach den angestellten Versuchen Apfel- und Birnenkerne gegeben.

Geheimer Hofkammer- und Forstrat Kohlschütter (Sigmaringen): Meines Wissens hat im vorigen Jahre, im Juli oder August, das Landwirtschaftsministerium die Aufmerksamkeit auf die Verwendung des Epilobium gelenkt, aber dabei darauf hingewiesen, daß die Versuche noch nicht abgeschlossen wären, eine Hamburger Firma habe die Sache in Arbeit genommen, und es würde später mitgeteilt werden, ob sie weiter verfolgt werden könne. Es wäre in den süddeutschen Forsten Gelegenheit, Epilobium zu gewinnen. Und ich möchte nun fragen, ob das für heuer erwünscht erscheint.

Forstmeister Heyer (Jugenheim, zur Zeit Lodz): Auf eine vorher gestellte Frage kann ich nur sagen, daß lediglich Kiefernharz gewünscht wird und nicht Fichtenharz. Als Verwendungszwecke sind uns angegeben worden: Glättung von Papier, Anstrichfarben, Sprengmittel. Ob sich Fichtenharz dazu eignet, weiß ich nicht.

Professor Dr. Udo Müller (Karlsruhe): Ich glaube, die Unterscheidung zwischen Kiefern- und Fichtenharz hat einen rein äußeren Grund. Wenn wir Fichtenharz gewinnen wollen, kommt die Haupternte erst ein bis zwei Jahre nach dem Anreißen, während wir Kiefernharz sofort gewinnen können. Das ist der Grund gewesen, daß wir es bald brauchen, es brennt uns auf den Nägeln; sonst ist qualitativ kein großer Unterschied.

Oberforstmeister Runnebaum (Erfurt): Ich trete dieser Ansicht vollständig bei, ich habe mich auch darüber erkundigt. Bei der Fichte braucht man längere Zeit, ehe man das Harz gewinnen kann, während es bei der Kiefer sofort herausströmt. Außerdem wird Kiefernharz bei der Papierfabrikation am meisten verwendet.

Oberforstrat Dr. Speidel (Stuttgart): Ich möchte nur mitteilen, daß wir in Württemberg im letzten Jahr große Flächen von Fichtenbeständen geharzt haben; der Harzfluß war ein mittlerer.

Vorsitzender: Nunmehr darf ich mir wohl als Referent in meinem Schlußwort noch einige Bemerkungen zur Sache erlauben. Ich muß zunächst bekennen, daß ich mir einige Unterlassungssünden habe zu Schulden kommen lassen; ich habe im Eifer des Gefechtes einige Dinge zu erwähnen vergessen; u. a. habe ich die Öle und Fette übersehen. Das ist inzwischen ergänzt worden, und ich möchte nur noch bemerken, daß vor einiger Zeit durch die Fachblätter die Notiz ging, daß eine wissenschaftliche Autorität darauf aufmerksam gemacht hätte, daß man aus den sogenannten Fettbäumen, also aus den Bäumen, die einen Teil des Stärkemehls im Herbst in Öl und Fett verwandeln, Öl durch Extraktion gewinnen könnte. Ob diese Sache inzwischen greifbare Gestalt gewonnen hat, ist mir nicht bekannt geworden. Auf die anderen Fettquellen, die wir im Walde haben, die ölhaltigen Waldfrüchte, ist genügend hingewiesen worden, so daß ich nicht wiederholen möchte.

Bezüglich der Heidelbeere möchte ich nur bemerken, daß die Nutzung in großen und ausgedehnten Gebieten des Deutschen Reiches gewiß eine sehr große Bedeutung hat; aber dem Wunsche des Herrn Regierungsdirektor Wappes, die mit Heidelbeeren bestockte Fläche durch Anbau auszudehnen, steht meines Erachtens eben das Bedenken der großen Arbeitsleistung entgegen, das ich vorhin schon erwähnt habe, und dann auch waldbauliche Bedenken. Wir wissen, daß die Beerkrautflora eine recht unbequeme Zugabe ist, die auf den Boden dauernd nachteilig und entwertend wirkt. Ich glaube, wir werden keinen Anlaß haben, die Flächen, die der Heidelbeere sowieso schon verfallen sind, noch zu erweitern. Also die Hoffnung auf eine Erweiterung der Heidelbeernutzung durch Vermehrung der Heidelbeerflächen möchte ich doch einschränken.

Dann aber habe ich leider übersehen, auf die Waldweide näher einzugehen, wie es meine Absicht war. Die Waldweide hat meines Erachtens eine sehr große Bedeutung, und zwar ist sie für die verschiedenen Vieharten getrennt zu bewerten. Für Pferde und Rindvieh kommt meines Erachtens nur die Koppelweide in Betracht, für Pferde unbedingt. Pferde sind im offenen Bestande ohne Einzäunung nicht zu halten. Außerdem machen sie sich im Walde sehr unnütz; sie würden uns vielen Schaden zufügen. Ähnlich ist es bei dem Rindvieh; auch da sind größere Herden schon schwer zusammenzuhalten. Kleine Herden, wie sie der Förster oder bäuerliche Waldbesitzer hat und die gewöhnt sind, im Walde zu laufen, kann der Hütejunge, der jetzt auch nur in mangelhafter Qualität zu haben ist, wohl heimbringen. Aber wenn es sich um Hunderte von Stücken handelt, ist die eingezäunte Koppel nicht zu entbehren. Jungvieh würde man wohl im Walde mit Nutzen weiden können; es findet bei geeigneten Bodenverhältnissen sein Ernährungsfutter. Beim Milchvieh bringt die eigentliche Waldweide wenig ein. Die dauernde Bewegung verzehrt zu viel von der Ernährung, so daß die Milchnutzung nur eine beschränkte ist. Eine meliorierte gut gedüngte und behandelte Koppel ist erheblich vorzuziehen; die Koppel verlangt aber gründliche und bessere Pflege als die Wiese.

Dagegen ist sehr entschieden dazu zu raten, die Waldweide für Schafe, Schweine und Geflügel auszunutzen. Ganz besonders ist sie für Schafe anzuwenden, um den Schaden zu vermeiden, den man der Schafhaltung insofern zur Last legt, als sie die Intensität der Landwirtschaft beeinträchtigt, weil für die Schafe Weideflächen ausgeschieden werden müssen. Es müssen Brachschläge liegen bleiben, um die Schafe im Frühjahr zu ernähren. Da kann der Wald aushelfen, namentlich in den Fällen, wo sich landwirtschaftlicher und forstwirtschaftlicher Besitz in einer Hand befinden, oder sich in der Nähe Gelegenheit bietet, Schafe mieteweise eintreiben zu können. Gerade im Frühjahr, wo die Feldschläge nützlicher als zur Schafweide verwertet werden können, kommt der Wald in Betracht. Nun sind die Schafe in ihren Ansprüchen verschieden. Aber wir haben Arten, die wenig anspruchsvoll sind und die Waldweide sehr gut vertragen, so daß sie über das Frühjahr bis zur Ernte hin sehr gut und billig durchgehalten werden können, bis ihnen die Feldweide auf den abgeernteten Schlägen zur Verfügung steht. Es ist das jedenfalls ein Mittel, um die Schafzucht nicht nur in der geringen Ausdehnung, in der sie noch besteht, zu erhalten, sondern sie auch im Interesse der Versorgung des Volkes wieder weiter auszudehnen.

Für die Schweine ist die Waldweide zweifellos auch von großer Bedeutung, und die Einwände, die früher geltend gemacht worden sind, daß die Schweinerassen nicht mehr für die Waldweide geeignet seien, sind in der neueren Zeit erheblich zurückgetreten. Man hat auch in der Landwirtschaft und namentlich in der Viehzucht erkannt, daß man bis zu einem gewissen Grade zur Natur zurückkehren, also weniger hoch= gezüchtete, widerstandsfähigere Rassen aufziehen müsse, die auch die Waldweide vertragen, und das ist schon in erheblicher Ausdehnung ge= schehen. Ich möchte dafür als nachahmenwertes Beispiel die Schweine= haltung des Herrn v. Klitzing anführen, bei dem schon seit vielen Jahren der Hauptteil des Schweinebestandes frei im Walde herumläuft. Die Einrichtung ist derart, daß eine größere Waldfläche eingezäunt ist, damit die Schweine nicht verloren gehen. Sie gehen von ihrem Nacht= stande aus den ganzen Tag frei im Walde umher. Er füttert sie nur abends, um die Schweine daran zu gewöhnen, daß sie über Nacht zurückkommen. Sonst kümmert er sich den ganzen Tag nicht um sie. Es laufen dauernd 500 Schweine herum, und nähren sich redlich und billig. Er hat eine gute Schweinezucht. Außerdem hat er aus seiner schwarzen Berkshire=Rasse einen sehr guten Schwarzwildstand erzielt.

Dann ist noch die Schweinezucht der Harpener Gewerkschaft zu erwähnen. Ich bin allerdings nicht genau darüber orientiert, ob sie sich im Walde ernährt oder hauptsächlich auf Feldschlägen. Dort werden im Freien jährlich 10 000 Schweine gezogen, gemästet und für die Belegschaft der Gewerkschaft geschlachtet.

Für die Schweinezucht hat die Waldweide eine große Bedeutung. Jedenfalls kann man die Aufzucht in erheblichem Maße verbilligen und vermehren und dadurch für die Volksernährung Bedeutendes leisten. Wir haben eben im Walde große Flächen zur Verfügung, und die müssen wir ausnutzen. Es ist durchaus erwünscht, daß in der Beziehung weitere Schritte geschehen.

Ich möchte nochmals auf die Schafweide kurz zurückkommen und darauf hinweisen, daß wir die Waldflächen dafür durch Herstellung geeigneter Belichtungsgrade und schließlich auch durch Düngung ver= bessern können. Warum sollen wir nicht die Grasproduktion in Stangen= und Baumhölzern durch eine Kalidüngung verbessern und dadurch ein nährkräftigeres Gras für die Weide erzielen? Das ist durchaus möglich. Kleinere Versuche sind damit gemacht, und ich glaube sicher, daß sich das lohnen wird. Durch die Waldweide in geregelten Formen kann eine erhebliche Produktion von Nahrungs= mitteln im Walde erzielt werden. Wir müssen darauf hinwirken, daß wir die großen Flächen nutzbar machen und die Bodenflora als Viehfutter verwerten.

Bezüglich der Geflügelweide möchte ich auf die früheren Ver= öffentlichungen des Geheimrats Freiherrn v. Spiegel hinweisen, der sich seinerzeit eingehend mit der Sache befaßt hat; die Not des Krieges zeigt uns, daß man Unrecht tat, wenn man der Sache bisher nicht die Beachtung geschenkt hat, die sie verdient.

Meine Herren, bezüglich der Laubheubereitung möchte ich noch darauf hinweisen, daß es vielleicht der Erwägung wert wäre, da in allen Mitteilungen zum Ausdruck kam, daß die Laubheutrocknung erhebliche Schwierigkeiten macht, und das Laubheu ein voluminöses Futter ist, von dem immer nur ein verhältnismäßig geringer Teil wirklich genutzt wird, ob man nicht die Laubheugewinnung durch künst=liche Trocknung in vorhandenen Trockenanlagen in gehäckseltem Zu=stande vorteilhafter gestalten könnte. Es sind ja im Lande schon eine ganze Menge von Trocknereien vorhanden, die im Sommer in der Regel unbenutzt sind; denn sie arbeiten hauptsächlich in der Kartoffel=trocknung und dann nur im Herbst und Winter. Besondere Anlagen wären also nicht nötig; es wären also nur die reinen Betriebskosten bei dieser Trocknung in Betracht zu ziehen. Man würde dadurch ein gut getrocknetes Material von viel geringerem Volumen erzielen und dadurch die Unterbringung wesentlich erleichtern. .

Bezüglich des Einwandes des Herrn Oberforstrats R e u ß wegen der Verwendung von Holz zur Spirituserzeugung möchte ich bemerken, daß es sich hier, worauf ich ausdrücklich hingewiesen habe, nur um die Verwendung von Holzabfällen handelt, ferner um gehäckseltes Reisig. Ich glaube, daß man, ohne die Holzversorgung zu beeinträchtigen, große Massen zur Verfügung haben würde, die nützliche Verwendung finden könnten.

Zum Schluß möchte ich bemerken, daß ich mir etwaige Anträge vorbehalten möchte, bis wir auch die anderen kriegswirtschaftlichen Themata besprochen haben.

M a j o r a t s h e r r v. K a l c k s t e i n (Schultitten): Ich möchte mir die Frage erlauben, wer Brennesseln zur Fasergewinnung ab=nimmt. In Ostpreußen gibt es eine ganze Menge, und ich glaube, daß sie zu verwerten sind; aber ich weiß nicht, an wen man sich wendet.

V o r s i t z e n d e r: Es ist vor einiger Zeit eine behördliche Zir=kularverfügung ergangen, nach der angegeben werden sollte, wo größere Mengen von Brennesseln zu haben sind. Ich kann aber nicht sagen, an welche Stelle diese geleitet werden sollten, ich will aber in den Akten nachsehen, ob darüber etwas mitgeteilt ist.

L a n d f o r s t m e i s t e r v. H a r l i n g (Neustrelitz): Bezüglich der Waldweide möchte ich darauf aufmerksam machen, daß das Ein=bringen von Rindvieh wegen des roten Wassers nicht ungefährlich ist. Einzelne Gemeinden haben davon Abstand genommen, nachdem sie große Einbußen erlitten hatten.

V o r s i t z e n d e r: Diese Erfahrung ist auch in meiner Gegend gemacht worden, und es wird kein Bauer dazu zu bringen sein, sein Vieh in den Wald zu schicken. (Zuruf: Schutzimpfung!) — Ja, es ist

neuerdings festgestellt, daß die Infektion durch die Zecken oder Holz=
böcke auf das Vieh übertragen wird. Ob die Schutzimpfung sicher wirkt,
ist mir nicht bekannt. Tatsache ist, daß Vieh, das die Waldweide
nicht gewöhnt ist, in der Regel schwer erkrankt, während das Vieh,
das von Jugend auf daran gewöhnt ist, immun ist oder doch die
Krankheit im Falle der Infektion leichter übersteht.

Landforstmeister v. Harling (Neustrelitz): Dann möchte
ich fragen, ob einer der Herren mit der Anzucht von Sonnenblumen
Erfahrungen gemacht hat. Meines Erachtens sind sie nicht anspruchs=
los; sie blühen schön, aber geben oft keinen Samenertrag.

Oberforstmeister Kranold (Marienwerder): Die Blumen
bleiben auf geringen Böden klein. Ich habe sie in Westpreußen auf
den Eisenbahndämmen gesehen; dort wurden sie rettungslos auf
jedem Boden angepflanzt; Größe und Gedeihen entsprach immer der
Bodengüte.

Vorsitzender: Es wird neuerdings auch eine der Sonnen=
blume nahe verwandte Pflanze als Schweinefutter empfohlen, die in
den Gärtnerzeitungen Helianthi genannt wird. Sie verdient wohl
Beachtung, hat dicke fleischige Wurzeln, die von den Schweinen gern
genommen werden. In größerem Umfange angebaut, würde sie immer=
hin ein nutzbringendes Futter geben. Sie ist namentlich wertvoll, weil
die dicken Wurzeln über Winter nicht erfrieren und deshalb im Boden
bleiben können. Man hat ohne Aufbewahrungskosten und Verluste
im Frühjahr ein frisches Futter.

Landforstmeister Pilz (Straßburg): Ich wollte nur die
Frage wegen der Sonnenblume beantworten. Die Generaldirektion
in Elsaß=Lothringen hat sehr viel in bezug auf den Anbau der Sonnen=
blume getan. Sie hat mir auf Wunsch ihre Erfahrungen mitgeteilt
und dabei davor gewarnt, die Sonnenblume auf armem Boden an=
zubauen; es wäre schon gedüngter Boden dazu notwendig. Ferner
wäre es falsch, die kleine Sonnenblume anzubauen, man sollte die
gewöhnliche Art wählen.

Dann noch eine Bitte. Ich bin leider morgen nicht mehr hier;
es war die Rede davon, daß eine Denkschrift über das Laubfutter
herausgegeben werden sollte. (Vorsitzender: Ja, es soll alles in eine
Denkschrift vereinigt werden.) Ich möchte dabei bitten, bezüglich
des Laubheus das Gewicht auf das Reisigfutter zu legen. Das Reisig=
futter, das im Winter gewonnen wird, wird eine größere Rolle spielen
als das Laubfutter, weil dann die Arbeitskräfte besser vorhanden sind.
Ich würde also dann darum bitten, das Reisigfutter nicht zu vergessen.

Vorsitzender: Nein, ich bin auch durchaus der Ansicht, daß
das eine größere Zukunft hat.

Wünscht sonst noch jemand das Wort? — Dann dürften wir wohl die Besprechung über diesen Gegenstand abschließen. Der zugehörige Antrag wird am Schluß der Verhandlungen gestellt werden.

Wir kommen nun zum Thema:

„Der forstliche Betrieb während des Kriegszustandes".

Berichterstatter Regierungsdirektor Dr. Wappes (Speyer): Meine Herren! Der Krieg hat uns eines wohl klargemacht, daß wir doch nicht so einsam im Walde sitzen, wie wir es bisher uns vorgestellt haben, daß vielmehr die Forstwirtschaft in einer außerordentlich vielseitigen Verflechtung nicht nur mit dem wirtschaftlichen Leben, sondern mit dem ganzen Volkstum steht. Da liegt es nahe, daß wir jetzt, während des Krieges versuchen, in die Beziehungen zwischen der deutschen Forstwirtschaft und dem Krieg näher hineinzusehen.

Ich darf wohl schon im voraus eine Schlußfolgerung aus dieser Selbstprüfung ziehen: die Kriegsjahre werden uns ebenso Lehrjahre sein müssen, wie sie es anderen Wirtschaftszweigen, der Landwirtschaft und der Industrie, gewesen sind. Diese haben sich allerdings mit einer ganz ungeahnten Beweglichkeit den gewaltigen Änderungen angepaßt, die an sie herangetreten sind, und man darf vielleicht sagen: die Kraft unseres Volkes in dem furchtbaren Kampfe beruht neben der für uns Deutsche eigentlich selbstverständlichen Tapferkeit des Heeres zum gleichen Teile darauf, daß die Wirtschaft des Landes imstande gewesen ist, sich in diese ungeheuren Veränderungen fast ohne Reibung einzufügen.

Wenn wir für unseren Teil an eine Prüfung der Verhältnisse herantreten, so muß diese nach zweierlei Richtungen erfolgen: einmal Festlegung der vorhandenen Tatsachen und zum andern Kritik dessen, was geschehen ist, oder — vielleicht auch — nicht geschehen ist. Wir müssen vor allem auf Grund des möglichst umfangreich niederzulegenden Tatbestandes prüfen: was ist an den Wald normal und anormal herangetreten, was ist von der Forstwirtschaft geleistet worden; sodann: geschah das durch die eigene Anpassung oder durch den Anstoß von außen; was konnte nicht geleistet werden, sei es wegen der Hindernisse, die in äußeren Verhältnissen begründet waren, sei es aus Mangel geeigneter Organisation oder wegen sonstiger Verhältnisse; endlich: was hätte geleistet werden können, wenn die Forstwirtschaft ganz auf der Höhe ihrer Aufgabe gestanden wäre? Aus allen diesen Untersuchungen müssen wir die Folgerungen für unsere weitere Haltung und für unser Arbeiten in der Zukunft ziehen.

Was ich demgemäß zunächst zu bringen hätte, wäre eine **Darstellung der tatsächlichen Verhältnisse**. Es hätte nahegelegen, Erhebungen dadurch zu bewerkstelligen, daß ich Umfragen in möglichst weitem Umfange gepflogen hätte. Ich habe das nicht gewagt; denn ich weiß aus eigener Erfahrung, daß alle unsere Fachgenossen reichlich mit Arbeiten aller Art, insbesondere auch mit Statistik, belastet sind. Anderseits wollte ich aber doch nicht ohne tatsächliche Unterlagen Ihnen gegenübertreten. So habe ich denn einen Mittelweg gewählt und an eine Reihe von persönlichen Bekannten einen Fragebogen gesandt, von dem ich mir erlaubt habe, Ihnen einen Abdruck zu überreichen. Ich benutze die Gelegenheit, soweit die Herren hier sind und ich das noch nicht getan habe, ihnen für die freundliche Ausfüllung dieser Fragebogen zu danken. Ich will natürlich das Material im einzelnen nicht mitteilen, und kann auch um deswillen darauf verzichten, weil sich eine außerordentliche Übereinstimmung der Verhältnisse und der Lage nahezu durch das ganze Deutsche Reich ergeben hat, wenn man aus der Äußerung eines einzelnen auf das betreffende Gebiet schließen darf. Infolgedessen ist es wohl zulässig, in den Fällen, wo genauere Angaben fehlen, aus der Kenntnis der Verhältnisse eines kleineren Gebietes, etwa Südwestdeutschlands, auf das Ganze zu schließen. Will man dergestalt in wenigen Worten die Lage der Forstwirtschaft darstellen, so kann man etwa sagen:

Der forstliche Betrieb hat während des Kriegszustandes selbstverständlich eine Reihe von Störungen erlitten; auf der anderen Seite sind ihm aber auch günstige Wirkungen auf Absatz und Preisbildung entstanden, welche die Nachteile mehr oder minder auszugleichen ververmochten.

Wenn ich zunächst auf die **Störungen** eingehe, so möchte ich vor allem sagen: man muß unterscheiden zwischen dem Anfange des Krieges und seiner späteren Entwickelung. Den Herren wird ziemlich überall die Erscheinung aufgefallen sein, daß im Anfange des Krieges das wirtschaftliche Leben beinahe wie gelähmt war. Mit der Mobilmachung hat Handel und Wandel mehr oder weniger aufgehört. Man war ängstlich, und auch im Forstbetriebe bestand die Meinung, daß jetzt ein fast vollständiger Stillstand aller Geschäfte eintreten werde. Auch der Holzabsatz hat nahezu gestockt. Dies wurde jedoch dadurch ausgeglichen, daß im Anfange des Krieges noch hinreichend Arbeitskräfte vorhanden waren, im Gegenteil, es bestand eine gewisse Verlegenheit mit der Beschäftigung der Leute, namentlich der Hinterbliebenen der Einberufenen; insbesondere die Frauen wußten im Anfange nicht recht, was sie tun sollten. Infolgedessen trat auch der Mangel an Beamten nicht gerade unangenehm hervor. Mit dem weiteren Verlaufe des Krieges, mit der stärkeren Einziehung der

Mannschaften und auch mit den erhöhten Anforderungen, die der langsam wieder sich entwickelnde Betrieb beanspruchte, trat dann ein umgekehrtes Verhältnis ein. Immer mehr erhöhten sich die Anforderungen an die Forstwirtschaft sowohl von seiten ihrer bisherigen Konsumenten, des Handels, der Industrie wie des neu auftretenden militärischen Bedarfs, während auf der anderen Seite der Mangel an Beamten und Arbeitern stets zunahm. Das hat natürlich in seiner doppelten Wirkung zu erheblichen Schwierigkeiten geführt. Man kann im großen wohl annehmen, daß wir heute etwa mit der Hälfte der normal vorhandenen Beamten und Arbeiterschaft den Betrieb führen müssen.

Für die Direktivbehörden haben natürlich die Personalangelegenheiten, die ständigen Verschiebungen, die zur Aufrechterhaltung des Betriebes erforderlich wurden und werden, eine gewaltige Arbeitslast gebracht. Es ist sehr schwierig, den Umtausch der Beamten, die Reklamationen, den Ersatz der einberufenen Leute so zu leiten, daß der Betrieb überall aufrecht erhalten wird. Die Revierverwaltungen konnten vielfach nicht mehr besetzt werden, es waren deshalb Zusammenlegungen nötig, in manchen Fällen zwang die Not, daß man einem Beamten sogar drei Bezirke zuweisen mußte; einzelne Forstverwaltungen haben sich entschlossen, dem Vollzugspersonal Revierverwaltungsgeschäfte zu übertragen.

Im großen und ganzen wird voraussichtlich dieser Zustand fortdauern, und es wird kaum ein Mittel geben, hier eine Änderung herbeizuführen. Für den Hilfsdienst der Revierverwaltung hat man private Kräfte eingestellt, soweit es irgend möglich war. Nach meinen persönlichen Erfahrungen und auch nach dem, was ich von anderen Herren gehört habe, haben sich kaufmännische Kräfte außerordentlich rasch in die formalen Rechnungsarbeiten und die Schreibgeschäfte des Revierdienstes einzuarbeiten gewußt.

Es ist selbstverständlich, daß auch im äußeren Dienst die Forderungen, welche der veränderte Absatz mit sich brachte, zu großen Schwierigkeiten führten. Die stets wechselnden Dispositionen vollzogen sich besonders schwer bei Unbekanntschaft der Beamten mit den örtlichen Verhältnissen, wenn Verweser die Revierverwaltung führten und bei geringem Personalstand die Tradition fehlte.

Was nun den **Absatz** und überhaupt den **eigentlichen Forstbetrieb** anlangt, so ist vor allem zu erwähnen, daß manche wichtige Sortimente seit Kriegsbeginn fast nicht mehr abzusetzen sind. Das sind insbesondere die Eichenstammhölzer, zum Teil auch die schweren Kiefern und Buchen. Diejenigen Gebiete, die mehr Laubholz haben, haben unter diesen Störungen bedeutend gelitten, die Minderablieferungen sind ganz erheblich; die Einnahmen sind hier zum Teil um 25—50% gefallen. Darunter hat namentlich Mitteldeutschland gelitten, soweit es Eichenreviere von größerem Umfange hat, wie z. B. die Pfalz und Franken. Auf der anderen Seite haben die überraschenden Anforderungen, die der Krieg stellte, zu Nutzungs= möglichkeiten geführt und darum Hiebe ausführen lassen, an die man früher nicht denken konnte. Dieser Vorteil gilt freilich in der Haupt= sache nur für Holz und Rinde. Die Forderungen, die an die Forst= verwaltungen auf dem Gebiete der Nebennutzungen gestellt worden sind, haben zweifellos eine gewisse Gefahr für die Zukunft mit sich gebracht. Man muß während des Krieges in dieser Hinsicht manch= mal ein Auge zudrücken, es wird sicher nicht wenig Schwierigkeiten geben, wenn man nach dem Kriege das Auge wieder aufmachen will. Da wird die Bevölkerung häufig verwöhnt sein, wird, wenn man wieder die Zügel schärfer anzieht, mit dem Einwand kommen: ja, warum ist denn die Geschichte während des Krieges gegangen und jetzt sollte es nicht gehen? — Ich fürchte, daß wir später da manches zu tun bekommen, bis wieder Ordnung wird.

Hinsichtlich des dritten Punktes, Zahlung und Kredit, kann man sagen, daß im großen und ganzen der Krieg außerordentlich wenig Störungen mit sich gebracht hat. Im Anfange des Krieges sind allerdings zahlreiche Stundungsgesuche eingelaufen; das war wohl überall so. Aber die Zahlung ist nach und nach erfolgt, und die Verluste, die die Forstverwaltungen erlitten haben, sind zweifel= los außerordentlich gering gewesen. Heute wird so ziemlich jeder Händler und Industrielle, der vom Wald Produkte bezieht, imstande sein, sehr gut und glatt zu zahlen. Denn der größere Teil der Lieferungen ist irgendwie für das Heer, für Kriegsbedürfnisse be= stimmt, und nachdem dort prompte Zahlung erfolgt, sind natürlich auch die zwischen Produzenten und Konsumenten vermittelnden Kreise imstande, gute Zahlung zu leisten. Man merkt höchstens hier und da, daß die Leute die Zahlung recht lang hinauszuziehen suchen, weil sie den erheblichen Zinsgewinn profitieren wollen. Auf diese Verhältnisse will ich nicht weiter eingehen, um nicht mit dem nach= folgenden Referat in Kollision zu kommen.

Aus gleichen Gründen will ich mich kurz fassen über die Wir= kung auf die Preisbildung. Eine günstige Wirkung ergab sich vor allem daraus, daß es uns möglich wurde, eine Reihe von Sortimenten abzusetzen, die uns gewissermaßen, wenn man es kauf= männisch ausdrücken will, als Ladenhüter dagelegen sind. Vom Stand= punkt des Betriebs, der für meine Berichterstattung in Betracht kommt, war das eine außerordentlich günstige Lage. Wir konnten z. B. in den großen Laubholzgebieten Durchforstungen nachholen und zuwachs= lose Bestände heranziehen, deren Einschlag uns bisher wegen Mangel an Absatz völlig unmöglich gewesen ist. Ich glaube, daß der Krieg auch für die Zukunft einen großen Vorteil nach der Richtung bringen wird, daß sich der Konsum daran gewöhnt hat, Sortimente, um die er sich bisher gar nicht gekümmert hat, auf einmal als wertvoll zu empfinden und sie in Verwendung zu nehmen. Wenn sich der Konsum einmal derart eingerichtet hat, wird er auch künftig daran festhalten. Besonders günstigen Absatz fanden namentlich Grubenholz aller Art, Holzwolleholz, Minendielen, wofür ganz rauhe Ware verwendbar ist, sowie Brenn= und Kohlholz aller Art einschließlich des Stockholzes. Von Holzarten ist besonders die Esche in der Wertschätzung gestiegen, deren Preis ist mindestens um 100% durchschnittlich hinaufgeschnellt. In verschiedenen Waldgebieten ist auf diese Weise der Ausfall an den ersterwähnten, weniger absetzbaren Sortimenten reichlich wett= gemacht worden.

Weit mehr als in bezug auf die Holznutzung haben sich die Verhältnisse bei den forstlichen Nebennutzungen geändert. Ich darf mich da wohl auf den gestrigen Vortrag des Herrn Vorsitzenden beziehen, der ja alle die Nebenstoffe des Waldes in ausführlicher und teilweise eine Fülle von neuen Tatsachen bringender Art behandelt hat. Ich erwähne nur, daß Gerbstoff, Harz, Streu, Heide, Futterlaub zu einer ganz überraschenden Wertschätzung gekommen sind. Die Aussicht auf neue Erfindungen und neue Verwendungen darf man als einen der größten Vorteile betrachten, die uns der Krieg bringt. Genau so, wie in der Industrie und in der Landwirtschaft durch die Not des Krieges neue Stoffe herangezogen worden sind, neue Erfindungen gemacht wurden, so wird auch der Wald in seinen Nebenprodukten sicherlich in der Beachtung und Wertschätzung bedeutend steigen. Ich halte es durchaus nicht für ausgeschlossen, daß die Nebennutzungen in Zukunft eine ganz andere Rolle in der Forstwirtschaft spielen werden als bisher. Es erscheint mir durchaus nicht unmöglich, daß in manchen Fällen, wie das ja im Laufe der Wirtschaftsgeschichte mehrfach sich gezeigt hat, das, was wir heute Nebennutzung nennen, wieder eine Bedeutung erlangt, die diese Nutzung zur Hauptsache gestaltet. Wir brauchen ja nur wenig mehr als 100 Jahre zurückzudenken, um zu sehen, daß der Wald damals nicht seines Holzes wegen geschätzt worden ist, sondern wegen der übrigen Produkte, wegen der Jagd, der Weide und der Mast. So kann es auch jetzt wieder kommen; vielleicht daß die Stoffe, die der Wald für die unmittelbare menschliche oder für tierische Ernährung bietet, wieder zu einer bedeutenden Wertschätzung gelangen.

Die Erscheinung, daß Gerbstoffe und Harz stark begehrt worden sind, ist wohl überall aufgetreten. Merkwürdig verschieden sind die Anforderungen gewesen in bezug auf Waldweide, Streu und Gras, auch Futterlaub. In manchen Gegenden — mir ist das z. B. von dem bayerischen Regierungsbezirk Oberfranken mitgeteilt worden — war ein ungeheurer Anlauf in bezug auf Streubedarf; in anderen

Gegenden, wie in der Pfalz, hat man während des Krieges öfter weniger abzugeben brauchen als im Frieden, wiewohl die Verwaltung natürlich bereit gewesen wäre, allen Bedürfnissen in der weitgehendsten Weise entgegen zu kommen. Das ist hauptsächlich darauf zurückzuführen, daß die Landwirtschaft alle Kräfte beansprucht hat und daß es infolgedessen der bäuerlichen Bevölkerung nicht möglich war, die Produkte des Waldes, insbesondere Streu, zu holen. Ich weiß nicht, wie sich das in den einzelnen Gegenden gestaltet hat und möchte nur auf die Verschiedenartigkeit der Erscheinungen nach dieser Richtung hinweisen. —

Nun ist die Frage: wie hat sich die Verwaltung dieser Kriegslage gegenübergestellt und nach welchen Richtungen mußte sie insbesondere eine Änderung ihrer bisherigen Haltung vornehmen?

Es würde den für einen Vortrag gesteckten Rahmen weit überschreiten, wollte ich eine kritische Besprechung all der eben angedeuteten Tatfragen unternehmen. Ich kann mich auf das Herausfassen der mir als besonders wichtig und schwierig erscheinenden Punkte um so mehr beschränken, als, wie ja schon erwähnt, die Erscheinungen eine ziemliche Gleichartigkeit zeigen und Zweifel über ihre Beurteilung in den meisten Fällen nicht bestehen. Die größte Schwierigkeit, die der Forstverwaltung entgegentrat, war, wie ich schon andeutete, zweifellos der Mangel an Arbeitskräften.

Was geschehen ist hinsichtlich der Beschaffung einheimischer Arbeiter, dürfte weniger interessieren, dagegen glaube ich ausführlicher die eigenen und fremden Erfahrungen mit der Einstellung von Kriegsgefangenen darlegen zu sollen. Im Jahre 1914 ist eine derartige Verwendung wohl noch nirgends gewesen oder wenigstens nur in sehr geringem Maße. Eine umfangreichere Beiziehung von Gefangenen hat sich erst durch den stärker hervortretenden Mangel an einheimischen Kräften im Jahre 1915 aufgedrungen; diesen Mangel hat in erster Linie die Landwirtschaft empfunden und sie war es auch, die in nachdrücklicher Weise Forderungen stellte, welche zu einer Änderung in der ursprünglichen Haltung der militärischen Behörden führten. Man war nämlich dort im Anfange bei der Abgabe von Gefangenen sehr vorsichtig; es wurden eine Reihe von vorsorglichen Bestimmungen aufgestellt, welche gerade der Abgabe von Gefangenen für die Zwecke der Land- und Forstwirtschaft sehr hinderlich waren, z. B. daß nicht unter 30 Mann abgegeben werden durften. Es hat sich gezeigt, daß es sehr wohl möglich ist, auch kleinere Arbeiterpartien an die Landwirtschaft abzugeben und daß auch bei weniger scharfen Bestimmungen eine Fluchtgefahr nicht besteht. In der Pfalz ist verhältnismäßig frühzeitig im Forstbetriebe mit der Einstellung von Gefangenen vorgegangen worden, nämlich im Frühjahr 1915 beim Schälwaldbetrieb. Die Erfahrungen dort

waren sehr günstig. In umfangreicherem Maße erfolgte die Ver=
wendung im Forstbetrieb erst in der Fällungsperiode 1915/16, nach=
dem die Landwirtschaft im Sommer 1915 vorausgegangen war.
Zahlen für weitere Gebiete kann ich nicht angeben. Ich möchte nur
bemerken — vielleicht gibt das einen Anhalt —, daß in der Pfalz
etwa 500 Gefangene in 18 Forstämtern eingestellt worden sind.
Das ist natürlich immer noch eine verhältnismäßig geringe Zahl;
man hat aber doch die Hilfe angenehm empfunden. In ein Revier
wurden immer nur Abteilungen von 5, 10 bis 30 Mann, nur ver=
einzelt 40 oder 50, eingestellt. Eine Massenverwendung wie in
der Industrie und teilweise auch in der Landwirtschaft — in Preußen
wurden z. B. 1915 150 000 Gefangene für Moorkultur eingestellt —
ist eben bei der Eigenart des Forstbetriebs nicht möglich, weil hier
nicht große Arbeitermassen auf einen Punkt zu konzentrieren sind.
Anfänglich hatte man auch überhaupt Bedenken gegen die Verwendung
von Gefangenen im Walde; es ist ja klar, daß es etwas unheimlich
aussieht, wenn man 20 oder 30 Russen mit Äxten bewaffnet nur
von zwei Wachleuten und einem Förster begleitet in den Wald hinaus=
schickt. Es ist aber nicht bekannt geworden, daß ein Fall tätlicher
Widersetzlichkeit oder tätlichen Angriffs vorgekommen wäre; auch Ent=
weichung von Gefangenen ist nur in sehr geringem Maße gemeldet
worden.

Was die Gesichtspunkte anlangt, die für die Einstellung von
Gefangenen in Betracht kommen, so ist folgendes zu erwähnen: Das
Wichtigste ist die Auswahl und die Sichtung der Leute, die von
den Gefangenenlagern abgegeben werden. Man muß selbstverständ=
lich von vornherein darauf schauen, daß man Leute bekommt, die die
Waldarbeit gewohnt sind. Nach allen Erfahrungen sind hierin die
Russen erheblich besser als die Franzosen. Von den Russen ist eine
nicht geringe Zahl landwirtschaftliche Arbeiter, die sich verhältnis=
mäßig rasch einarbeiten. Die Franzosen sind zweifellos weit an=
stelliger, aber sie haben wieder verschiedene andere unangenehme
Eigenschaften, so daß man nach dem Eindruck, den ich aus ver=
schiedenen persönlichen Besprechungen, auch mit Landwirten usw.,
gewonnen habe, im allgemeinen sagen kann: für die Forstwirtschaft
ist es besser, wenn man Russen bekommt. Sehr wichtig ist es für den
finanziellen Effekt, daß man gleich im Anfang, wenn man die Leute
bekommt, eine Prüfung vornimmt und alles unbrauchbare Material
so bald wie möglich wieder in das Gefangenenlager abschiebt; denn
derartige Elemente sind natürlich eine gewaltige Belastung der ganzen
Arbeit. Für die Forstwirtschaft besteht allerdings insofern eine
Schwierigkeit, als sie meist zu spät gekommen ist und nun die
übrig gebliebenen Leute aus den Lagern nehmen mußte; denn es
ist klar, die Industrie und namentlich die Landwirtschaft hatten ihre

Forderungen schon länger gestellt und hatten dadurch auch die erste Wahl.

Sehr wichtig ist sodann, daß man die Leute zur Arbeit antreibt; es ist selbstverständlich, daß die Russen, überhaupt die Gefangenen, das Bestreben haben, so wenig wie möglich in der Arbeit zu leisten. Insbesondere hat sich herausgestellt, daß sie ihre Arbeitsleistung auf ein Minimum zu reduzieren suchen, sowie sie merken, daß sie für den Staat arbeiten. Ein großer Nachteil liegt darin, daß die Feiertage doppelt gehalten werden müssen. Das wird vielleicht im Sommer weniger ausmachen; aber gerade zu der Zeit, wo wir in der Pfalz mit der intensiveren Einstellung von Gefangenen begonnen haben, vom November ab, war es eine große Unbequemlichkeit, daß auf Anordnung des Lagers nicht nur die deutschen Feiertage eingehalten werden mußten, sondern auch die russischen.

Sehr ist darauf zu achten, daß nicht allzusehr simuliert wird. Die Leute haben natürlich das Bestreben, zu Hause im Zimmer zu bleiben, und noch lieber ist es ihnen, wenn sie in das Lager zurück kommen. Wenigstens sind das die Erfahrungen, die wir in der Pfalz gemacht haben. Man muß also sehr scharf darauf hinwirken, daß die Leute keine Krankheit vortäuschen. Die Leute schützen dabei mit Vorliebe Rheumatismus vor, weil sie wissen, daß der Arzt das am schwersten feststellen kann. Nach meinem Dafürhalten ist der springende Punkt bei dieser ganzen Sache, wie die Behandlung im Lager ist. Der Aufenthalt dort muß so gestaltet werden, daß die Leute lieber hinausgehen und arbeiten. Das Hauptmittel zur Erziehung und Zucht ist jedenfalls die Kost; denn der Russe ist, da muß man schon sagen, ein Fresser. Was die Leute zu vertilgen vermögen, ist geradezu enorm. Meines Erachtens wäre eine gewisse Kompetenz des Betriebsleiters oder der Wachmannschaft im Zurücksetzen der Ration bei ungenügender Leistung von großem Erfolg. Man kann natürlich auch eine Verbesserung der Arbeitsleistung durch Belohnung erreichen und in diesem Sinne soll man auch etwas tun; das ist entweder so zu machen, daß man den Leuten, die fleißig sind, eine kleine Zulage gibt, für die sie sich z. B. Tabak kaufen können — es sind alles rabiate Raucher — oder daß man ihnen von vornherein eine Zulage gibt und sie denen entzieht, die nicht Entsprechendes leisten.

In der letzten Zeit wurde Mitteilung vom Generalkommando gemacht, daß nur in besonderen Fällen noch Gefangene hergegeben werden können, und damit gerechnet werden müsse, daß die zurzeit eingestellten Gefangenen nicht oder wenigstens nicht in dem Maße behalten werden können. Künftig sollen die Gefangenen nur noch solchen Arbeitsstellen belassen oder zugewendet werden können, wo sie entweder als Facharbeiter die nützlichste Verwendung im Wirtschaftsleben finden oder wo für die Allgemeinheit unbedingt notwendige Arbeiten auszuführen sind. Nun ist ja klar, daß die militärischen Behörden geneigt sind, die forstwirtschaftlichen Arbeiten als weniger wichtig zu erachten wie alle übrigen, und einem unserer Herren, der dringlich telephoniert hatte, ist ohne weiteres gesagt worden: Kartoffeln sind wichtiger als Holz. Aber wir haben denn doch sehr nachdrücklich zur Geltung gebracht, daß wir gewisse Lieferungen aus dem Walde haben, an denen unmittelbar die Schlagfertigkeit des Heeres hängt, und daß wir infolgedessen schon darauf bringen müssen, daß auch unsere Arbeiten als kriegsnotwendig anerkannt werden. Von der preußischen Militärverwaltung und im Anschluß daran auch von Bayern ist vor einiger Zeit auch anerkannt worden, daß die Arbeiten im Walde als gemeinnützig gelten, ähnlich wie diejenigen der Landwirtschaft.

Mit dem zunehmenden Wettbewerb um die Gefangenen in Landwirtschaft, Industrie und Forstwirtschaft wird es mit der Zeit dahin kommen müssen, daß an den Generalkommandos vielleicht sachverständige Beiräte errichtet werden, die bei der Verteilung der Gefangenen gefragt werden, und da wäre es natürlich außerordentlich wünschenswert, wenn auch die Forstverwaltungen durch einen Sachverständigen vertreten wären. Ich könnte mir nicht denken, wie die Generalkommandos imstande sind, das wirtschaftliche Leben zu übersehen, ohne daß sie einen aus den verschiedenen Zweigen zusammengesetzten Beirat befragen. Ob das geschehen wird, kann ich natürlich nicht sagen; ich hielte eine derartige Einrichtung für unbedingt nötig.

Was die Rentabilität der Gefangeneneinstellung anlangt, so kommt es natürlich vor allem darauf an, wie hoch die Löhne der freien Arbeiter sind. Man muß selbstverständlich den Aufwand, der bei der Verwendung freier Arbeiter nötig gewesen wäre, als Ausgangspunkt für den Vergleich der Gefangenenarbeit nehmen, und da ist es natürlich von Bedeutung, ob die Löhne in dem betreffenden Revier hoch oder niedrig sind. In der Pfalz haben wir die Erfahrung gemacht, daß im großen Durchschnitt ohne Einrechnung des vorhin erwähnten Rückersatzes, also noch mit Zahlung der vollen Kosten im allgemeinen die Verwendung von Kriegsgefangenen um 100 % teurer gewesen ist als die Verwendung freier Arbeiter. Ähnliche Sätze sind mir auch von verschiedenen anderen Herren genannt worden. Wenn man den Rückersatz rechnet, so reduziert sich der Prozentsatz. Die Sätze haben aber außerordentlich geschwankt, von den normalen 100 % bis hinauf zu 350 %. Es kommt natürlich dabei noch sehr darauf an, wieviel für die Unterbringung und die Wohnung gezahlt werden muß, wie die ganze Arbeitsordnung und wie weit die Arbeitsstelle von der Unterkunft entfernt ist. Auch die Witterung spielt sehr mit.

Die Arbeitsanordnung kann auf zwei verschiedene Arten geschehen. Entweder man stellt die Gefangenenpartie geschlossen zur Arbeit ein und gibt, damit richtig gearbeitet wird, einheimische freie Arbeiter als Tagelöhner dazwischen. Das ist die einfachste Art. Wenn aber nicht in verhältnismäßig großer Zahl gute einheimische Arbeiter dazwischen gestellt werden, etwa ein Mann auf 3—4 Gefangene, so wird nicht zweckmäßig geschafft. Da man nun den einheimischen Arbeitern einen erhöhten Tagelohn, ungefähr ihren durchschnittlichen Akkordverdienst, zahlen muß, so kommt das Verfahren ziemlich teuer. Im allgemeinen haben sich die Russen verhältnismäßig rasch in die Holzarbeit einzuleben gewußt, und es hat sich nicht selten ein Stamm von tüchtigen und gewandten Leuten herausgebildet, so daß das Ergebnis sich ständig besserte. Eine andere Arbeitsform ist, daß man ein bis zwei Gefangene einer Holzhauerpartie zugibt, die in Akkord arbeitet und von dieser sich einen gewissen Betrag für den Gefangenen zurückersetzen läßt. Selbstverständlich wird die Holzhauerpartie niemals bereit sein, die tatsächlichen Auslagen zu zahlen, sondern man muß ungefähr 1—1$\frac{1}{2}$ Mk. darauflegen.

In der Pfalz haben wir für die Unterbringung und Verköstigung eines Gefangenen durchschnittlich 2—2,50 Mk. zahlen müssen. Dazu kommt noch der Aufwand für den Wachmann, der sich auf 2,50 Mk. bis 3 Mk. beläuft. Wenn man von den Holzhauerpartien den Rückersatz von 1,50 Mk. für den Russen verlangt, so sind sie im allgemeinen zufrieden. Es hat sich aber herausgestellt, daß es nicht zweckmäßig ist — es wird auch von den Militärbehörden nicht gestattet —, daß die Leute, die den Arbeiterpartien zugesellt waren, ganz in die Familien des Holzhauers kommen, sondern die Gefangenen müssen nach wie vor zusammen wohnen unter Aufsicht des Wachmanns und werden jeden Tag hinausgeführt und zugeteilt.

Dann haben wir noch ein Zweites erwogen, daß man nämlich nach entsprechender Einarbeitungszeit mit den Russen einen A k k o r d abschließt. Die normale bare Löhnung, die an die Gefangenen nach der Anordnung der Militärverwaltung zu zahlen ist, beträgt 30 Pfg.; dafür haben sie sich ihre kleinen Bedürfnisse zu beschaffen. Einer unserer Forstmeister, der mittlerweile die Sache schon eingeführt haben wird, war der Meinung, daß man bei der Akkordarbeit zu guten finanziellen Ergebnissen gelangen werde. Er wollte den Akkord so stellen, daß der Mann bei fleißiger Arbeit etwa 80 Pfg. bis 1,20 Mk. verdienen kann. Auf diese Art sollte bei den tüchtigeren Russen die volle Leistung eines freien Arbeiters erreicht werden und uns würde die Sache wesentlich billiger kommen. Es liegt jedoch noch keine ausreichende Erfahrung vor.

Von der größten Bedeutung wäre es, wenn uns ein Stamm von Gefangenen auch während der Frühjahrsbestellung erhalten werden könnte. Es ist ja selbstverständlich, daß wir jetzt, wo diese wichtige Arbeit beginnt, soviele Leute aus dem Walde herausgeben, als nur irgend entbehrlich sind. Aber es wäre doch von großem Wert, wenn die Militärbehörden wenigstens einen kleinen Stamm in die Holzfällung eingearbeiteter Leute zurückließe, damit diese, wenn die Waldarbeit später wieder aufgenommen werden kann, die Neuankommenden einlernen. Im großen und ganzen wird sich doch der Betrieb bei uns derart gestalten, daß wir mit dem Ende des Winters nicht wie sonst abschließen können, sondern den ganzen Sommer hindurch mit den Fällungen fortfahren müssen. Das wird schon deswegen nötig sein, weil wir ja gewisse Sortimente dauernd zu liefern haben und wahrscheinlich auch der Brennholzbedarf in vielen Gegenden durch die Winterarbeit nicht gedeckt werden kann. Das letztere ist, glaube ich, eine Erscheinung, die durch ganz Deutschland geht; sie hängt natürlich mit der Minderung der Kohlenförderung zusammen. Es wird also Sache der einzelnen Staatsforstbehörden sein, hier zu sehen, daß sie sich mit dem Militär auf einen entsprechenden Fuß stellen.

Nun möchte ich noch einen Gesichtspunkt erwähnen, der interessant und charakteristisch ist für das deutsche Volk. Wir haben im vorigen Jahre bereits bei der Schälarbeit Gefangene verwendet und waren sehr zufrieden damit. Die Leute wurden dann zu landwirtschaftlichen Arbeiten abgegeben, später aber von der Forstverwaltung wieder zurückgenommen. Da hat sich nun gezeigt, daß sie dann sehr mangelhaft arbeiteten, und zwar aus dem einzigen Grunde, weil sie bei unseren Bauern sehr verwöhnt wurden und dann mit der Waldarbeit und Verköstigung unzufrieden waren. Jetzt, wo der Winter zu Ende geht und die Leute merken, daß die landwirtschaftliche Arbeit wieder beginnt, legen sie es förmlich auf einen Streik, auf das Wegschicken von der Arbeit an in der Hoffnung, daß sie wieder zu den Bauern kommen. Das ist zweifellos keine Schande für das deutsche Volk, aber nicht gerade ein Zeichen für die politische Bildung; denn es ist durchaus nicht nötig, daß man die Gefangenen überfüttert und verwöhnt.

Ich möchte bemerken, daß von den Militärbehörden die Kost bis zu einem gewissen Grade vorgeschrieben wird und daß die Forderungen der Militärverwaltung verhältnismäßig hoch gehen, nach meinem Dafürhalten zu hoch. Man verlangt, daß die Gefangenen eine Kost erhalten, bei der sie täglich auf mindestens 8—10 Pfund kommen. Ein Russe kann nämlich auch bis zu 15 Pfund — sagen wir einmal aufessen (Heiterkeit), vermag überhaupt unglaubliche Nahrungsmengen aufzunehmen. Außer den 8—10 Pfund Kartoffeln erhalten sie noch $\frac{1}{2}$ Pfund Brot im Tag und viermal in der Woche $\frac{1}{4}$—$\frac{1}{2}$ Pfund Fleisch. Es kann also tatsächlich ein Gefangener für seinen Körper weit mehr aufwenden, als ein freier Arbeiter im all-

gemeinen sich zu leisten vermag. Ich weiß nicht, ob diese Verköstigungs=
bestimmungen allgemein bestehen. Jedenfalls besteht nach meinem
Dafürhalten keine Veranlassung, an Kost mehr zu geben, als physio=
logisch nötig ist.

Im großen und ganzen muß man also sagen, man hat mit den
Gefangenen eine nicht unerhebliche Arbeit, und die Sache kommt
sehr teuer. Aber in nicht wenig Fällen ist eben die Lage so, daß
man Gefangene nehmen muß, weil man sonst seine Lieferungen
nicht vollziehen kann, namentlich wenn man feste Abschlüsse gemacht
hat. Gefangenenarbeit ist also zurzeit ein notwendiges Übel. —

Bezüglich der Arbeiterverhältnisse möchte ich noch einen
weiteren Punkt berühren, über den ich mich bereits in der Literatur
verbreitet habe, nämlich auf die Einwirkung und die Folgen des
Kriegszustandes für unser Verhältnis zu den freien Arbeitern.

Wir haben ja, wie Sie wissen, in sehr vielen Gegenden unseres
Vaterlandes — ich glaube, man kann sagen in den meisten —
auch schon vor dem Kriege an einem Arbeitermangel gelitten, und
man muß schon der Forstwirtschaft den Vorwurf machen, daß sie bei
der Fürsorge für die Arbeiterbeschaffung nicht einen so weiten Blick
bewiesen hat wie verschiedene andere Staatsverwaltungszweige und
wie die großen privaten Betriebe. Wenn man bedenkt, in welch ge=
waltigem Umfange die Industrie, auch die großen landwirtschaftlichen
Güter, auf lange hinaus für die Beschaffung eines tüchtigen Arbeiter=
stammes gesorgt haben, und wenn man weiter sieht, wie z. B. die
Bergwerksverwaltung in Preußen Millionen an Aufwendung für
die Ansiedlung von Arbeitern gemacht hat, so muß man sagen:
demgegenüber stehen wir weit zurück. Ich gestatte mir, auf den
Artikel zu verweisen, den der preußische Forstmeister Liebeneiner
in der „Silva“ veröffentlicht hat; ich weiß nicht, ob das Blatt in
Norddeutschland viel gelesen wird, in Süddeutschland ist es sehr
verbreitet; er hat darin den Nachweis geführt, daß die preußische
Bergwerksverwaltung für die Ansiedlung der Arbeiter gewaltige Auf=
wendungen gemacht hat und offenbar sehr rationell vorgegangen ist —
ein Vorgang, dem wir nichts Ähnliches gegenüberzustellen haben, und
demgegenüber das, was von unserer Seite geschehen ist, doch nur
als sehr kleines Mittel bezeichnet werden kann.

Also wie gesagt, wir haben schon vor dem Kriege an Arbeiter=
mangel gelitten, und die Entwickelung des deutschen Wirtschaftslebens
geht zweifellos daraufhin, daß die Forstwirtschaft in Zukunft noch
weit mehr, auch bei normalen Verhältnissen, an einem Arbeitermangel
leiden wird. Man hätte also auch ohne das Dazwischenkommen des
Krieges Fürsorge treffen müssen, um der Forstwirtschaft einen dauern=
den und tüchtigen Arbeiterstand zu sichern. Die durch den Krieg ge=
schaffenen Verhältnisse lassen diese Frage noch mehr als brennend

erscheinen; aber auf der anderen Seite sind vielleicht dadurch auch wieder günstigere Verhältnisse geschaffen. Es ist ja klar, daß nach dem Kriege Hunderttausende von wenig arbeitsfähigen Leuten zurückkommen, von Leuten, die ihre alte Arbeitsstelle besetzt finden oder die auch, selbst wenn sie offen wäre, sie wegen der Kriegsverwundung nicht mehr einnehmen können. Zweifellos wird der Arbeitsmarkt mit dem Schlusse des Krieges ziemlich übersetzt werden, und es wird große Schwierigkeiten haben, die Kräfte neu zu verteilen. Da müssen wir, glaube ich, heute schon eine Vorsorge treffen, daß wir diese Lage in der für uns günstigsten Weise ausnutzen. Ich glaube, daß hier der Forstwirtschaft Gelegenheit gegeben wäre, ihren Arbeiterstamm zu ergänzen und Verhältnisse zu schaffen, wie sie früher bestanden haben und wie wir sie in irgend einer Weise wieder schaffen müssen. Denn es gibt jetzt schon Gegenden, bei denen man mit Sicherheit voraussagen kann, daß in wenigen Jahren die Fortführung des Betriebes aus Mangel an Arbeitern nicht mehr möglich ist. In der Pfalz z. B. ist die ganze Jugend in die Industrie gegangen. Aus den Walddörfern fahren die Leute mit dem Rad, mit dem Personenauto oder mit der Lokalbahn in die nächsten Industrieorte, und wo man vor 20 Jahren das ganze Dorf noch als Waldarbeiter gehabt hat, ist beinahe niemand mehr zu bekommen. Wir führen heute den Betrieb noch mit denen fort, die aus irgendwelchen Gründen nicht in die Industrie konnten oder noch nicht in die Industrie können, hauptsächlich mit unserm guten alten Stamm, der nicht mehr vom Walde weg will. Mit dem Absterben dieser alten Leute werden wir auf dem Trocknen sitzen.

Hier rechtzeitig vorzugehen, ist eine Pflicht der Klugheit. Wir sind doch gewohnt, den Wald auf 120 Jahre hinaus zu erziehen und den Ertrag auf diesen Zeitraum zu berechnen, da wäre es schon nach meinem Dafürhalten am Platze, daß man so eine kleine Forsteinrichtung aufstellt für die Beschaffung von Waldarbeitern, sonst haben wir auf einmal unsere haubaren Bestände weg und weder Jungwuchs noch Mittelhölzer. Ich erachte es daher für außerordentlich wichtig, daß wir dafür Sorge tragen, daß jetzt oder doch spätestens mit dem Zurückströmen der Krieger, namentlich der Kriegsinvaliden, eine möglichst große Zahl von Leuten für unseren künftigen Betrieb gesichert wird. Da gibt es nur ein Mittel, die Boden- und Besiedelungspolitik. Wir müssen wieder dafür Sorge tragen, daß wir einen fest angesiedelten Arbeiterstamm haben. Wir haben ja seither schon große Waldgebiete, die beinahe ihre ganze Holzhauerei mit Saisonarbeitern betrieben haben. Ich halte das, wenn es auch nicht zu vermeiden ist, im allgemeinen für einen Nachteil. Ich bin überzeugt, wenn wir den Arbeitern hier Verhältnisse bieten und eine Entlohnung geben, wie sie die Industrie zahlt, so werden wir genau den gleichen Vorteil haben wie die Industrie. Es ist sicher für die Forstwirtschaft genau so rentabel wie für die Industrie, einen tüchtigen, festen Arbeiterstamm zu haben. Man hat leider bei uns immer zu sehr auf die Billigkeit geschaut. Ich möchte beinahe sagen, es ist, wie es seinerzeit mit der Samenbeschaffung gewesen ist, man hat das Billigste genommen, wo man es herbekommen hat, und nun hat man die Not. Leider sieht man bei uns auch heute noch darauf, daß man die billigsten Arbeiter bekommt, statt daß man bestrebt ist, die besten zu erhalten. Die Verhältnisse des Forstarbeiterstandes, der ja eigentlich nie so vollkommen ausgebildet war, haben sich nach der Richtung hin bedeutend geändert. Wir müssen anstreben, daß wir nicht nur einen Stamm, sondern auch einen Stand von Forstarbeitern heranziehen, einen Stand, der Interesse hat für die Forstverwaltung und mit ihr zusammenarbeitet. Je höher die Arbeiter für die Waldarbeit qualifiziert sind, desto höhere Leistungen erzielen sie und desto billiger wird ihre Arbeit sein trotz hoher Entlohnung.

Ich komme deshalb in bezug auf die Arbeiterfrage zu dem Schluß, daß wir schon jetzt überlegen und Vorkehrungen treffen sollten, um in irgend einer Weise die Arbeiter anzusiedeln, sei es, daß man im Forstbesitz befindliche Gehöfte für die Aufnahme von Arbeiterfamilien ausbaut, sei es, daß man solche ankauft — nach dem Kriege werden ja Tausende von kleinen Arbeitergehöften und Wohnstätten wegen des Todes der bisherigen Inhaber zu haben sein —, sei es, daß man, wo es nötig ist, neue Gebäude errichtet. Dabei denke ich namentlich daran, daß man Arbeiterwohnungen dort erbaut, wo der Beamte allein im Walde sitzt. Ich brauche nicht weiter darauf einzugehen, welche außerordentlichen Vorteile es für einen isoliert wohnenden Beamten hat, wenn er eine Arbeiteransiedelung unmittelbar oder in nächster Nähe zur Verfügung hat. Ich möchte hinzufügen, daß eine derartige Ansiedelung von im Walde liegenden Gehöften mit Leuten, die von der Forstverwaltung abhängig sind, auch einen guten Einfluß auf die Holzabfuhr haben wird. Wir haben jetzt große Schwierigkeiten mit der Holzabfuhr. Sie werden sich vielleicht in Zukunft noch mehren. Die Verhältnisse werden zweifellos günstiger sein, wenn auf diesen Waldgehöften Leute sitzen, die mit der Forstverwaltung irgendwie in einem Zusammenhange stehen. Dabei sollten wir aber nicht ein System anwenden, wie es von den Sozial= politikern der Neuzeit angeregt wird, daß nämlich der Arbeiter eine Ansiedelung bekommt, die er nach und nach oder sofort erwerben kann. Ich halte es von der größten Bedeutung, daß die Forstverwaltung die für Arbeiter zu errichtenden Gehöfte fest und dauernd in der Hand hat. Die großen Nachteile, die aus früheren Besiedelungen im Walde entstanden sind, kamen daher, daß man seinerzeit diese Siedelungen aus der Hand gegeben hat. Sehr viele Leute haben sich auf diese

Weise angesiedelt, die für die Forstverwaltung recht unbequem geworden sind, oder solche, die sich wirtschaftlich nicht zu halten vermochten. Wenn die Forstverwaltung eine große Anzahl von Gehöften hat, so ist sie imstande, jede Arbeiterfamilie nach ihren Verhältnissen an den passendsten Platz zu bringen. Auf diese Weise kann sie immer dafür sorgen, daß der Arbeiter in einer guten wirtschaftlichen Lage bleibt; sie hat auch einen entsprechenden Einfluß in dem betreffenden Ort und in der ganzen Gegend. Ich komme also zu dem Ergebnis, daß es angebracht wäre, der Siedelungsfrage eine intensive Aufmerksamkeit zuzuwenden, und daß man jetzt schon an diese Frage herantreten soll, damit man gewappnet ist, wenn nach dem Kriege die Massen von Arbeitern und Kriegsinvaliden zurückströmen. Ich gestatte mir noch anzufügen, daß ich diese Verhältnisse in einer Abhandlung in der forstlichen Zeitschrift „Silva" behandelt habe und darf für die Einzelheiten darauf verweisen.

Schließlich möchte ich noch auf eine wichtige Angelegenheit näher eingehen, die auch zeigt, wie die Forstverwaltung der Schwierigkeiten Herr zu werden gesucht hat: nämlich auf die Holzabfuhr. Wohl überall ist durch die Einziehung der Pferde und der Fuhrleute, namentlich der kräftigeren Fuhrleute, sowie auch durch die geringe Pferderation geradezu eine Kalamität in der Holzabfuhr eingetreten. Zum Teil hat sich dieser Mangel dadurch ausgeglichen, daß Tiere, die bisher nicht zum Zug verwendet worden sind, Kühe und Ochsen, eingestellt wurden, aber im großen und ganzen ist der Mangel an Fuhrleuten und Gespann überall recht empfindlich gewesen und ist es heute noch. Dieser Mangel hat zunächst, wie zu erwarten war, eine riesige Steigerung der Abfuhrlöhne mit sich gebracht. Von Hessen hat mir Geheimer Oberforstrat Walther berichtet, daß die Löhne bis auf das Drei- und Fünffache gestiegen sind. Das Doppelte und Dreifache haben wir auch in der Pfalz erlebt, und ich weiß aus ziemlich verlässigen Berechnungen, die Herren von uns machen konnten, daß ein Fuhrmann mit zwei Pferden an manchen Orten 40—50 Mk. im Tage verdient. Diese Steigerung der Fuhrlöhne hat aber nicht nur den Nachteil gehabt, daß die Holzhändler die hohen Fuhrlöhne von den Waldpreisen wegkalkuliert haben — was wir ihnen nicht gut übel nehmen können, denn sie treiben ja ihr Geschäft nicht aus Menschenfreundlichkeit, derartige Erhöhungen werden fast immer auf den Produzenten abgewälzt —, sie hat namentlich die weitere Unannehmlichkeit nach sich gezogen, daß der ganze Holzhandel in Unruhe und Verwirrung geriet, weil ein regelrechter Kalkul und eine verlässige geschäftliche Disposition angesichts der oft geradezu übermütigen Haltung und Forderung in Frage gestellt wurde. Bauern sind, wie bekannt, kaufmännisch sehr unsichere Komparenten und nehmen es mit ihren Versprechungen absolut nicht genau, so daß die

Holzhändler und sonstigen Abnehmer, die durch hohe Konventional=
strafen für die Lieferung gebunden waren, mit einer derartigen un=
kulanten und unsicheren Gesellschaft oft ihre liebe Not hatten. Viele
Firmen haben uns oft geradezu erklärt, daß sie ein Gebot überhaupt nur
dann machen, wenn die Forstverwaltung für die Holzabfuhr sorgt.
Nun ist ja klar, daß wir noch viel schlechter mit den Fuhrleuten
zurecht gekommen wären. Es blieb, wenn wir hier Ordnung schaffen
wollten, nur eines übrig, den Ring der Fuhrleute brechen und eine
Konkurrenz schaffen, die imstande war, die Fuhrlöhne wieder auf
ein erträgliches Maß zurückzuführen. Das geeignetste Mittel hierzu
schien mir die Maschine zu sein.

Schon kurz nach meinem Dienstantritt in der Pfalz, im Jahre
1911, wo sich schon Schwierigkeiten nach dieser Richtung zeigten,
habe ich eine Erhebung gepflogen, wie sich die Holzabfuhr mit Last=
autos gestaltet. Die Untersuchung ist aber ganz verneinend ausgefallen;
die Holzabfuhr mit Lastautos, die mit Gummi bereift sind, muß von
vornherein für uns außer Betracht bleiben. Es ist unwirtschaftlich
für uns, ein Lastauto zu betreiben. Das kostet etwa jährlich 18 000
bis 20 000 Mk. mit den Auslagen für Benzin, Bereifung, Chauffeur
usw., und das, was es leisten kann, ist nicht so hoch, daß man hier
an eine Wirtschaftlichkeit denken könnte; wir brauchen nicht Geschwin=
digkeit, sondern Massenbewegung. Ich habe deshalb damals weitere
Berechnungen aufgegeben und den Gedanken fallen lassen. Im Herbst
1914 gab nun die Not wieder Anlaß, an die Frage heranzutreten, und
ich habe zunächst angeregt, mit einer Dampflokomotive zu arbeiten. Der
Versuch wurde gemacht mit einer von der bekannten Firma Lanz in
Mannheim hergestellten Dampflokomotive, einer schweren Lokomotive
von 180—200 Zentnern Gewicht, mit Rädern von etwa 160 bis
170 cm Durchmesser und 40 cm breitem Radkranz, wie sie für Dresch=
maschinenzug und =antrieb benützt werden. Die Maschinen sind außer=
ordentlich schwer, dafür aber auch jeder Beanspruchung gewachsen. Wir
haben in den Pfälzer Waldungen ein ausgedehntes Netz von Forst=
straßen, die teilweise so günstig liegen, daß sie unmittelbar in die
Bahnhöfe hineinführen, so daß wir keine Schwierigkeiten der Wege=
bauverwaltung zu befürchten hatten, die übrigens — nebenbei ge=
sagt — auch wohl keine Schwierigkeiten gemacht hätte, weil sie
schon durch die landwirtschaftliche Verwendung dieser Maschinen daran
gewöhnt ist.

Ich kann sagen, daß der Versuch mit den Lanzschen Dampf=
lokomotiven gelungen ist. Wir konnten sie nicht nur auf den Forst=
straßen verwenden, sondern waren auch imstande, auf Erdwegen mit
nicht allzu großer Steigung und mindestens 4 m Breite, wenn die
Böschungen fest genug waren, bis in die Waldtäler hineinzufahren.
Allerdings haben wir in der Pfalz Buntsandstein, also im großen

und ganzen feſte Unterlage, aber die Erdwege ſind ſehr ſandig, es beſteht alſo große Reibung. Trotzdem hat die Lanzſche Lokomotive von 30—32 Pferdekräften alle Schwierigkeiten überwunden; ſie konnte mit einem Anhängewagen bis in weit zurück liegende Waldtäler, dort laden, einen Wagen zurückfahren, und wenn zwei bis drei Wagen zuſammengebracht waren, dieſe auf der gebauten Talſtraße zur Bahn führen. Die Leiſtung eines Zuges geht bis zu 40 Raummeter Schicht= holz. — Ich geſtatte mir, Photographien von dieſer Maſchine in Umlauf zu ſetzen. Hier iſt auch noch ein Katalog und eine kleine Ab= handlung „Der moderne Dreſchbetrieb in Weſtfalen", wo die Sache näher dargelegt iſt. Ich darf bemerken, daß eine Lanzſche Lokomotive auf 11 700 Mk. kommt. Ich ſetze ferner noch eine Darlegung der Firma über die Verkehrsfreiheit der Straßenlokomotive in Umlauf.

Die Lanzſchen Lokomotiven werden mit Kohlen geheizt. Eine Schwierigkeit dabei iſt, daß dieſe Lokomotiven viel Waſſer brauchen. Man iſt alſo mehr oder weniger an einen Waſſerlauf gebunden, oder die Lokomotive muß das Waſſer noch mitführen. (Zuruf: Wie iſt die Feuergefährlichkeit?) Ich glaube nicht, daß die Feuergefährlich= keit bei uns allzu groß iſt. Für norddeutſche Verhältniſſe liegt die Sache wohl anders; da müßten vielleicht Vorkehrungen getroffen werden, oder man müßte in der gefährlichen Zeit mit dem Zuge aus= ſetzen. Die Sache hat ſich im großen und ganzen auch wirtſchaftlich geſtaltet. Wenn im ganzen der tägliche Aufwand 60—70 Mk. beträgt für Maſchinenbenutzung, Führer, Kohlenfeuerung uſw. — man kann die Kohlen auch teilweiſe, mindeſtens zur Hälfte, durch Holz erſetzen —, ſo ergibt ſich ohne weiteres, daß bei einer Tagesleiſtung von 35 bis 40 Raummetern immerhin ein erträglicher Durchſchnitt für den Raummeter herauskommt.

Trotzdem haben wir Bedenken gehabt, mit dieſem Syſtem allein weiter zu arbeiten, denn eine 180—200 Zentner ſchwere Maſchine iſt ein ſehr ungefüges Ding. Infolgedeſſen haben wir Verhandlungen mit einer anderen Firma angeknüpft wegen eines anderen Typs, nämlich eines Benzin= oder Benzolmotors, und zwar mit der Gas= motorenfabrik Cöln=Deutz. Dieſe hat uns eine Maſchine geliefert, die weſentlich leichter iſt; ſie wiegt 120 Zentner und hat 14—16 Pferdekräfte. Die Verſuche mit dieſer Maſchine ſind im Forſtamt Elmſtein=Süd gemacht und haben zu einem ſehr günſtigen Ergebnis geführt. Man kann mit dieſer weſentlich leichteren Maſchine noch weit beſſer in die Waldwege hineinfahren; kann faſt alle Wege be= nutzen, in die ein gewöhnlicher Holzwagen kommt. — Ich ſetze auch hier Abbildungen in Umlauf. Die Maſchine, der Straßenſchlepper, um den techniſchen Ausdruck zu gebrauchen, der Gasmotorenfabrik Deutz in Cöln=Deutz koſtet etwa 8500 Mk. in der zuerſt verwendeten Form und 10 000 Mk. für eine beſſer ausgeſtattete Ausführung.

Im Rahmen eines Vortrages ist es leider nicht möglich, die Einzelheiten der Konstruktion zu schildern. Ich denke mir, diejenigen Herren, die sich auf Grund unserer Erfahrungen und meines jetzigen, auf gelungenen Versuchen beruhenden Urteils zur Anschaffung einer derartigen Lokomotive entschließen wollen, werden sich doch mit der Fabrik in Verbindung setzen und die ganze Frage genauer studieren müssen. Diese Sachen müssen im stillen Kämmerlein eingehend durchgearbeitet werden.

Ich will nur erklären, daß wir in Elmstein in sehr bergigem Gelände mit diesen leichteren Lokomotiven in Regie arbeiten und dabei erheblich billiger und rascher zurecht kommen, wie wenn wir Fuhrleute genommen hätten. Ein Mustervertrag für die Lieferung steht den Herren, die sich dafür interessieren, zur Verfügung.

Zusammenfassend kann ich also sagen, daß die Versuche mit dieser Maschine, die auf Benzin eingerichtet ist und mit Benzol und Spiritus geheizt werden kann, zu sehr guten Ergebnissen geführt haben. Wir haben zuerst eine Maschine gekauft und dann zwei weitere bestellt. Die Maschinen haben sich übrigens schon am ersten Tage dadurch bezahlt, daß die Fuhrleute sofort mit ihren Preisen heruntergegangen sind, und wir haben sie jetzt völlig in der Hand. Wenn irgendwo die Leute unverschämt werden, dann wird gedroht: die Lokomotive kommt! (Heiterkeit.)

Wir wollten aber doch die Dampflokomotive nicht ganz auf= geben, da wir natürlich nicht imstande waren, so viele Benzinschlepper auf einmal zu beschaffen. Infolgedessen haben wir für einen Wald= komplex von etwa 12 000 ha in der Rheinebene einen Dresch= maschinenbesitzer veranlaßt, sich eine neue Lanzsche Dampflokomotive anzuschaffen und dem Manne durch Abschluß eines Vertrages über für die Forstverwaltung zu leistende Fuhren eine gewisse Sicherung gegeben. Diese Dampflokomotive fährt in dem ebenen Gelände mit ausgezeichnetem Erfolge sowohl auf den breiteren festen Straßen wie auf den ungebauten Schneisen; auf den Straßen vermag diese Loko= motive bis 40 Raummeter Holz in zwei oder drei Anhängewagen zur Bahn zu fahren. Der Unternehmer verdient ein Riesengeld, aber das können wir ihm ruhig geben, denn wir sind dadurch über alle Schwierigkeiten hinweg und können auf Lieferungen abschließen, die wir sonst nicht hätten übernehmen können. Diese Art der wirtschaft= lichen Anordnung hat einen großen Vorteil, weil das Interesse des Privatbesitzers für das Gedeihen der ganzen Sache sorgt. Ein Mann, der soviel verdient, hat natürlich lebhaftes Interesse daran, daß alles ordentlich gemacht wird, und wir haben nicht die Sorge für eine immerhin schwer zu behandelnde Maschine. Ich glaube, daß nach dieser Richtung hin noch sehr viel zu machen ist, denn wir haben in

Deutschland außerordentlich viel Dreschmaschinen. Viele dieser Loko=
motiven sind zwar von den Militärbehörden beansprucht, es sind
aber noch genug im Lande. Die Schwierigkeit ist bei uns immer
nur gewesen, daß die Fahrer kräftige Leute waren und zum Militär
geholt wurden. Wir haben jetzt den vierten oder fünften. Alle An=
strengungen, sie nachträglich herauszubekommen, waren vergebens,
denn sie werden von der Militärverwaltung als Kraftfahrer sehr be=
gehrt. Ich kann also auch hier zum Schlusse sagen, daß die mit den
schweren Lanzschen Dampflokomotiven erzielten Erfolge ausgezeichnet
waren und daß die Abfuhr bedeutend billiger kommt als mit Pferde=
fuhrwerk.

Weiter darf ich noch bemerken, daß die beiden Maschinen, sowohl
die Lanzsche wie auch die Maschine der Gasmotorenfabrik Cöln=
Deutz, mit Seiltrommeln versehen sind, so daß man imstande ist,
mit einem 50—60 m langen Drahtseil die im Schlage lagernden
Stämme beizuziehen und auch aufzuladen, indem man sich einen
Bock herstellt und das Drahtseil darüber laufen läßt. Ebenso kann
man dort, wo anmooriges Gelände ist, derart arbeiten, daß man
die Lokomotive auf dem festen Wege stehen läßt, ein langes Seil in
den Erdweg hineinlegt und den Wagen heranzieht.

Im großen ganzen bin ich der Meinung, daß wir mit der Ein=
führung des Maschinenzuges die erheblichen Schwierigkeiten der Holz=
abfuhr von heute zu bewältigen vermögen. Ich habe aber weiter die
Meinung, daß damit nach Beendigung des Krieges nicht aufzuhören,
sondern daß die Maschinenbeförderung mindestens neben dem Pferde=
fuhrwerk fortzuführen sei; in den großen Waldgebieten wird die
Sache so zu machen sein, daß die Forstverwaltung künftig in Eigen=
betrieb mittels Maschinen für die großen Abnehmer das Holz aus=
fährt, entweder an den Bahnhof oder an einen Lagerplatz; das Pferd
wäre von ihr nur zum Herbeiholen aus den ungünstiger liegenden
Waldteilen oder auf ungeeigneten Wegen zu benutzen; nur wo die
bäuerliche Bevölkerung ihr Holz selbst abfahren will, wäre der bis=
herige Zustand zu belassen, im übrigen die ganze Holzabfuhr als eine
Betriebserweiterung der Forstverwaltung zu betrachten. Wie das
im einzelnen gemacht werden soll, darauf brauche ich hier wohl
nicht einzugehen.

Wenn ich überschaue, wie die Verhältnisse während des Krieges
im Betriebe gewesen sind, so kann man wohl, glaube ich, von der
deutschen Forstwirtschaft sagen, daß sie den an sie herantretenden
Anforderungen gerecht geworden ist, daß sie alles getan hat, was
in ihren Kräften stand, und daß sie auch, wenn nicht die Arbeiter=
verhältnisse allzu hindernd in den Weg treten werden, in Zukunft
alles wird liefern können, was für das Gedeihen des Landes und
insbesondere für die Bedürfnisse des Heeres notwendig ist.

Bei diesem Überblick über die gesamte Kriegslage darf ich auch wohl noch ein Wort über die Leistungen der Beamten sagen. Aus den Erfahrungen der eigenen Verwaltung sowohl wie aus dem, was ich sonst überall in Deutschland gesehen und gehört habe, kann ich hier wohl aussprechen, daß die in der Heimat verbliebenen Forstbeamten mit einer Opferwilligkeit und Hingebung gearbeitet haben, die die höchste Anerkennung verdient und hoffentlich auch beim deutschen Volke, wenn die Verhältnisse es einmal zugeben, finden wird. Aber es ist sachliche Eigenart, daß wir in der Stille arbeiten und auch keine großen Ansprüche auf materielle und immaterielle Entlohnung machen. Was die Zurückgebliebenen bei uns im Stillen geleistet haben, ist jedenfalls derart, daß es sich der Leistung aller anderen Berufszweige gut an die Seite stellen kann. (Bravo!) Unsere Beamten haben die ungeheuren Schwierigkeiten, die ihnen entgegengetreten sind, so bewältigt, daß man sagen muß: der deutsche Wald und die deutschen Forstleute haben alles getan, was in ihrer Kraft lag, um ihrerseits zum Erfolge dieses Weltkrieges beizutragen. (Lebhaftes Bravo!)

Vorsitzender: Meine Herren! Ich darf dem Herrn Referenten für seinen außerordentlich interessanten und eingehenden Vortrag den Dank aussprechen und eröffne nunmehr die Aussprache.

Graf von Westerholt-Gysenberg (Sythen): Zur Benutzung des Maschinenzuges möchte ich bemerken, daß der Zugmotor im Jahre 1913 bei mir versucht worden ist. Wo recht erhebliche tiefe Sandflächen waren, hat er versagt; er hat sich eingebuddelt, so daß er nicht in Frage kommen konnte im teilweisen Flugsand mit Steigungen. Im übrigen war er ausgezeichnet verwendbar für Kulturen, von denen Herr Oberforstmeister Riebel gestern gesprochen hat, zur Umwandlung von Wald in Weide, wo die Stubben geblieben waren. Ich habe eine sehr schöne Bodenlockerung davon gesehen, die Arbeit war verhältnismäßig billig.

Oberforstmeister Runnebaum (Erfurt): Meine Herren! Verminderung der Transportkosten ist der Wunsch unserer Holzhändler. Um diesem Wunsch zu entsprechen, haben wir uns ja bemüht, in den letzten Dezennien dem Waldwegbau ganz besondere Aufmerksamkeit zu schenken. Auf den vielen Reisen, die ich ausgeführt habe, kann ich nur konstatieren, daß ein bedeutender Fortschritt in dieser Beziehung bei uns im Walde eingetreten ist. Dadurch sind die Transportkosten erheblich vermindert worden. Aber in der Kriegszeit, wo die Zugkraft uns fehlt oder ihre Verwendungskosten bedeutend gestiegen sind, können wir von diesen nützlichen Waldwegen auch nur Gebrauch machen, wenn wir statt der Pferde- oder Ochsenkraft eine andere Kraft eintreten lassen. Wir haben am Harze in der Nähe von

Elbingerode und Wernigerode nicht den von Herrn Wappes be=
nutzten Lokomotivbetrieb zur Anwendung gebracht, sondern von dem
Motorwagen versuchsweise Gebrauch gemacht und haben mit
diesem Motorwagen die Lastwagen als Anhängsel in Verbindung ge=
bracht. Der Firma Büssing in Braunschweig gebührt das Verdienst,
die Lastwagen mit einer besonderen Konstruktion versehen zu haben,
die es ermöglicht, die engsten Kurven damit zu nehmen. In der
Stadt Wernigerode, die sehr enge Straßen in der Nähe der Kirche
hat, wo nur ein Kurvenradius von etwa 4—5 m ist, hat der Motor=
wagen mit drei Anhängewagen Fichtenstämme von 24 m Länge
transportiert und diese Kurven von 4—5 m Radius, ich kann wohl
sagen, mit Eleganz genommen. Die Radkonstruktion der Motor=
wagen ist auch so günstig, daß die Abnutzung der Waldwege nur
in geringem Maße erfolgt. Dadurch, daß man eine Last, wie fest=
gestellt ist, von 30 Festmeter Nutzholz pro Tag befördern kann,
stellen sich die Transportkosten eines Festmeters auf etwa 1,80 Mk.
bis 2 Mk., also ein sehr günstiges Resultat. (Auf welche Entfernung?)
Auf 12 km Entfernung.

Ich gebe die Abbildungen des Motorwagens zum Holztransport
mit einer Betriebskostenberechnung in Umlauf[1]).

---

[1]) **Betriebskostenberechnung** für die Beförderung von Langholz
auf einer 12 km langen Strecke, ausgeführt mittels eines Büssing=Langholz=
schleppers mit 3 Spezialanhängern. Der Maschinenwagen ausgerüstet mit
55 PS Vierzylinder=Motor und Gummibereifung.

I. Betriebsgrundlagen:
- a) Betriebsmittel: Ein Motorschlepper mit 55 PS Vierzylinder=Motor und
  Vollgummibereifung, ferner 3 Langholz=Anhänger für je ca. 160 Ztr.
  Nutzlast, mit Eisenbereifung versehen.
- b) Durchschnittsleistung pro Tag: Streckenlänge 12 km, also Hin= und Rück=
  fahrt zusammen 24 km, Tagesleistung 3 Fahrten = 72 km.
  Nutzlast des Anhängers ca. 8000 kg × 3 Fahrten = 24 000 kg.
- c) Betriebstage im Jahre: 250.
- d) Gesamtjahresleistung: 18 000 km mit einer Transportmenge von rund
  8500 fm Langholz.

II. Anschaffungskosten:

Der heutige Kriegspreis für einen Motorschlepper mit 55 PS.=
Motor, ohne Bereifung, beträgt inkl. Anhängevorrichtung,
Werkzeug und Zubehör laut Liste Nr. 178 (unter „I" be=
schrieben) . . . . = Mk. 21 000,—
3 Langholzanhänger, jeder bestehend aus zwei zweirädrigen
Anhängern mit Drehschemel, Hinterachse lenkbar und mit
Sitz für den Bedienungsmann versehen, Räder mit Eisen=
bereifung, kosten je Mk. 4000,— . . . . = „   12 000,—

Sa. Mk. 33 000,—

Wir haben die Firma gebeten, die Konstruktion des Motor-wagens so zu gestalten, daß sich die Kosten noch reduzieren. Der Motorwagen selbst, der etwa 55 Pferdekräfte besitzt, kostet etwa 20 000 Mk. Ich glaube, die Firma wird sich bemühen, diese Kosten noch zu verringern. Der Motorwagen hat dem Lokomotivbetrieb gegenüber den großen Vorteil, daß die Feuersgefahr gar nicht vor-handen ist, was für unsere norddeutschen Kiefernbestände unter Um-ständen von großer Wichtigkeit ist. Die Firma beabsichtigt — darauf ist, glaube ich, bei uns in der Forstverwaltung großes Gewicht zu legen —, sich mit Holzhändlern und Schneidemühlenbesitzern in Ver-bindung zu setzen; sie will eine Genossenschaft oder Aktiengesellschaft bilden, die die Holzanfuhr vom Walde bis zu den Verbrauchsstätten zu übernehmen hat, und wird dann für den Transport pro Festmeter einen bestimmten Preis verlangen. Ich glaube, daß dieser Punkt sehr beachtenswert ist. Wir brauchen dann die Anschaffungskosten nicht aufzuwenden und haben auch die Sicherheit, daß zur rechten Zeit die Hölzer an die Stellen geschafft werden, wohin wir sie haben wollen. Soviel über den Motorwagen.

Zu meiner Freude kann ich jetzt nach 30 Jahren auch konstatieren, daß unsere Waldeisenbahnen, die in der Schorfheide zuerst angelegt wurden, auch in der Kriegszeit sich vorzüglich bewährt haben. Wir

---

III. Betriebsausgaben pro Jahr:

1. Personal: 1 Führer	Mk.	1800,—
1 Begleitmann	„	1200,—
2. Brennstoff: Verbrauch bei Vollast durchschnittlich ca. 0,45 kg pro km, 1 kg kostete zuletzt vor dem Kriege 28 Pfg. =	„	2268,—
3. Schmiermaterial: 2 Pfg. pro km =	„	360,—
4. Unterhaltungskosten, Reparaturen usw. pro km 6 Pfg. =	„	1080,—
5. Gummiverschleiß: Motorwagen auf Grund der letzten Friedenspreise pro km 12½ Pfg. bei einer garantierten Brauchbarkeit für 15000 km = ...	„	2250,—
6. Versicherung, Feuer, Haftpflicht usw. = ...	„	342,—
	Mk.	9300,—

7. Erneuerungsrücklagen:
    a) für den Maschinenwagen ohne Gummi
       und Reserveteile 12½% von
       Mk. 21 000,— = ... Mk. 2625,—
    b) f. d. Anh. je 5% = 15% von Mk. 4000,— „ 600,—
8. Verzinsung des Anlagekapitals: 5% von
    Mk. 33 000 = ... „ 1650,— Mk. 4875,—

Sa. Mk. 14175,—

Die Kosten für 1 km betragen demnach ca. Mk. 0,80
Die Kosten für 1 fm betragen demnach ca. „ 1,70 (24 km)
Die Kosten für 1 fm pro km betr. demnach ca. „ 0,15 einschl. Rückfahrt.

Ohne Verbindlichkeit!

haben dort einen kleinen Lokomotivbetrieb eingeführt und haben auf die Weise unsere Kiefern in diesem Winter an den Werbellinsee zur rechten Zeit schaffen können, also die Stämme nicht weiter im Walde lagern zu lassen brauchen. Die Transportkosten sind durch diese Einrichtung bedeutend vermindert worden. Also nach 30 jähriger Benutzung hat sich die Rentabilität dieser Waldeisenbahnen als vorzüglich herausgestellt.

Auf diese beiden Punkte wollte ich nur hinweisen. Im übrigen hat Herr Kollege Wappes die anderen Punkte so eingehend erörtert, daß ich es den anderen Herren überlassen möchte, hierzu noch Stellung zu nehmen.

Oberforstmeister v. Oertzen (Gelbensande): Da gerade von der Abfuhr die Rede ist, so möchte ich unterstreichen, was Herr Regierungsdirektor Wappes über den Regiebetrieb durch die Forstverwaltung gesagt hat. Meine Herren, wenn ich in diesem Jahre nicht angezeigt hätte: ich liefere das Holz frei Waggon —, ich wäre genau so im Jahre 1915/16 mit meinem Holz sitzen geblieben, wie ich im Jahre 1914/15 zum Schaden der Forst es erlebte. Es lagen ungefähr 1000 Festmeter Eichen aus 1914/15, die ich hauen mußte, um das Brennholz zu Räucherzwecken zu bekommen, das ich schon verkauft hatte. Die Eichen lagen da, kein Mensch wollte anbeißen. Jetzt habe ich frei Waggon verkauft. Die Holzhandlung Cassierer in Breslau hat mir die ganzen Eichen von 1914/15 bis 1916/17 abgekauft. Der Käufer, der bei mir war, sagte gleich: ich bin nur gekommen, weil Sie die Anfuhr übernehmen wollen; wenn Sie das nicht getan hätten, wäre kein Holzhändler aus Breslau nach Mecklenburg gekommen, um sich mit den Fuhrleuten dort herumzuärgern. Ich habe auch das Eichengerbholz, von dem gestern gesprochen wurde, frei Waggon verkauft. Es sind bisher schon 500 Festmeter nach Hamburg geliefert. Ich habe es dadurch erreicht, daß ich noch einige Fuhrleute an der Hand habe. Es ist sehr wünschenswert, ja notwendig, daß die Forst dafür Sorge trägt.

Herr Regierungsdirektor Wappes hat am Schlusse seines Vortrages darauf hingewiesen, und auch in seinen Ausführungen in der „Silva", daß man es bei den Ansiedelungen ermöglichen kann, daß sich Fuhrleute mit ansiedeln. Dies halte ich für ganz wesentlich. Wenn auch die Motorenfrage entschieden Aufmerksamkeit verdient, so ist doch dieser Weg nicht überall gangbar, während der Weg der Ansiedelung überall gangbar ist, sowie das nötige Verständnis für die Siedelung überhaupt besteht.

Wenn ich nun noch ganz kurz die Waldarbeiterfrage streifen darf, so möchte ich mit der Frage beginnen: was lehrt uns denn der Krieg? Die Antwort soll nur **ein** Wort sein: umdenken! Sie sehen ja, wie im ganzen Wirtschaftsleben, im ganzen politischen

Leben schon umgedacht ist. Wenn man heute von konservativem Fort=
schritt spricht und von fortschrittlichem Konservatismus, wenn man
sieht, wie sich die Parteien schon umwandeln, indem die Konservativen
Gedanken entwickeln, die der Regierung gar nicht sehr angenehm sind,
und die Fortschrittspartei sich plötzlich zu einer konservativen, die
Regierung stützenden Partei entwickelt, so ist das ein Umdenken. Ob
es von Bestand bleibt, weiß ich nicht. Ich würde es am liebsten sehen,
wenn die ganzen Parteien nicht von Bestand bleiben, sondern etwas
Neues entstünde. Es ist aber sicher, daß auch im Forstbetrieb um=
gedacht werden muß, und Herr Regierungsdirektor Wappes hat
schon die Anleitung gegeben, in wie vielen Fragen umgedacht werden
kann. Es ist selbstverständlich, daß das Umdenken nicht immer gleich
ein Umhandeln erfährt. Ich habe das ja hier selbst erfahren. Ich
habe das unterstützen wollen, was Herr Regierungsdirektor Wappes
sagte, und bin für das Umhandeln eingetreten; aus seinem eigenen
Munde habe ich dann gehört, daß er in der Organisationsfrage vor=
läufig nur für das Umdenken wäre. Ich glaube übrigens, daß er
in anderen Fragen zunächst auch nur für das Umdenken ist, sonst
möchte er doch mißverstanden werden. In der Heidelbeerfrage wird
er z. B. nur das Umdenken haben anregen wollen, wenigstens nicht
ein sofortiges Umhandeln durch Lichtung von Beständen usw. Ein
Umdenken hat er auch insofern herausgefordert, als er die Behauptung
aufstellte, die guten Gedanken kämen immer von der Jugend. Etwas
Richtiges liegt darin. Sie alle, die hier sind, werden sich hoffentlich
jung genug fühlen. Vor dem Kriege war eigentlich keine Grenze,
wo die Jugend aufhörte und das Alter anfing. Wenn uns unser
hochverehrter Herr Landforstmeister Wächter z. B. so ansieht, dann
denke ich, er sagt: ihr seid alle zusammen jung. Mir ist es selbst
passiert, daß mir von einem befreundeten Ministerialdirektor gesagt
wurde: ja, Oertzen, Sie gehen in der Forstarbeiterfrage viel zu weit,
Sie sind noch zu jung. Da war ich 50 Jahre (Heiterkeit), und er war
60. So sehr groß war die Differenz nicht. Wie gesagt, umgedacht
muß werden. — Entschuldigen Sie diese kleine Auseinandersetzung.

In der Waldarbeiterfrage muß ganz gewaltig umgedacht werden.
Was hat der Forstverein, der Forstwirtschaftsrat in bezug auf die
Waldarbeiterfrage bisher getan? Er hat sehr viel Nützliches, Gutes
getan. Den Hauptvorteil hat davon der Examinand im Forstassessor=
examen. Wenn der sich über Waldarbeiterfragen unterrichten wollte,
brauchte er bloß die Denkschrift des Forstvereins durchzulesen, dann
war er über die Sache orientiert. Es ist ein sehr schönes Material,
das wir damals auf Grund der Statistik und der Fragebogen zu=
sammengestellt haben. Aber Tatsächliches hat der Forstwirtschaftsrat
nicht erreicht. Hat er etwas bei den Behörden oder den Verwaltungen
der Privatforsten erreicht? Er hat Anregungen gegeben und insofern

natürlich etwas erreicht. Aber die Notwendigkeit, daß etwas geschehen muß, ist nicht in erforderlich durchdringendem Maße betont. Die Waldarbeiterfrage ist tatsächlich gar nicht ganz von der Landarbeiterfrage zu trennen, und da könnten sich Forstwirtschaftsrat und Landwirtschaftsrat sehr gut miteinander verbinden. Es ist schade, daß so viele Schwierigkeiten bestehen, dem Forstwirtschaftsrat die Stellung zu geben, die er eigentlich einnehmen müßte.

Es ist doch charakteristisch, daß, während wir die Arbeiterfrage eigentlich im Jahre 1910 abgeschlossen haben, 1912 eine Studienkommission ins Leben gerufen wurde, die die Landarbeiterfrage behandelte, aber auch einen Ausschuß für die Forstarbeiterfrage einzusetzen für erforderlich fand. Diese Studienkommission ist mit Leitsätzen hervorgetreten, wie ich neulich schon gesagt habe; und diese Leitsätze haben die weiteste Verbreitung im ganzen Deutschen Reiche gefunden, besonders in Preußen. Sie haben auch auf das Umdenken Einfluß gehabt. Früher hat immer die Hoffnung bestanden, die Arbeiterfrage werde durch innere Kolonisation geregelt werden. Die innere Kolonisation ist unbedingt notwendig, das möchte ich unterstreichen; aber ob sie das für die Arbeiterfrage leistet, wenn sie in demselben Rahmen weitergeht wie bisher, das ist mir fraglich. Die innere Kolonisation hat tatsächlich — das wird auch von allen ihren Anhängern zugegeben — für die Arbeiterfrage bisher sehr wenig geleistet. Der Grund liegt darin, daß man von falschen Voraussetzungen ausgegangen ist. Wenn man allerdings den Gedanken hat, der in den Köpfen vieler spukt, durch die innere Kolonisation die Landarbeiter überflüssig zu machen, indem man den großen Besitz aufteilt und soviel Kleinbesitz schafft, daß eben Landarbeiter nicht mehr nötig sind, oder nur in beschränkter Anzahl, dann ist das ein großer Irrweg. Außerdem würde das, was die Forstwirtschaft betrifft, auch seine Schwierigkeiten haben, wenn das andere auch Blödsinn, aber theoretisch denkbar wäre. Die Forstwirtschaft wird ihre Arbeiter behalten müssen.

Nun wird es darauf ankommen: wie siedelt man sie an? Da muß ich mich zunächst in einen direkten Widerspruch mit Herrn Regierungsdirektor Wappes setzen. Das schadet auch nicht. Er hat gesagt: wir müssen für Waldarbeiter Häuser bauen. Damit bin ich einverstanden. Dann hat er weiter gesagt: wir müssen die Arbeiter in den Waldhäusern festhalten; sie müssen eigentlich kontraktlich gebunden sein. Dagegen bin ich gerade, wenigstens in dem Sinne, wie er es wohl gemeint hat. Wir können uns vielleicht darüber einigen. Ich lege weniger Wert auf den Kontrakt, sondern ich lege gerade auf die Bindung Wert, darauf, daß das gemeinsame Interesse des Arbeitgebers und Arbeiters herausgefunden wird. Ich bin auch in einem anderen Punkte — ich muß das streifen — anderer Ansicht als der

Herr Berichterstatter. Er hat gesagt, wir müßten mehr zahlen, wir müßten die Löhne der Industrie geben. Gewiß, wo zu wenig gezahlt wird, muß mehr gezahlt werden. Wir müssen aber auch hier um= denken, wir dürfen nicht von der Barlöhnung alles verlangen. Wenn einer mehr gibt, kann der andere noch mehr geben, und der Arbeiter weiß ganz genau, daß er zu dem hingehen kann, der mehr gibt. Das Interesse des Arbeiters an dem Wald muß in anderer Weise geweckt werden. Ich denke mir das so. Es muß darauf Rücksicht genommen werden, was der Arbeiter berechtigt will, was das Bedürf= nis des Arbeiters ist und wo sich sein Interesse mit dem des Arbeit= gebers deckt und in weiterem Sinne bei der Staatsverwaltung auch mit dem Interesse der Allgemeinheit. Der Arbeiter verlangt eine Wohnung, Arbeitsgelegenheit und Land. Wenn sich der Arbeiter auf dem Lande wohlfühlen soll, muß man ihm auch etwas Land geben. Nun müssen Sie nicht auf den falschen Gedanken kommen, mit dem immer noch viele Vertreter unserer Nationalökonomie behaftet sind, daß es Eigentum ist, was jeder Arbeiter haben will. Es gibt unter den Arbeitern ebenso Beamtennaturen, will ich einmal sagen, als Unternehmernaturen, und solche, die lieber den ruhigen Mietsvertrag vorziehen als das Risiko des Eigentums. Wenn einer eine Bauern= wirtschaft hat, auf der er seine ganze Lebensexistenz gründen kann, so ist das sehr schön. Es muß aber alle Stufen geben, angefangen von der Stufe, wo der Arbeiter zur Miete wohnt, bis hinauf zu der Stufe, wo er Grund und Boden hat. Vielfach ist der Gedanke ver= treten worden: die Leute müssen angesiedelt werden zu Eigentum. Wir haben ja auch in der Form des Rentengutes das Eigentum. Der Mann ist jedoch damit gefesselt und gebunden, und ich will ihn frei haben. Das ist er als Arbeiter nur, wenn er zur Miete wohnt. Ich habe das Beispiel schon öfter angeführt: wenn Sie in eine Stadt ziehen und sich zur Ruhe setzen, dann fällt es Ihnen doch nicht ein, gleich ein Haus zu kaufen, sondern Sie werden sagen: ich werde erst zur Miete wohnen, und wenn es mir paßt, mich auch ankaufen. So müssen Sie bei dem Arbeiter noch viel mehr denken. Seine ganze Kraft liegt in seiner Person. Wenn er sich Eigentum anschafft, wenn auch nur die kleinste Stelle, und er stirbt — was macht die Frau mit dem Eigentum? Oder aber, wenn er nicht das Glück hat, ein günstiges Verhältnis zu seinem Arbeitgeber zu finden? Dann muß er frei bleiben, hingehen können, wohin er will. Das Risiko können Sie ganz ruhig übernehmen. Der gute Arbeiter bleibt da, wo seine Interessen liegen. Wenn der einzelne mit diesem oder jenem schlechte Erfahrungen gemacht hat, so sind das Ausnahmen, die nur die Regel bestätigen.

Ich meine also, wir müssen in der Arbeiterfrage vollständig umdenken, und da wir das müssen, so ist es nötig, daß die Wald=

arbeiterfrage nicht wieder ruhen bleibt. Es muß gearbeitet werden, es muß ein Ausschuß eingesetzt werden. Ich habe mich auch gewundert, daß Herr Regierungsdirektor Wappes nicht hierfür einen Ausschuß gefordert hat, einen Ausschuß für diese wichtige Arbeiterfrage.

Rittergutsbesitzer Graf Finck von Finckenstein (Trossin): Meine Herren! Es tut mir außerordentlich leid, daß ich mich zum Worte gemeldet hatte, ehe Herr v. Oertzen zu sprechen angefangen hatte. Denn ich fühle, daß es sehr bedauerlich ist, wenn man diesen hübschen Gang, den die Verhandlung zu nehmen scheint, unterbricht. Ich will mich infolgedessen mit dem, was ich sagen will, ganz kurz fassen und nur auf einiges eingehen, was Herr Wappes gesagt hat.

Er sprach von Russen und Franzosen. Ich kann mitteilen, daß ich neuerdings im Walde auch Serben habe, die ganz ausgezeichnet sind. Was ich davon bekommen habe, ist ausgezeichnet. Als die Arbeiterfrage in diesem Jahr schwieriger wurde, hat der preußische Staat, wie ich hörte, 30 000 Serben von Österreich geborgt. Ich habe fast nur Leute bekommen, die an ihrer Uniform die Abzeichen der Unteroffiziere haben, die sehr viel Sinn für Disziplin haben, sich sehr gut unterordnen, sehr viel lebhafter und netter sind als die Russen und ausgezeichnet arbeiten.

Im ersten Kriegsjahre 1915 war ich in der glücklichen Lage, meine polnischen Schnitter zu verwenden. Der Krieg brach zu einer Zeit aus, wo wir unsere landwirtschaftlichen Schnitter noch hatten, und die mußten wir natürlich behalten. Da wir wenig Holzhauer von früher her hatten, so richtete ich mich mit den Schnittern ein. Ich fand unter ihnen sehr ordentliche Leute und habe den Erfolg gehabt, daß ich ungewöhnlich billig gearbeitet, noch nie so wenig Hauerlöhne gezahlt habe wie in dem Jahre und viel mehr geleistet habe. Ich konnte viele Durchforstungen, die zurückgestellt waren, ausführen. Der Zustand meines Waldes ist gerade an den Stellen, wo es immer an Holzhauern gefehlt hatte, herrlich geworden. Nun kam das zweite Kriegsjahr. Die Schnitter waren inzwischen in der Landwirtschaft notwendiger geworden, wo der Betrieb ja niemals aufhört. Ich mußte mit Gefangenen arbeiten, in der ersten Zeit mit Russen, nachher mit Serben. Die haben sehr gut gearbeitet, aber es ist viel teurer geworden, weil die Kommandantur der betreffenden Gefangenenlager solche Anforderungen stellte, wie sie sehr hübsch schon gekennzeichnet worden sind. Die Anordnungen gehen von Offizieren aus, die zwar ausgezeichnete Menschen sind, aber meist für die wirtschaftlichen Verhältnisse wenig Sinn haben. Infolgedessen traten viele Schwierigkeiten ein, und man mußte so lavieren, daß man nur durchkam.

Ein Erlebnis möchte ich hier noch einflechten. Ein kleiner ländlicher Nachbar hatte sich im Herbst Gefangene geben lassen.

Nun hieß es: wer jetzt die Gefangenen abgibt, bekommt sie im Sommer nicht mehr wieder, also behalten! Der Mann war in großer Verlegenheit. Ich schickte meinen Forstbeamten hinüber, um mit ihm zu reden, ob wir sie nicht bekommen könnten. Ich habe einen sehr angenehmen Kontrakt gemacht: der Mann hat die ganze Beköstigung behalten, auch für das Wohnen der Leute gesorgt, und ich habe für den gesamten Arbeitstag für den Gefangenen 2 Mk. gezahlt. Dabei kann man sehr gut seine Rechnung finden, wenn man es versteht, die Wachmannschaften ein klein wenig dafür zu interessieren, daß sie ihre Autorität einsetzen, um die Arbeit zu fördern. Das ist eine wichtige Kunst. Ein Mittel, das ausgezeichnet wirkt, ist das: man schenkt dem Wachmann von Zeit zu Zeit ein Päckchen Tabak. Darüber freut er sich mächtig, und das kostet nicht viel. Er gibt sich dann große Mühe, die Leute zur Arbeit anzuhalten.

Regierungsdirektor Dr. Wappes (Speyer): Ich möchte mir zunächst gestatten, eine kleine persönliche Bemerkung Herrn v. Oertzen gegenüber zu machen. Er hat anscheinend das Bedenken, daß ich das, was ich gestern ausgeführt habe, gewissermaßen nur akademisch meine, also nicht vom Umdenken zu einem Umhandeln kommen will. Ich meine schon das, was ich gesagt habe, ernst, und ich habe vor, soweit es an mir liegt, nachdrücklich darauf zu wirken, daß auch gehandelt wird. Herr v. Oertzen möge das daraus ersehen, daß ich sofort den Mitgliedern der Satzungskommission den Vorschlag gemacht habe, ihn in die Satzungskommission zu wählen, was auch mit Vergnügen angenommen worden ist. Einer der Herren hat allerdings gemeint: da nehmen wir einen schönen Hecht herein. (Heiterkeit.) Nun, die Satzungskommission ist schließlich kein Karpfenteich, und ich selbst gelte vielleicht in mancher Art ein klein bißchen als Hecht, wenn auch, wie ich gestern mit Vergnügen vernommen habe, als einer mit idealer Gesinnung. (Heiterkeit.) Also ich freue mich, daß ich bei dem Vorgange des Umdenkens zum Umhandeln die temperamentvolle Unterstützung des Herrn v. Oertzen habe. Ich habe nur gestern in mancher Beziehung zur Vorsicht gemahnt, weil man mit dem Denken wohl sehr rasch über die Hindernisse hinwegkommt, aber beim Handeln Schritt für Schritt vorgehen muß. Wenn man nicht vorsichtig ist, kann man gelegentlich an eine verschlossene Tür kommen und da mit dem Kopf widerrennen. Das tut man in meinem Alter nicht mehr gerne. (Heiterkeit.)

Was die sachlichen Einwände des Herrn v. Oertzen anlangt, so bin ich in einem Punkte wohl mißverstanden worden. Ich habe durchaus nicht gemeint, daß man die Arbeiter irgendwie kontraktlich binden soll, sondern ich habe nur von einer Ansiedelung in der Art gesprochen, daß man den Arbeitern Vorteile bieten soll, um sie als freie Männer zu erhalten. Aus meiner kleinen Abhandlung geht hervor, daß ich gerade durch die Siedelung auch den Arbeitern Vorteile bringen will. Allerdings bin ich der Ansicht, für gewisse Arbeiter, Qualitätsarbeiter, gibt es nichts anderes als Geld. Wenigstens habe ich das bei unseren hellen Pfälzern gefunden; die rechnen sich das auf den Pfennig aus und gehen dahin, wo sie das meiste Bargeld bekommen. Es mag nicht überall so sein, aber in Gegenden mit industriellen Arbeitern ist Bargeld dasjenige, was die Leute am liebsten nehmen und haben wollen. Die Arbeiter setzen einen gewissen Stolz darein, zu sagen: ich habe so und so viel tägliches Einkommen.

Wie gesagt, was ich gemeint habe, geht darauf hinaus: wir müssen sehen, nicht durchaus, aber in gewissem Umfang Qualitätsarbeiter zu bekommen, und diese sind in industriellen Gegenden nur mit ziemlich hohen Kosten zu haben. Nach meinem Dafürhalten ist man in der Lohnpolitik, wie sie bei uns im allgemeinen betrieben worden ist, nicht ganz richtig vorgegangen: man hat die Vorarbeiter, also die ausgezeichneten Arbeiter, nicht genügend differenziert gegenüber dem Durchschnittsarbeiter.

Was Herr Graf v. Finckenstein bezüglich der Gefangenenarbeit gesagt hat, hat mich sehr interessiert. Wir haben die gleiche Erfahrung gemacht, daß es von größter Bedeutung ist, die Wachleute zu interessieren. Unter Umständen ist das beinahe mit ausschlaggebend. Auch wir haben das gleiche Mittel angewandt.

Erwähnen möchte ich noch, daß es von großer Bedeutung ist, die aufrührerischen Elemente unter den Gefangenen herauszubringen. Unter 20, 30 Leuten gibt es immer Unzufriedene. Es ist natürlich außerordentlich schwer, bei dem Mangel an Sprachkenntnissen die betreffenden herauszufinden, namentlich dann, wenn es, wie mehrfach bei uns, gerade der Dolmetscher ist, der die Leute verhetzt. Aber bei einiger Praxis bekommt man bald heraus, wie die Verhältnisse liegen. Einer unserer Forstmeister hat sich sogar einen russischen Sprachführer gekauft, um die Leute mit russischen Brocken dirigieren zu können. Ich glaube, daß die Verhältnisse sich mehr und mehr bessern werden. Die Gefangenen sind in Deutschland sehr gut herausgefüttert worden, und nachdem sie Jahr und Tag gearbeitet haben, wird sich in dem kommenden Betriebsjahr schon eine Besserung ergeben. Hoffen und wünschen wollen wir allerdings, daß wir die Gesellschaft bald aus dem Lande herausbringen.

Forstrat Blum (Aschaffenburg): Gestatten Sie, meine Herren, daß ich in ganz kurzen Worten meine Erfahrungen mitteile, die ich in einem kleinen Privatbetriebe, dem ich nahestehe, gemacht habe. Es handelt sich um einen Gutsbetrieb, der in der Hauptsache aus Wald und nur zum geringen Teile aus Ökonomie besteht. Es sind rund 3300 ha. Dort werden seit dem vorigen Jahre 100 Franzosen beschäftigt, mit denen ähnliche Erfahrungen gemacht worden sind, wie sie heute schon besprochen wurden. Ich bin im allgemeinen zufrieden, nur hat sich die Arbeit auf 100% der normalen Kosten gestellt. Im vorigen Jahre haben wir in der Holzabfuhr aus dem Walde teils durch den Abgang von eigenen Pferden, teils durch die übertriebenen Forderungen der Fuhrleute zum Selbstbetrieb übergehen müssen, und dazu haben wir Ochsen verwandt. Das hat sich gut bewährt. Das Holz wird direkt auf den Bahnhof gebracht und verkauft. Man hatte also die Lieferung bis zum Bahnhof übernommen und schon dadurch höhere Preise vom Holzkäufer erzielt, außerdem noch an dem Ochsenfuhrwerk pro Tag 25—30 Mk., ohne die Kosten der Verladung, verdient. Das ist ein ganz enormer Preis. Ich würde sehr empfehlen, im Walde mehr Ochsenfuhrwerk statt des Pferdefuhrwerks zu nehmen. Nur ein paar Worte noch auf das, was Herr Oberforstmeister v. Oertzen bemerkt hat. Mir waren seine Ausführungen, die er über die Arbeiterfrage gemacht hat, außerordentlich sympathisch. Es stimmt ganz mit dem überein, was ich vor einigen Jahren in einem Vortrage auf der Handelshochschule in Frankfurt gehört habe, wo ein Herr über Psychologie der Arbeiter sprach und die Forderung aufstellte, der Arbeitgeber müsse sich in die Psyche des Arbeiters hineindenken und hineinfühlen. (Oberforstmeister v. Oertzen: Sehr richtig!)

Graf v. Westerholt-Gyzenberg (Sythen): Heute ist noch nicht zur Sprache gekommen, daß die Deutschrussen, in Rußland angesessen, sich jetzt teilweise als freie Arbeiter in Deutschland bewegen. Wenigstens im Bereich des VIII. Armeekorps. Soviel ich aus Gesprächen dieser Leute entnommen habe, beabsichtigen diese, zum Teil in Deutschland zu bleiben und ihre Familien nachkommen zu lassen. Ob sich diese Leute, die großenteils aus Waldgegenden stammen, nicht zur Ansiedelung eignen würden, scheint mir erwägenswert.

Die Ansiedelung der Arbeiter betreffend, möchte ich auf unsere alte westfälische Erbpacht hinweisen, die ich den Herren, die sich für Ansiedelungen interessieren, zu studieren empfehle. Ich bin aus einer Gegend, wo die kleine Kolonisation schon seit Jahrhunderten eingesetzt hat. Die Güter haben durch Erbpacht Leute angesiedelt. Die Erbpacht ist bei uns 1848 aufgehoben worden. Eine ganze Masse Existenzen sind nach dem Übergange von der Erbpacht zum Eigentum durch Verschuldung untergegangen und zum großstädtischen Proletariat geworden. Trotzdem haben wir kaum Mangel an Arbeitern. Aus den kleinen Kotten gehen sehr viele Leute zur Industrie. Großenteils haben wir den ältesten Sohn auf dem Hof oder im Wald. Die Verhältnisse, wie sie sich jetzt bei uns herausgebildet haben, sind gute und gesunde.

Vorsitzender: In der Arbeiterfrage habe ich auch einige Erfahrungen zu sammeln Gelegenheit gehabt. Ich kann nur dem beistimmen, daß man die Arbeiter unbedingt mietweise ansiedelt, also in Gehöften mit Land, namentlich mit guter Wiese und Viehhaltung, so daß sie eine gesicherte und auch seßhafte Existenz dadurch finden, daß sie ihr Stück Vieh im Stall haben und den Acker bestellen. Mit der anderen Form der Ansiedelung zum Eigentum, die ich auch im Anfang versucht habe, habe ich sehr schlechte Erfahrungen gemacht. Die Industrie entwickelte sich in der Gegend sehr, und die Höfe waren dann für die Industrie erbaut. Mit den Miethöfen bin ich sehr viel weiter gekommen. Ich habe in meiner früheren Verwaltung 70 gehabt und habe jetzt auch wieder 30. Die Arbeiter lernen jetzt auch umdenken, durch die Kriegsverhältnisse gezwungen; sie haben die Wohltaten dieses Systems kennen gelernt. Mancher, der verhungert von der Großstadt kommt, denkt: ach, säße ich hier, hätte mein Land und meine Kuh im Stall. Ich glaube, daß dieses System auch nach dem Friedensschluß unter den Arbeitern als gut erkannt werden und einen regeren Zuzug veranlassen wird, der es uns ermöglicht, die Höfe zu besetzen.

Dann möchte ich noch um Aufklärung über eine Frage bitten. Mir liegt von der Freiherrlich von Thüngenschen Forstverwaltung ein Antrag vor, der Forstwirtschaftsrat möchte bei den betreffenden Behörden befürworten, daß für Kriegsgefangene, die in Forsten beschäftigt werden, auch der Verpflegungszuschuß bezahlt werde, wie er der Landwirtschaft bewilligt ist. Meines Wissens sind die Bestimmungen im ganzen Deutschen Reiche gleichmäßig. Aus Ihren Äußerungen glaubte ich zu entnehmen, daß der Zuschuß bei Ihnen gezahlt worden ist. (Regierungsdirektor Dr. Wappes: Seit einiger Zeit!) Neuerdings ist jedenfalls eine Verordnung herausgekommen, daß der Verpflegungszuschuß auch bei Beschäftigung im Walde gezahlt werden soll. Diese Vergünstigung wird doch voraussichtlich den Privatbetrieben auch gewährt werden. Bisher war dies bei uns in Preußen nicht der Fall, da ist für Forstarbeiten nichts gezahlt worden. (Zuruf: Doch!) Bei mir im Kreise nicht.

Forstmeister Martin (Waldau): Im vorigen Jahre war die Bestimmung erlassen, daß Gefangene, die nach Oktober angenommen sind, keinen Zuschuß erhalten. Das ist aber jetzt aufgehoben worden, der Zuschuß wird bezahlt.

Oberforstmeister v. Oertzen (Gelbensande): Herr Forstrat Eulefeld ist verhindert, heute hier zu sein, und hat mich gebeten, seinen Antrag hier zu vertreten. — Ich kann bestätigen, daß wir in Mecklenburg, nachdem darauf hingewiesen ist, daß der Zuschuß in Preußen gezahlt werde, das auch erreicht haben. Die Handhabung ist sehr verschieden. Nun hat mir Herr Forstrat Eulefeld mitgeteilt, er wüßte von einer Privatforstverwaltung, die es auch bekäme. Es wären aber andere Privatforstverwaltungen, die es nicht erhielten; deshalb bittet er, daß vom Forstwirtschaftsrat Stellung zu der Sache genommen werde, damit das Interesse der Privatbesitzer auch nach dieser Richtung hin vertreten würde.

Vorsitzender: Die Korrespondenz mit der Thüngenschen Verwaltung reicht bis in den März dieses Jahres hinein. Sie hat also anscheinend den Verpflegungszuschuß nicht bekommen. Da die Sache so liegt, so hat es keinen Wert, jetzt mit Anträgen zu kommen. Ich werde der Verwaltung schreiben, daß, wie hier festgestellt worden ist, überall diese Zuschüsse gezahlt werden und daß sie sich weiter darum bemühen soll.

Oberforstmeister v. Oertzen (Gelbensande): Ich hatte noch vergessen: Herr Forstrat Eulefeld begründet seinen Antrag damit, daß er den Zuschuß nur für die Privatforstverwaltungen haben wolle, die gemeinnützig arbeiten, und er sieht die Gemeinnützigkeit darin, daß viele Privatforstbetriebe Berechtigungsholz abgeben. Ich bin auch sicher, daß andere Privatforstbesitzer nichts bekommen werden, wenn sie sich nicht sehr herandrängen. Das Motiv ist eben die Gemeinnützigkeit.

Vorsitzender: Unter den heutigen Verhältnissen ist jeder forstliche Einschlag zweifellos gemeinnützig.

Oberforstmeister v. Oertzen: In den Gefangenenlagern wird er aber noch nicht dafür angesehen.

Vorsitzender: Es ist dringend notwendig, daß wir bei der Verwendung von Gefangenen in der Forst unterstützt werden. Die Verpflegung und Unterbringung ist sehr viel schwieriger als in der Landwirtschaft; die weiten Wege erschweren die Unterbringung wesentlich. — Ich kann also der Thüngenschen Verwaltung mitteilen, daß ihr Wunsch erfüllt werden wird und daß sie nur mit Nachdruck bei den Gefangenenlagern resp. bei den zuständigen Behörden ihre Anträge anbringen soll. Jedenfalls liegt zu einem allgemeinen Antrage von seiten des Forstwirtschaftsrates kein Anlaß vor.

Regierungsdirektor Dr. Wappes (Speyer): Meines Wissens ist die Entschließung im Januar nachträglich gekommen, und wenn ich mich recht erinnere, wird der Zuschuß vom 1. Januar nachbezahlt. Die Bestimmung ist ganz allgemein gewesen. Es war ein kleines Durcheinander. Zuerst hieß es: die Waldarbeiten werden nicht als gemeinnützig anerkannt, obwohl sie in Preußen nach den uns gewordenen Mitteilungen schon früher als gemeinnützig anerkannt worden waren. Dann kam eine Ministerialentschließung, daß die Arbeiten vom Kriegsministerium doch als gemeinnützig anerkannt worden seien. Ich weiß nichts anderes, als daß die Bestimmung ganz allgemein gehalten war, nicht auf die Staatsforstverwaltungen beschränkt. Das ist auch selbstverständlich. Wir liefern in der Pfalz fast durchweg nur Kriegsmaterial. Die Freiherr von Thüngensche Verwaltung wird zweifellos gut tun, sich an die zuständigen Behörden zu wenden.

Oberforstrat Gretsch (Karlsruhe): Wir haben in der vorigen Woche erst die Nachricht bekommen, daß das Kriegsministerium die Entscheidung getroffen hat, daß Gefangenenarbeiten im Forstbetriebe, soviel ich mich erinnere, mit Wirkung vom 1. Januar ab, als gemeinnützige Arbeiten aufgefaßt werden. Das war uns auch vollständig neu.

Dann wollte ich noch einige weitere Bemerkungen machen. Was die Beschäftigung der Kriegsgefangenen betrifft, so haben wir im allgemeinen auch die Erfahrung gemacht, die der Berichterstatter erwähnt hat. Bei der Beschäftigung im Schälwald haben die anstelligeren Franzosen mehr geleistet als die Russen. Die Sache ist insofern von Bedeutung, als im nächsten Frühjahr wieder viel geschält werden wird. Ich kann nur empfehlen, französische Kriegsgefangene für Eichenschälwaldungen zu beantragen. Die Russen sind im allgemeinen schwerfällig und stumpfsinnig und besitzen einen starken Appetit. Ihr sittlicher Einfluß auf die landwirtschaftliche Bevölkerung ist nicht immer einwandfrei.

Um der Arbeiternot zu steuern, haben wir neuerdings noch beantragt, daß nur garnisonsdienstfähige Leute, und zwar Waldarbeiter, beurlaubt werden. Wir haben bis jetzt einen ziemlich guten Erfolg damit erzielt. Es stehen jetzt etwa 50 solche Leute zu unserer Verfügung. Wir stellen weitere Anträge. Diese Leute leisten sehr viel mehr als die Russen und Franzosen, weil es gelernte Waldarbeiter sind. Ich möchte deshalb das Verfahren auch anderen Verwaltungen empfehlen.

In der Arbeiterfrage sollte man nicht generalisieren. Die Frage ist schwierig; eines schickt sich nicht für alle. Die Arbeiterverhältnisse liegen sehr verschieden. Die Kolonisation hat wohl mehr örtliche Bedeutung; augenblicklich scheint mir die Lohnerhöhung das wirksamste Werbungsmittel zu sein. Im übrigen bin ich weniger pessimistisch; denn ich glaube, daß die Entwickelung nach dem Kriege in Deutschland agrarfreundlich sein wird. Das wird von selbst die Wirkung haben, daß die Leute wieder mehr bei der Land= und Forstwirtschaft bleiben. Das ist wenigstens meine Auffassung.

Bezüglich der Kriegsgefangenen will ich noch eine Einrichtung nachträglich erwähnen, nämlich die Haftpflichtversicherung. Weil die kriegsgefangenen Leute häufig unerfahren in der Waldarbeit sind, können leicht Unfälle bei den heimischen Mitarbeitern entstehen und daraus Ansprüche an die Arbeitgeber abge=

leitet werden. Wir haben daher die Haftpflichtversicherung ein=
geführt, die sehr billig ist; die Providentia in Frankfurt a. M. ver=
sichert gegen einen jährlichen Betrag von 1 Mk. für den Mann. Ich
möchte empfehlen, diese fürsorgliche Einrichtung nachzumachen.

Was die Wirkung der Arbeiternot anlangt, so darf ich
noch unser Hiebsergebnis in den Staatswaldungen Badens 1915 mit=
teilen. Wir haben, trotzdem reichlich 50% der Arbeiter im Felde
stehen, doch 75% des geordneten Masseneinschlages zu bewältigen
vermocht. Also die Sache ist nicht so schlimm, wie man sich gedacht
hat, wenn man auch die Hiebe entsprechend legte.

Bei der Holzabfuhr haben wir auch mit der Verwen=
dung von Ochsen gute Erfahrungen gemacht; auch das System
der Selbstverbringung auf den Bahnhof oder zur Wasser=
station haben wir mit einigem Erfolg angewandt.

Dann noch eine Bemerkung zu dem, was der Herr Vortragende
im Anfange bezüglich des schwierigen Absatzes der Eichen ge=
sagt hat. Es könnte daraus leicht die Folgerung gezogen werden,
daß die Eiche im Kriege wenig Verwendung finde. Das ist aber
durchaus nicht richtig. Wenigstens auf dem westlichen Kriegs=
schauplatze hat die Eiche sehr große Verwendung gefunden. Daß der
Absatz bei uns in Süddeutschland für Heereszwecke aber nur gering ist,
kommt daher, daß die okkupierten Gebiete des Westens fast ausschließ=
lich Laubholz, vornehmlich Eichen und Eschen aufweisen, die von
der Heeresverwaltung in großem Umfange beansprucht werden, wobei
aus dem Vollen genutzt wird.

Graf v. Westerholt=Gysenberg: Ich möchte darauf
aufmerksam machen, daß die Industrie für Gefangene mehr bezahlen
muß, als die Forst. Mit der Anregung Wappes, einen Forstsach=
verständigen zu berufen, haben wir im VII. A.=K. sehr gute Er=
fahrungen gemacht.

Forstmeister Heyer (Jugenheim, zur Zeit Lodz): Meine
Herren! Einige kurze Worte zur Arbeiterfrage. Dieser Krieg ist be=
kanntlich die größte Völkerwanderung, die jemals stattgefunden hat.
Aber sie wird nicht vorübergehend sein, sondern in ihren Nachwirkungen
vielfach dauernd bleiben, nicht allein dadurch, daß so viele Kameraden
gefallen sind und andererseits viele, die unserer Volksgemeinschaft
nicht angehörten, sich in Deutschland ansässig machen werden, sondern
auch dadurch, daß eine Menge unserer Leute, die jetzt draußen sind,
draußen bleiben werden. Durch diese Absiedelung werden wir Zehn=
tausende verlieren. Ich habe nicht nur die im Auge, die weit nach
Rußland hinein gebracht worden sind. Je weiter draußen unsere
gefangenen Soldaten sind, desto besser gefällts ihnen; denen in Sibirien
am besten: sie können sich dort frei bewegen und auch betätigen, da sie
ja nicht entfliehen können, und was man an Briefen bekommt, läßt

darauf schließen, daß die Leute sich jedenfalls wohler fühlen, als die Gefangenen in Frankreich. Wie oft habe ich unsere Landsturm= und Landwehrmänner im Felde sagen hören: das ist ja hier ausgezeichneter Boden, was läßt sich da erziehen, wenn er richtig in Kultur gebracht wird; und sie bekommen Lust, da zu bleiben. Eine ganze Anzahl unserer Förster wollen draußen bleiben, sie machen jetzt schon Gesuche, wollen ihre Familien nachkommen lassen usw. Das sind Momente, die unsere Arbeiterfrage ganz wesentlich beeinflussen.

Das einzige, was helfen kann, diese Wanderung in die richtige Bahn zu leiten, ist eine — und das möchte ich hier besonders betonen — **rechtzeitig** einsetzende Siedelungspolitik. Das Material, das sich jetzt schon nach dieser Richtung gewinnen läßt, sollte der Forstwirtschaftsrat gerade mit Rücksicht auf die Waldarbeiterfrage sammeln und bleibend nutzbar machen. Ich möchte den Forstwirtschaftsrat nicht mit einer weiteren Kommission belasten; aber ich glaube, die Satzungskommission sollte schon jetzt — was unsere bisherigen Satzungen nicht ausschließen — einen Sonderausschuß bestimmen, der sich die Sammlung von Material und dessen Bearbeitung zur Aufgabe macht. Die Namen der Mitglieder dieses Sonderausschusses wären in den Mitteilungen des Deutschen Forstvereins bekannt zu machen. Ich denke da an den Grafen Westerholt, der durch seine Münsterländer Erfahrungen reiche Vorkenntnisse hat, auch an Oberforstmeister v. Oertzen. Auf diese Weise wäre ein Anfang gemacht, so daß wir bei Friedensschluß mit einer fertigen Sache hervortreten können, wie wir uns die Siedelung denken.

Geheimer Forstrat Kohlschütter (Sigmaringen): Wir haben in Hohenzollern Russen und Franzosen beschäftigt. Mit den Franzosen haben wir sehr gute Erfahrungen dadurch gemacht, daß von vornherein die Leute ausgesucht worden sind, die mit Holzarbeiten Bescheid wußten. Verpflegungszuschuß haben wir weder in Hohenzollern noch in unseren norddeutschen Forsten bekommen; wir haben die Verpflegung selbst zahlen müssen. Aus Norddeutschland wurde berichtet, daß es ganz allgemein üblich wäre, den Gefangenen etwas mehr zu geben, wenn sie fleißig arbeiteten, und auch den Wachmannschaften etwas zuzuwenden. Es wurde sogar beantragt, wir sollten für jeden Wachmann täglich 1 Mk. extra zahlen. Das ging uns denn doch zu weit.

Es interessiert die Herren vielleicht, daß Österreich sich gegen die Verwendung von Gefangenen im Walde ganz ablehnend verhalten hat. Unsere Beamten in Böhmen rieten davon ab, Gefangene einzustellen, und man berief sich darauf, daß in der österreichischen Forstzeitung, sowie in der Zeitschrift des Deutschen Forstvereins in Böhmen, gewarnt worden wäre, sich auf Gefangenenarbeit einzulassen; man hätte die schlechtesten Erfahrungen damit gemacht. Unsere Erfahrungen in Deutschland stimmen damit gar nicht überein.

Oberforstmeister v. Oertzen (Gelbensande): Nur noch ein Wort, um kein Mißverständnis zwischen Herrn Wappes und mir aufkommen zu lassen. Herr Direktor Wappes hob hervor, daß in den Gegenden, wo Industrie ist, die Arbeiter sehr mit dem baren Gelde rechnen. Ich möchte für unsere Arbeiter in Anspruch nehmen, daß sie auch rechnen; sie rechnen, wenn sie Naturalwirtschaft haben, ganz genau, was dabei herauskommt.

Dann wollte ich bloß das unterstreichen, was Herr Oberforstmeister Riebel sagte. Das Land wird vielfach falsch aufgefaßt. Was soll das Land dem Arbeiter eigentlich bringen? Es ist nicht nur die Annehmlichkeit, daß er Land hat, auch von seiner Kuh Milch und Butter erzielen kann. Nein, der Wert der Wirtschaft liegt darin, daß es dem Arbeiter möglich ist, in seiner freien Zeit seine Arbeits=kraft noch zur Erhöhung der eigenen Einnahmen betätigen zu können und nicht nur seine Arbeit, sondern auch die seiner Frau und Kinder. Da ist eine Menge Arbeit frei, die sonst brach liegt. Dadurch steht er in seinem gesamten Einkommen sich besser. Es kommt nicht allein darauf an, was er an Barlohn erhält. Allerdings ist dazu nötig, daß sowohl Arbeitgeber wie Arbeiter umdenken. Der Arbeiter darf nicht zu der Anschauung kommen, daß die Frau vom Manne ernährt werden muß und nichts mehr zu tun braucht. Die Kinder müssen schon von früh an lernen, in der Wirtschaft zu arbeiten; dann gewinnen sie auch die Liebe zur Arbeit. Ebenso muß es die Frau lernen. Man kann darüber ja noch ausführlich sprechen, was ich heute nicht will. Die ganze Fortbildung der Kinder ist mangelhaft. Die Arbeiter=kinder, die mit 14 Jahren aus der Schule kommen, sind vollständig frei. Wer nicht erzogen ist, der kann nicht später selbst erziehen. Am besten erzieht die Arbeit. Ein in der Arbeit erstarktes Volk wird auch den Wert der Familie hochhalten. Mit der ganzen Siede=lungspolitik ist auch eine Politik des Familienbewußtseins, des Zu=sammenhaltens eng verbunden. Das wird leicht verkannt. Ich möchte darauf das allergrößte Gewicht legen. Im Rahmen einer kurzen Besprechung kann man das nicht auseinandersetzen. Das sind aber Werte, die nur gehoben zu werden brauchen, wenn man richtig über die Sache denkt.

Berichterstatter Regierungsdirektor Dr. Wappes (Speyer), Schlußwort: Meine Herren! Es ist nicht nötig, daß ich eine Zusammenfassung der bisherigen Mitteilungen gebe. Im großen und ganzen hat sich die Auffassung bestätigt, die ich auch in meinem Vortrage gegeben habe, und zweifellos ist der ganze Eindruck der Verhandlung der, daß man sich auf das intensivste bemüht hat, den

Forderungen der Kriegslage gerecht zu werden. Ich darf vielleicht sachlich nur eine kleine Ergänzung bringen. Ich wußte nicht, wie die Mitteilungen des Herrn Oberforstmeisters Runnebaum lauten würden.

Ich habe noch eine Erhebung gepflogen bei der Fahrzeugfabrik Ansbach, die mir über einen Motor Mitteilung gemacht hat. Ich habe aber keine persönlichen Erfahrungen mit diesem Motor, es ist mir nur gesagt worden, daß im rechtsrheinischen Bayern Proben gemacht werden sollten. Die Fabrik hat mir eine Aufstellung über-sandt, wonach die täglichen Gesamtausgaben sich auf 46.30 Mk. be-laufen, pro Kubikmeter und Kilometer auf 14 Pf. Das ist ein Betrag, der mir sehr optimistisch erscheint. Ich kann mir aber kein Urteil anmaßen, weil ich nicht aus eigener Erfahrung spreche. Wir haben im allgemeinen gerechnet, daß der Kubikmeter und Kilometer auf 20 Pf. kommen wird. Es sprechen da natürlich eine solche Menge von Faktoren mit, daß es sehr schwer ist, vergleichbare Ergebnisse einander gegenüber zu stellen. Es wird Sache eingehendster Sonderuntersuchung sein, hier volle Klärung zu finden; der Motorzug wird zweifellos ein reiches Feld für Spezialisten geben.

Im Verlaufe der Debatte ist die Anregung gegeben worden, daß für die Arbeiterfrage, insbesondere für die Siedelung ein Aus-schuß gebildet werden möchte. Zweifellos ist ja die Sache von der größten Wichtigkeit. Ich selbst habe ja die Wichtigkeit dadurch an-erkannt, daß ich mich in einer Abhandlung mit der Frage eingehend beschäftigt habe. Ob man aber im Augenblick noch einen weiteren Ausschuß bilden soll, bezweifle ich. Ich sehe keinen rechten Weg für seine Einwirkung; es wird sich zunächst mehr um eine Bearbeitung der Frage handeln, die wir mehr oder weniger der Privattätigkeit überlassen müssen. Vom Standpunkt der Satzungskommission würde ich gern bereit sein, mit dem einen oder anderen Herrn ein Ab-kommen zu treffen, daß er sich dieser Frage vielleicht besonders widmet, das Material zusammenbringt und durcharbeitet. Diese Anregung hat Herr Kollege Heyer gegeben; ich glaube, damit könnte man sich einstweilen zufrieden geben. Ich weiß nicht, ob Herr v. Oertzen den förmlichen Antrag stellen will, daß ein Ausschuß für Arbeiter-fragen und Ansiedelung bereits gewählt werden soll. (Oberforst-meister v. Oertzen: Nein, mit dem Antragstellen bin ich sehr vor-sichtig geworden! — Heiterkeit.) Dann kann ich also meine Dar-legungen schließen.

Vorsitzender: Ich möchte empfehlen, meine Herren, daß wir erst den letzten Vortrag noch abwarten und dann möglichst die ganze Sache einem kriegswirtschaftlichen Ausschuß zusammenfassend übertragen. Wenn die Herren damit einverstanden sind — Anträge

sind nicht gestellt —, so können wir diesen Beratungsgegenstand ver=
lassen. Wir kommen dann zum Thema:

Die wirtschaftliche Lage der Forstwirtschaft und des Holzhandels im Kriegszustande[1]).

Berichterstatter: Professor Dr. Franz von Mammen=Brandstein.

Meine hochgeehrten Herren! Unsere Tagung steht im Zeichen
des Weltkrieges. Die ganze Tagesordnung trägt diesen Charakter
offen zur Schau, und kein Zweig unseres Wissens hat sich im
Kriege vor so vielen neuen und gewaltigen Problemen gesehen als
die Volkswirtschaftslehre und naturgemäß auch deren Nutzanwendung
auf den uns anvertrauten Wald, die Forstpolitik. Der Weltkrieg
stellte das Deutsche Reich vor die bisher vielfach aus den Augen ver=
lorene Aufgabe, als ziemlich geschlossene Volkswirtschaft zu bestehen
und auf diese Weise die wirtschaftlichen Schäden, die vor allem der
ebenso feige wie grausame Aushungerungsplan Englands mit sich
gebracht hatte, aus innen heraus tunlichst abzuschwächen und zu
überwinden.

Auf diese Weise trat durch den Krieg auf allen Gebieten eine
vollständige Umwertung von Werten ein, die natürlich auch vor
dem der Forstwirtschaft und des Holzhandels nicht Halt machte.
Die beiden durch die Herren Oberforstmeister Riebel und Regie=
rungsdirektor Dr. Wappes behandelten Themata haben dies ja
schon deutlich gezeigt.

Gerade auf dem Gebiete der Nebennutzungen hat der Krieg
recht bedeutende Wandlungen mit sich gebracht, und wir sahen, viele
derselben, deren Gewinnung im Frieden nicht mehr lohnte und die
deshalb schon beinahe ganz in Vergessenheit geraten waren, sind
wieder zu Ehren gekommen, und man gestattet sie selbst dann, wenn
ihre Ausübung dem Walde nicht sonderlich zum Nutzen gereicht.

Auch der forstliche Betrieb steht, wie wir hörten, unter dem
Zeichen des Krieges. Mangel an Arbeits= und Gespannkräften ließ
manche Arbeiten auf spätere Zeiten verschieben, manche Aufforstung,
manche Anpflanzung, manche Durchforstung, manchen Schlag. Die
ganze Waldarbeiterfrage zeigte sich in einem ganz anderen, neuen
Lichte, und das so vorteilhafte Zusammenarbeiten von Land= und
Forstwirtschaft, das ich in meinen verschiedenen Waldvorträgen immer
wieder betont habe, trat besonders im Weltkriege ungemein deutlich
zutage.

Beinahe unübersehbar sind darum auch schließlich die Momente,
welche die wirtschaftliche Lage von Forstwirtschaft und Holz=

---

[1]) Eine vom Redner zur Verfügung gestellte Literaturübersicht ist als
Anlage A auf S. 207—209 abgedruckt.

handel im Kriegszustande beeinflußten, und mir ist der ehrenvolle
Auftrag zuteil geworden, einmal zusammenfassend zu beleuchten, was
Ihnen Allen im einzelnen draußen in der Praxis oder drinnen in
Büro und Studierstube schon begegnet ist. Mit Rücksicht auf die
bereits behandelten Gegenstände kann ich den meinigen etwas enger
umgrenzen, als es sonst möglich wäre, indem ich in erster Linie
den Wald als H o l z lieferanten im Weltkriege betrachte. und all die
Maßnahmen kritisch behandle, die dieses Holz zum Gegenstand ihrer
Erörterung haben.

Ich muß aber gleich von vornherein um Ihre Nachsicht bitten,
wenn ich Ihnen die einschlägigen Fragen manchmal schon mit Rücksicht
auf Ihre kurz bemessene Zeit nur kursorisch vorführe, und muß es
vor allem der Debatte überlassen, hierzu noch recht viele Ergänzungen
und Anregungen zu bringen.

Meine Herren! Wenn wir uns heute noch einmal im Geiste
zurückversetzen in die Friedenszeit, so werden Sie mir recht geben,
wenn ich behaupte, daß wir uns beinahe daran gewöhnt hatten, das
im großen ganzen ständige Steigen der Preise des von uns dem
Walde abgewonnenen Haupterzeugnisses, des Holzes, für etwas Selbst=
verständliches zu halten. Ich brauche Sie heute nicht daran zu er=
innern, daß das Holz in unserer Volkswirtschaft sich allmählich zu
einer Bedeutung durchgerungen hatte, daß man es mit Recht als
das beste Barometer für die Wirtschaftskonjunktur zu betrachten lernte,
und ich glaube vorausnehmen zu dürfen, daß es sich diesen Ruf
auch während des Weltkrieges bewahrt hat.

Dieser Krieg traf uns ja wohl vorbereitet in militärischer und
finanzwirtschaftlicher Hinsicht, aber doch völlig überraschend in seiner
allgemeinen Wirkung auf unsere Volkswirtschaft, die, abgesehen vom
Geld= und Kreditwesen ganz unausgerüstet in den Weltkrieg eintrat[1]).
Von der dadurch bedingten veränderten Tätigkeit wurden a l l e Teile
des großen Wirtschaftslebens, alle Zellen des Wirtschaftskörpers in
Mitleidenschaft gezogen, so also auch unsere deutsche Forstwirtschaft
und der damit im engsten Zusammenhang stehende deutsche Holzhandel.

---

[1]) „Durch einen plötzlichen scharfen Stoß wurde die Volkswirtschaft mit
jäher Überrumpelung aus ihrem sorglosen Friedenszustande herausgerissen, und
sie ihrer heute noch“, wenn wir mit Prof. P l e n g e in aller Kürze das Bild
des tionale überall aus den Fugen geratenen Wirtschaftslebens zeichnen wollen,
„unter der unmittelbaren Wirkung des ungeheuersten Krieges, mit seiner Zer=
störung von Menschen und Gütern, mit seinem mächtigen Verbrauch, mit
seiner Lähmung und mit seiner künstlich belebenden Wirkung. Der Zusammen=
hang der Weltwirtschaft war plötzlich und unerwartet zerrissen worden. Die
nationale Volkswirtschaft stellte sich mit einem selbständig gewordenen Kreis=
lauf von Geld und Kredit nach Möglichkeit in rascher Anpassung auf das
i n n e r e Gleichgewicht ihrer Produktivkräfte und ihres Verbrauches ein.“
(P l e n g e , Eine Kriegsvorlesung über die Volkswirtschaft S. 22 f.)

Die Kriegsbedeutung des Waldes wurde so der Gegenstand mannig=
fachster Betrachtungen und ist ja in den beiden bereits behandelten
Themen deutlich in die Erscheinung getreten; sie muß nunmehr, wenn
wir das Holz in den Mittelpunkt unserer Betrachtungen stellen,
erst recht augenscheinlich werden. Brennholz und Nutzholz sind, wie
Sie alle wissen, während des Weltkrieges in verschiedenster Weise
in den Kreis der Erörterungen gezogen worden, aber das eine steht
fest: ihre Bedeutung hat nicht etwa abgenommen, sondern sie ist
noch ganz gewaltig gestiegen, was selbstverständlich auch im Preise
dieser Artikel zum Ausdruck kommen mußte. Diese Preisbildung ist bei
beiden Hauptsortimenten, wenn wir so sagen wollen, im großen ganzen
während des Krieges nicht ganz einheitlich gewesen, die Kurve der
Brennholzpreise entspricht nicht genau derjenigen der Nutzholzpreise;
deshalb muß ich beide auch getrennt voneinander betrachten.

Meine Herren! Schon daraus, daß ich vor Ihnen überhaupt vom
Brennholz rede, charakterisiert sich die Veränderung der Lage. Wir
hatten uns im allgemeinen schon daran gewöhnt, dasselbe mehr
beiläufig abzutun, obwohl schon in Friedenszeiten mindestens noch
ein Drittel des überhaupt erzeugten deutschen Holzes in den Ofen
wanderte. Trotz der ins Riesenhafte gesteigerten Ausbeute an Kohlen
beträgt der Verbrauch an Brennholz in Europa nach Großmann
immer noch jährlich rund 175 Millionen Festmeter, wovon auf
Deutschland etwa 20 Millionen entfallen.

Es ist daher einleuchtend, daß die Preise für Brennholz bei
Ausbruch des Weltkrieges, da die Kohlengewinnung in den Berg=
werken und auch die Zufuhr und Versorgung an Stein= und Braun=
kohlen infolge Einberufung zahlreicher Arbeits= und Gespannkräfte
erschwert und verlangsamt wurde, mehr oder wenig stark in die
Höhe gingen und diese steigende Tendenz auch beibehielten, weniger
allerdings vielleicht die Waldpreise als ganz besonders die Klein=
handelspreise, obwohl auch im Walde der Brennholzmarkt, natürlich
von Ausnahmen abgesehen, im allgemeinen während des Krieges
eigentlich stets einen guten Verlauf gezeigt hat. Einzelne Staaten
und Städte (mir ist dies von Ungarn, Dänemark, Rußland, Finn=
land und insbesondere von Budapest bekannt geworden) haben ja sogar
Höchstpreise für Brennholz festgesetzt oder, wie Dänemark, den Ge=
meinden ein Vorkaufsrecht eingeräumt. Selbst in unserem Vaterlande
wurde diese Frage von liberaler Seite erörtert und als Niederschlag
in einer vielleicht gut gemeinten, aber weit über das Ziel hinaus=
schießenden Entschließung der nationalliberalen Partei, die Ihnen
allen sicher bekannt ist, zum Ausdruck gebracht; dieser Antrag wurde
sogar vom Hauptausschuß des Reichstages am 15. Dezember 1915
angenommen. Meine Herren! Wir kennen da unsern Wald eben doch
besser als der Verwaltungsjurist, der in den Höchstpreisen seiner

Weisheit letzten Schluß zu sehen scheint. Wir wissen, daß der deutsche Wald genug Brennholz liefern könnte, wenn die Arbeitskräfte dazu nur ausreichen würden. So sind auch heute noch im Deutschen Reiche geringwertige Sortimente stellenweise unverwertbar. Wir wissen auch, daß allenthalben, besonders in den Staatswaldungen, aber auch in Gemeinde- und Privatforsten auf den Einschlag von genügenden Mengen Brennholz tunlichst Bedacht genommen wurde, um den Bedarf der Gewerbe und der Bevölkerung während des Krieges nach Kräften sicher zu stellen; in Preußen hat man z. B. beim Einschlag auf die Deckung des Brennholzbedarfes insofern Rücksicht genommen, daß man solche Bestände nutzt und solche Durchforstungen ausführt, welche hauptsächlich Brennholz liefern (Brennholzdurchforstungen); auch Stockholz und Reisig kommen in Betracht. Wir wissen endlich, daß besonders seitens der Staatsforstverwaltungen viel getan worden ist und noch getan wird, Brennholz zu möglichst ermäßigten Sätzen an bedürftige Angehörige von Kriegsteilnehmern, wie an sonstige Notleidende und Minderbemittelte, insbesondere auch an Arbeitslose abzugeben. Mir sind hier Maßregeln aus Preußen, Sachsen und Bayern bekannt geworden; so hat, um nur ein Beispiel anzuführen, Preußen Brennholzentschädigungen für diejenigen Familien von Kriegsteilnehmern gewährt, die in den von den Russen verwüsteten Gegenden ihre Dienstwohnungen verlassen mußten, und Sie alle werden noch weitere Beispiele hierfür anführen können.

Alles dies enthebt mich wohl auch davon, den Höchstpreisen als solchen eine eingehende Betrachtung widmen zu müssen; ganz im allgemeinen will ich nur darauf hinweisen, daß ich glaube, daß die so lange Zeit vernachlässigte Theorie der Preisbildung überhaupt auf einmal ein ganz neues Gesicht bekommen hat und eine neue Behandlung jetzt im Kriege als auch für die Zeit nach demselben erfordert. Ich brauche nur an die unerwarteten Zwischenfälle bei den Versuchen, in sie irgendwie bestimmend eingreifen zu wollen, zu erinnern, um ohne weiteres den Beweis dafür zu erbringen, daß es bei der geringen volkswirtschaftlichen Vorbereitung ganz begreiflich war, daß nicht immer gleich das Richtige getroffen wurde, und manches später erfolgte, als es hätte geschehen können.

Mit Rücksicht auf die von Herrn Dr. Wappes gemachte Anregung, forstliche Beiräte bei den Generalkommandos einzurichten, möchte ich nur daran erinnern, daß in militärischen Kreisen im allgemeinen sachverständige Gutachten beinahe noch weniger beliebt zu sein scheinen als beim Verwaltungsjuristen.

Beim Brennholz würde, wie der „Holzmarkt" mit Recht hervorhebt, und wie die „Deutsche Forstzeitung" näher ausführt, mit Rücksicht auf das gewaltige Steigen der Fuhrlöhne eine Herabsetzung der Wald-

preise gänzlich wirkungslos bleiben, eine Herabsetzung der Verkaufs=
preise am Verkaufsort aber sofort den ganzen Holzhandel lahm legen.
Bei einem Gute, bei dem die Frachtkosten im Verhältnis zu seinem Wert
eine so erhebliche Rolle spielen wie beim Brennholze, kann eine Ein=
wirkung auf den Preis am Verkaufsort nur durch Änderung der Fuhr=
kosten erfolgen. Eine gewaltsame Einwirkung auf die Höhe der
Anfuhrlöhne für Holz ist aber ganz ausgeschlossen, weil die Fuhr=
leute sofort anderweite Beschäftigung suchen und sehr rasch auch finden
würden. Budapest hat zwar auch für die Anfuhr des Holzes ins
Haus Höchstpreise festgesetzt; die damit gemachten Erfahrungen sind
mir aber nicht bekannt geworden. Ich habe zufällig für einen anderen
Zweck die Kleinhandelspreise für gespaltenes Brennholz einschließlich
Anfuhr und Bergen in zwei deutschen Städten, Dresden und Königs=
berg, auf Grund der von denselben veröffentlichten statistischen
Monatsübersichten einige Jahre zurückverfolgt und werde diese Tabellen
auch als Anlage B mit abdrucken lassen[1]). Vergleicht man die Zeit
v o r dem Kriege mit der innerhalb desselben, so ergeben sich folgende
Steigerungen:

	Königsberg.				Dresden.					
	pro rm	Stei=gerung	pro rm	Stei=gerung	Buche		Birke		Kiefer=Fichte	
	weich		hart		pro rm	Stei=gerung	pro rm	Stei=gerung	pro rm	Stei=gerung
Jan. 1914	10.13	100	10.79	100	14.00	100	13.80	100	13.05	100
Jan. 1915	14.17	140	14.50	134	14.50	104	13.80	100	13.80	106
Nov. 1915	15.67	155	16.17	150	16.50	118	16.50	113	16.20	124

Eine stärkere Steigerung trat ein beim Nadelholz, und zwar
naturgemäß ganz besonders in Königsberg, das im Kriege unter ganz
besonders ungünstigen Verhältnissen stand. Mit der Dauer des Krieges
nimmt aber auch in Dresden das Steigen der Preise relativ stärker zu.

Auch sonst war die Forstwirtschaft an der Festsetzung von
Höchstpreisen für Wild, Fische, Gerbrinde 2c. stark interessiert; ich
kann darüber aber hinweggehen, da es sich dabei um forstliche Neben=
nutzungen handelt, die nicht in den Rahmen meines Referates fallen.

Wende ich mich zum Nutzholze, in dessen nachhaltiger Erzeugung
auch heute selbstverständlich der Schwerpunkt jeder intensiven Forst=
wirtschaft zu liegen hat, so müssen wir feststellen, daß beim Ausbruch
des Weltkrieges zunächst ein allgemeines Stocken auf dem deutschen
Markte eintrat; die deutsche Holzindustrie, vor allem diejenigen Zweige,

---

[1]) Siehe Seite 210 ff.

welche, wie z. B. die Möbelindustrie, Musikinstrumenten=, Spielwaren= und Papierindustrie[1]) und manche anderen holzverarbeitenden Zweige, zum Teil auf den Absatz nach dem Auslande angewiesen waren, bedurften nicht mehr soviel Holz wie in normalen Zeiten, aber auch der Baumarkt und somit die ganze Bautischlerei lagen arg darnieder. In der Papierindustrie waren die Verhältnisse anfangs auch sonst ungünstig; eine große Anzahl von Zeitungen mußte ihr Erscheinen ganz einstellen; bei fast allen anderen trat zunächst eine ganz wesent= liche Beschränkung des Reklame= und Anzeigenteils ein, falls dieser auf einmal nicht ganz verschwand; auch sonst ging der Verbrauch für Anzeigen, Verkündungen 2c. stark zurück. Der Absatz von Zellulose nach dem Auslande, der namentlich nach England, Frankreich und Belgien ein sehr bedeutender war, fiel völlig weg. Aus alledem wird es erklärlich, daß zu Anfang des Krieges die Nutzholzpreise ganz be= deutend fielen, sagen wir einmal, um einen ungefähren Maßstab zu haben, auf diejenige Höhe der Jahre 1910 bis 1913. Zum mindesten zeigte im Jahre 1914 der Holzverkauf für die meisten Nutzholz= sortimente die Merkmale eines flauen Geschäftsganges mit durch den Pferdemangel gedrückten Preisen.

Im Verlauf des Krieges trat entschieden eine Besserung der ge= samten Nutzholzkonjunktur ein; der verminderten Ausfuhr an Holz= fabrikaten stand auch eine verminderte Einfuhr an Rohholz gegenüber. Der schändliche Plan Englands, unser Kulturvolk von 70 Millionen Menschen möglichst von der Außenwelt abzuschließen und so dem Hungertode preiszugeben oder durch einen Hungerfrieden zu erzwingen, was ihm auf dem Gebiete des offenen ehrlichen Kampfes versagt ge= blieben, bewirkte auch eine starke Nachfrage nach inländischem Holze. Hierzu kamen noch die ungemein hohen Frachtraten und Versiche= rungskosten zur See, die Holzausfuhrverbote seitens der neutralen Staaten und die Erschwerung des Holzbezuges aus Österreich=Ungarn. Weiter erschienen die Inseratenteile der Zeitungen wieder in größerem Umfang, und die Kaufkraft lebte wieder auf, allerdings zum großen Teil zunächst durch die in außerordentlich hohem Maße einsetzenden Kriegslieferungen. Ich brauche Ihnen heute nicht erst aufzuzählen, welche ungeheuren Mengen von Holz die Heeresverwaltung in allen Dimensionen für Schützengräben, Unterstände und Deckungen, für Baracken, Lazarette und Entlausungsanstalten, für Hindernisse, zu Brücken= und Eisenbahnanlagen und Wegbauten, zu den verschiedensten Fahrzeugen, zu Tornisterrahmen, Zeltstöcken usw. usw. benötigte, um zu beweisen, daß Preissteigerungen auch auf dem Holzmarkte ein= treten mußten. Auch im Inlande fand das deutsche Holzgewerbe

---

[1]) Bei 58 sächsischen Firmen betrug 1913 der Export 25% ihrer Er= zeugung.

rege Beschäftigung für das Heer. Ungeheuer ist der Bedarf, der zum Wiederaufbau in den vom Feind besetzt gewesenen Teilen des Reiches, vor allem in Ostpreußen, dienen soll; Holzschuhe ersetzen auch beim Militär zum Teil die aus dem teueren Leder gefertigten Stiefel; riesige Mengen an Sägespänen gehen als Pferdestreu an Stelle von Stroh nach den Kriegsschauplätzen; ungeheuere Mengen von Holz= wolle werden benötigt zum Stopfen der Strohsäcke und Matratzen an der Front, als auch besonders in den Gefangenenlagern. Zu Verpackungen wird viel Holzschliff gebraucht, der auch zur An= fertigung von Decken, Socken, Taschen= und Handtüchern und Westen für die Soldaten Verwendung findet; an Stelle der Putzwolle und =lappen dient heute die Papierwolle, und welche Rolle auch sonst gerade das Papier als solches im Weltkriege spielt, brauche ich Ihnen kaum zu sagen, will hier nur daran erinnern, daß es ebenfalls zum Füllen von Matratzen und als wertvoller Ersatz für Lagerstroh in den Schützengräben verwendet, daß es ebenso wie Moos, Reisig und Laubstreu als Schutzmittel gegen das Einfrieren der Kartoffeln im Keller und auf der Fahrt empfohlen, daß es ferner von den Ärzten zu Gelenkpackungen und Breiumschlägen bei leichten rheumatischen Beschwerden benützt wird, wie ja Zellulose auch als Verbandstoff Verwendung findet, und daß es endlich sogar für den mangelnden Bindfaden eingesprungen ist.

Der Bedarf an Hölzern für Heereszwecke wurde in den ersten 6 Kriegsmonaten bereits auf 15 Mill. Mark geschätzt. Den Holzbedarf zu den auf Grund von Mobilmachungsverträgen bis zum 8. Mobil= machungstage in allen Teilen Deutschlands zu erbauenden Speise= anstalten schätzte man in unterrichteten Kreisen auf 30 000 Festmeter im Werte von mehr als 1 Million Mark. Im Oktober 1914 wurde der Bedarf an Bauhölzern in Ostpreußen auf 40 000 Festmeter geschätzt. Zur Unterbringung der vielen Kriegsgefangenen mußten Holzbaracken gebaut werden, die rund 1—1$\frac{1}{2}$ Mill. Festmeter im Werte von 30 Mill. Mark beanspruchten.

Ich möchte nicht unterlassen, ganz im allgemeinen darauf hin= zuweisen, und Sie werden mir dies durch viele Beispiele aus der Praxis noch näher belegen können, daß natürlich nicht alle Sorti= mente an der angedeuteten Preissteigerung gleichmäßig Anteil hatten, daß vielmehr in diesem Kriege das Starkholz im allgemeinen, namentlich im Anfange, mehr in den Hintergrund trat, und daß, wie aus dem oben Angeführten ohne weiteres erklärlich wird, die Preise für schwächere Hölzer, insbesondere Gruben= und Schwellenhölzer, ferner auch Papierhölzer (trotz der sonstigen Einschränkung der eigent= lichen Papiererzeugung) sehr stark in die Höhe gingen. Bautätigkeit, Tischlerei und Pianofortefabrikation ruhten fast vollständig, be= sonders hat der Krieg dem Handel mit Möbeln empfindlichen Schaden

gebracht. $^9/_{10}$ der Umsätze dieser Holzindustriezweige dienten aus=
schließlich dem direkten und indirekten Heeresbedarf. Am schlech=
testen mit war darum auch wohl die Lage des Eichenhandels=
holzes, das schon vor dem Kriege eine rückläufige Bewegung ge=
zeigt hatte und auch heute noch mit geringen Ausnahmen die denk=
bar ungünstigste Nachfrage hat. Dies beruht, wie Herr Oberforstrat
Gretsch in seiner Denkschrift hervorhebt, freilich nicht nur in erster
Linie darauf, daß der einheimische Stammholzmarkt für Luxusmöbel
und zu Fournieren, also überhaupt für feinere Hölzer, sog. Tischler=
hölzer, infolge des Darniederliegens der Bautätigkeit fast keine Auf=
nahme bietet, sondern vor allem auch mit darauf, daß die Militär=
verwaltung ihren nicht geringen Bedarf an Eichenhölzern in den
eroberten Gebieten selbst decken konnte und von dort noch beträcht=
liche überschüssige Mengen der Heimat zuführte.

Ich brauche weiter kaum daran zu erinnern, daß infolge des
Stockens der Bautätigkeit auch der Nadellangholzmarkt anfangs sehr
darniederlag, daß aber allmählich durch den Stellungskrieg für Heeres=
zwecke und wegen des Bedarfes für Ostpreußen eine ziemlich lebhafte
Nachfrage nach rundem Bauholz überhaupt und insbesondere auch
nach Starkholz sich geltend machte, wofür nun gern erhöhte Preise
gezahlt wurden. Besonders gut ist der Geschäftsgang in der Kisten=
herstellung gewesen; beliefen sich ja gleich am Anfang die Aufträge des
Militärs auf ca. $^3/_4$ Mill. Mark.

Im allgemeinen ist bemerkenswert, daß Holzarten und Holz=
sortimente, die in Friedenszeiten infolge der Konkurrenz des Aus=
landes aus den inländischen Forsten nur wenig begehrt waren, auf
einmal Gegenstand lebhafter Nachfrage wurden und dadurch zum Teil
ungeahnte Preissteigerungen erlebten. Hier hat der Krieg unstreitig
hinsichtlich der nachzuziehenden Holzarten und auch Holzstärken ge=
wisse wichtige Fingerzeige und Lehren gegeben. Vor allem wurden
die bei uns nicht gerade allzuhäufigen Laubhölzer für Militärliefe=
rungen stark begehrt; so ließ der Krieg u. a. einen großen Bedarf an
Eschen= und Nußbaumholz hervortreten, so daß eine plötzliche scharfe
Aufwärtsbewegung des Preises dieser Holzarten eintrat. Auch für
Roterlen=, Birken=, Pappeln= und Weidennutzhölzer stieg die Nach=
frage. Auf die Rindenpreise brauche ich nicht einzugehen, da sie die
Nebennutzungen angehen, will aber ergänzend hinzufügen, daß auch
nach Eichen= und Edelkastanienholz, deren Gerbstoffgehalt durch neue
chemische Methoden zu Extrakt gewonnen wird, eine stärkere Nach=
frage aufgetaucht ist, was der Verwertung geringwertiger Scheit= und
stärkerer Prügelhölzer nur förderlich sein kann, daß auch das sonst fast
wertlose Fichten= und Eichenspitzenreisig vielleicht im großen zu Gerb=
zwecken Verwendung finden dürfte, und daß schließlich das Buchen=
holzmehl ebenfalls Gerbsäure enthält. Die Buche ist auch sonst im

Weltkriege wieder zu Ehren gekommen; ich brauche u. a. nur darauf hinzuweisen, daß sie die beste Holzkohle liefert. Hinsichtlich des Nußbaumholzes will ich daran erinnern, daß Napoleon seinerzeit den massenhaften Anbau von Nußbäumen im Interesse der Landesverteidigung angeordnet hat, und daß heute z. B. das preußische Kriegsministerium ebenfalls die Anpflanzung dieser Holzart auf Kasernenhöfen und -gärten und an geeigneten Stellen der Truppenübungsplätze empfiehlt. Das erinnert uns auch an all diejenigen Bestrebungen, die darauf hinzielen, die deutsche Forstwirtschaft, wo dies nötig ist, wieder dahin zu bringen, nicht alles auf eine Karte zu setzen, sondern allen Holzarten einen entsprechenden Raum im Walde zu gönnen. Wenn ich damit auch vollständig übereinstimme, so möchte ich den Ton ganz besonders auf das „entsprechend" legen, entsprechend nämlich vor allem dem Standort, dann aber auch gemäß den wirtschaftlichen Gesichtspunkten. Ich glaube kaum, daß jene Bestrebungen so aufzufassen sind, daß jedes Forstrevier, jede Forstverwaltung alle Holzarten nun auch anbauen müßte, denn das würde wieder jener Laubholzmanie gleichkommen, die selbst das Königreich Sachsen zum Teil einmal durchmachte, indem man bis in die höchsten Erzgebirglagen Versuche mit Laubholzheistern machte; wir dürfen m. E. vielmehr nur das aus der Kriegswirtschaft als Lehre beibehalten, was tatsächlich als einen dauernden Kern besitzend mit in die Friedenswirtschaft herüber genommen werden kann. Ich brauche auf diesen Gegenstand an dieser Stelle nicht näher einzugehen.

Ich müßte aber hier eigentlich ein sehr umfangreiches Kapitel über den Einfluß des Mangels an Gespann- und Arbeitskräften auf die Holzpreise einschalten, kann mich aber mit Rücksicht auf die Ausführungen des Herrn Dr. Wappes zum Glück kurz fassen. Gerade der Krieg hat gezeigt, wie wichtig es für die Forstwirtschaft ist, wenn das Holz marktgängig gemacht, d. h. wenn es auf Lagerplätzen zusammengerückt oder noch besser frei Eisenbahn geliefert werden kann. In äußerst zahlreichen Fällen werden gerade die Waldpreise durch den Mangel an Gespannkräften, der besonders empfindlich mit 1915 einsetzte, und die dadurch bedingten hohen Fuhrlöhne, die sich meist verdoppelten, teilweise sogar verfünffachten, gedrückt worden sein, während die Handelspreise sich dadurch sehr oft erhöhten. War eine Holzabfuhr nicht möglich, so kamen auswärtige Händler oft für die Holzverkäufe überhaupt nicht mehr in Betracht, und die sonst so wohltätige Konkurrenz den Einheimischen gegenüber fehlte dann ganz. Die Händler kaufen wegen der immer spärlicher werdenden Gespannkräfte eben nur dort, wo Gespanne zu entsprechenden Preisen zu haben sind. Der zeitweise gestörte Eisenbahnverkehr dagegen wird auf den Holzhandel wohl nur von geringerem Einfluß gewesen sein. Den Mangel an Arbeits-

kräften und die Mittel zu ihrer Abhilfe kann ich hier ganz über=
springen, ebenso kann ich schon aus Mangel an Zeit auf die den
Holzhandel natürlich gleichfalls stark berührenden Kreditfragen im
Kriege, auf die Bedeutung der von unseren Feinden erlassenen Zah=
lungsverbote für die Holzindustrie, z. B. in Rußland, endlich
auch die sonstigen Vergewaltigungen deutscher Holzfirmen im Aus=
lande, besonders wieder in Rußland, nicht eingehen.

Alles in allem sehen wir aber auf dem Gebiete der Holzindustrie
dasselbe, was wir auch auf den übrigen Gebieten des deutschen Ge=
werbefleißes beobachten konnten, und was es ermöglichte, daß das
Riesenschwungrad unseres Wirtschaftslebens wieder so zu arbeiten
beginnen konnte, wie wir es allenthalben wahrnehmen, nämlich die
ungeheuere und überaus schnelle Wandelbarkeit und geradezu erstaun=
liche Anpassungsfähigkeit unserer Industrie an den Kriegszustand
mit allen hierzu erforderlichen Kapitals= und Arbeitsverschiebungen,
mit einem Worte an die Wirtschaftsverhältnisse des Krieges, als da
sind: eine fieberhaft gesteigerte Produktion zunächst für den Heeres=
bedarf im eigentlichen Sinne, dann aber auch für den Kriegsbedarf
im weiteren Sinne, d. h. vor allem für die mannigfaltigsten frei=
willigen Ausrüstungsgegenstände und sonstigen Liebesgaben für die
Truppen, und endlich für den Bedarf der Daheimgebliebenen. Die
so oft prophezeite Wirtschaftskrisis ist nicht eingetreten, wenigstens
nicht in dem Grade, wie sie wohl möglich gewesen wäre. Viele
Millionen kräftiger Menschen, die rüstigsten Arbeitskräfte schieden
zwar aus und wurden ihrer fruchtbringenden Tätigkeit im Dienste der
friedlichen Arbeit und damit dem Wirtschaftsleben entzogen und sind
in den Krieg gewandert, um ihre starken Arme der Verteidigung des
bedrohten Vaterlandes zu leihen. Andererseits wurde alle Aus= und
Einfuhr ganz oder teilweise abgeschnitten. Jedes für sich allein
würde allerdings eine Krisis bedingt haben; nun hoben sich deren
Wirkungen bis zu einem gewissen Grade auf. Die mangelnden
Arbeitskräfte wurden durch ältere ersetzt, und die Arbeitslosigkeit ging
zurück, je mehr Truppen nachgeholt wurden. Mancher Industrie
wurden die Arbeiter genommen; anderen wurden welche zugeschoben;
da wandelten sich eben die Tätigkeiten!

Auch in der Holzindustrie bekamen manche Betriebsgruppen
infolge Militärlieferungen viel zu tun, z. B. durch die Kistenher=
stellung; dagegen gab es auch solche, bei denen vielfach Betriebsein=
stellungen oder Arbeitsverkürzungen eintraten, z. B. bei den Jalousie=
und Pianofortefabriken, bei der Möbel=, Korbwaren=, Schirm= und
zum Teil Papierwarenindustrie. Aber auch hier wieder beobachten
wir Anpassungen an die gegebenen Verhältnisse, wie nur wenige Bei=
spiele zeigen mögen: die Möbelfabriken fertigen Schlitten für die
Feld=Artillerie, ferner Zeltstöcke, Beil= und Axtstiele, die Bautischlerei

Barackenfenster, die Pianofortefabriken sogar Patronenhülsen, in Öster=
reich die Bugholzmöbelindustrie Rucksäcke; in der Papierindustrie hat
z. B. die Papiersäckeindustrie eine gesteigerte Aktivität erhalten, und
Papier und Holzstoff dringen vor und ersetzten Baumwolle, Jute und
Bindfaden, so daß auch das Holz zu den gestern erwähnten Gespinst=
stoffen gerechnet werden muß.

Hand in Hand gingen Maßnahmen der Forstverwaltungen,
welche den Holzeinschlag entsprechend zu regulieren suchten; vor
allem mußte in den Hauungsplänen den besonderen Verhältnissen,
die der Krieg geschaffen hatte, Rechnung getragen werden. Die Be=
fürchtungen, daß die Staatsforstverwaltungen den Einschlag im all=
gemeinen einschränken würden, bewahrheiteten sich im großen ganzen
nicht. In Ostpreußen z. B. wurde die mangelnde Zufuhr durch einen
reichlicheren Einschlag in den Staatsforsten ausgeglichen. An erster
Stelle war die Deckung des Heeresbedarfes und auch, wie wir sahen,
des Brennholzbedarfes zu berücksichtigen. Darum beobachteten wir
naturgemäß im allgemeinen eine Verminderung des Einschlags
bei den wertvollen Nutzhölzern, z. B. den Kiefernbau= und Schneide=
hölzern, den Journiereichen u. dgl., wenn nicht der Heeresbedarf diesen
erforderte oder der Absatz sonst sichergestellt erschien; dagegen eine
Zunahme des Einschlags an Bahnschwellen, besonders an Gruben=
holz (z. B. Eichenstangen aus den Durchforstungen) und an Papierholz.
Ich erinnere hier an die vielgenannten außeretatmäßigen 50 000
Festmeter schwächeren Derbholzes, welche die sächsische Regierung aus=
schließlich für die Fabrikation von Papier für politische Zeitungen
schlagen läßt. In Preußen sind der Holzverkohlungsindustrie, die
für Heereszwecke bekanntlich größere Mengen von Buchenholz nötig
hat, ausreichende Vorräte an solchem zugewiesen worden. Bayern
stellte ca. 125 000 Ster Holz zur Verfügung, um den großen Bedarf
der Heeresverwaltung an Holzwolle sicher zu stellen. Auch sonst
haben die fiskalischen Forstverwaltungen durch ihre sparsame Wirt=
schaft im Frieden einer genügenden Holzversorgung im Kriege in aus=
reichendem Maße vorgesorgt.

Hierher gehören ferner Maßregeln, die sich auf eine angemessene
Verteilung der Schläge beziehen: Legen derselben in die Nähe der
Bahnhöfe bzw. dorthin, wo eine sichere und rasche Abfuhr besonders
der Handelshölzer zu den Eisenbahn= und Wasserverladestellen mög=
lich ist, also z. B. in die Nähe befestigter Wege, ferner Führen der
Schläge in solchen Abteilungen, wo gerade das gewünschte Sortiment
(Schleif=, Brennholz u. dgl.) am meisten ausfällt. Ähnliches gilt für die
Durchforstungen. Diese Maßregeln sind ja durch die dankenswerten
Zusammenstellungen in der „Deutschen Forstzeitung“ hinreichend be=
kannt, und die Herren Vertreter der deutschen Staatsforstverwaltungen

würden sich den Dank der Versammlung verdienen, wenn sie mein Referat nach dieser Richtung hin noch zu ergänzen die Güte hätten.

Bei unserer deutschen Kriegs=Volkswirtschaft kommt nun noch zum Glück eine **Erweiterung** der Grenzen ihres Gebietes durch die besetzten feindlichen Länderstrecken mit einer wesentlichen Ver= stärkung auch der Holzproduktion hinzu. Zu den bereits erwähnten französischen Eichen und Eschen treten noch die Vorräte an Kiefern in Polen, besonders der Gouvernements Suwalki, Wolhynien, Lublin und Grodno.

Freilich, ich möchte, um nicht mißverstanden zu werden, noch besonders darauf hinweisen, daß der heutige Weltkrieg ganz andere Wirkungen auf unser Wirtschaftsleben zeitigte als z. B. der deutsch=französische Krieg 1870/71. Wiederum zu einem anderen Zweck las ich kürzlich die sächsischen Handelskammerberichte aus jenen Kriegsjahren. Zwar traf auch der Krieg von 1870 das Wirt= schaftsleben wie ein Blitzschlag aus völlig heiterm Himmel; Handel und Industrie hatten nicht, wie dies 1866 z. B. der Fall war, Gelegenheit, ihre Kreditorganisationen und Dispositionen wie end= lich die einzuengende Produktion den kommenden schlechten Zeiten sobald als möglich anzupassen. So waren natürlich auch damals größere Verluste unvermeidlich; aber schon nach kurzer Zeit kehrte man zu leidlich geordneten Kreditzuständen zurück, und der Verkehr belebte sich bald wieder, „und hätten nicht die Arbeitskräfte gefehlt, wäre ferner nicht, da die französische Flotte die deutschen Häfen blockierte, der für die deutsche Industrie zum Teil sehr wichtige über= seeische Export gestört geblieben, so würde man, was Handel und In= dustrie betraf, kaum bemerkt haben, daß Deutschland in einen ernst= lichen und schweren Krieg mit dem bisher so viel gefürchteten Nach= barn verwickelt war" (Handelskammerbericht Dresden 1870 S. 70). Auch 1870 klagten solche Industriezweige, deren Erzeugnisse nicht zu den Artikeln des täglichen Verbrauchs gehörten, besonders anfangs über fehlenden Absatz; doch fand gleich wie heute ein lebhafter Umsatz in den Gegenständen statt, die für die stetig zu erneuernde Ausrüstung des Heeres gebraucht wurden. Wenn aber auch diese ganze Lage selbst= verständlich Anklänge an die heutige bot, so zeigen sich doch anderer= seits auch gewaltige Abweichungen! Es war eben ein Kampf nur gegen **eine** Front, nicht gegen drei, und wenn 1870 schon während des Krieges manche neutrale Länder, die bis dahin einen Teil ihrer Einfuhrgegenstände aus Frankreich zu decken gewohnt waren, ihren Bedarf von dorther nicht mehr befriedigen konnten und nun dafür in **Deutschland** Ersatz suchten, so daß die Aufträge von außen z. B. in besseren Papierwaren, ferner in Tapeten, Möbeln usw. außerordent= lich zunahmen und dadurch das Wirtschaftsleben ungemein befruch=

teten, merken wir davon heute natürlich nichts. Neben dem Kampfe mit den Waffen ist ein Wirtschaftskampf entbrannt, und wir müssen einstweilen untätig zusehen, wie englische Niedertracht draußen auf dem Weltmarkt deutschen Gewerbefleiß verdrängt. Während damals bereits während des Krieges wir uns den Weltmarkt zu erobern begannen, läßt sich die nach dem Kriege eintretende allgemeine Lage zurzeit noch nicht ausreichend überblicken. Vor allem wissen wir noch gar nicht, wie sich die handelspolitischen Verhältnisse nach dem Völkerringen gestalten werden.

Beiläufig möchte ich nur bemerken, daß der isolierte Staat, der abgeschlossene Handelsstaat, in dem wir zurzeit leben, neben manchem Unerfreulichen und Nachteiligen auch gewisse gute Seiten aufweist. Ich möchte nur auf einen Punkt hinweisen, der auch für den Holzhandel wichtig ist. Der Krieg schafft auch Geld, was eben mit jener Abschließung zusammenhängt. Die nicht abgeschlossenen Staaten zahlen ihr Geld für Bezüge, als Anleihen und Zinsen dafür, z. B. nach Amerika. Wir bringen dagegen alles, was wir aus unserem Wirtschaftsleben herauspumpen, wieder auf den Markt. Mit richtigem Blick hatte unsere Reichsleitung durch Erteilung von Aufträgen 2c., die, wie wir sahen, auch der Holzindustrie zugute kamen, gleich zu Beginn einige Milliarden auf den Markt geworfen, dann diese sich mittels einer Anleihe wieder herausgeholt, und sie kann eigentlich dieses Spiel beliebig oft wiederholen, wie in einem automatischen Pumpwerk; denn wo soll man zurzeit das verdiente Geld anders anlegen als in Kriegsanleihe?

Mit Rücksicht auf die Geschlossenheit unseres Wirtschaftskreises ist aber, wie auf dem großen Gebiete der Volksernährung, so auch angesichts des ungeheueren Holzbedarfs in unserem deutschen Vaterlande nicht nur im Frieden, sondern ganz besonders jetzt im Kriege die Frage aufgeworfen und immer wieder behandelt worden: wie behelfen wir uns jetzt, da die Zufuhr auch von Holz durch unsere Feinde zum größten Teil unterbunden ist? Die Antwort finden wir aus dem bereits Ausgeführten, besonders aus dem, was ich über die Umwertung der Wertschätzung der Sortimente und Holzarten, was ich über das französische und polnische Holz und endlich über die Maßnahmen der deutschen Forstverwaltungen sagte. Im allgemeinen muß dabei daran erinnert werden, daß wir im großen ganzen vom Auslande in erster Linie nur abhängig sind einmal hinsichtlich der sog. Luxushölzer und dann hinsichtlich der stärkeren Hölzer, und zwar sowohl beim Laubholz als auch beim Nadelholz, daß wir aber hinsichtlich der in weit größerer Menge benötigten schwächeren Hölzer wohl niemals Mangel leiden werden, sondern in der Lage sind, zum mindesten, wenn wir uns ganz vorsichtig ausdrücken wollen, den größten Teil des Bedarfes, ja mit Rücksicht auf die Ausführungen des Herrn

Dr. Wappes in den Stand gesetzt werden können, den gesamten Bedarf im deutschen Reiche selbst zu erzeugen. Dieses letztere wird bekanntlich besonders von der Papierindustrie sehr energisch bestritten, und ich gebe gern zu, daß unsere Produktionsstatistik eine einwandfreie Beantwortung dieser Frage nicht so ohne weiteres zuläßt. Ich habe wegen dieser Frage bereits im Jahre 1913 mit Herrn Prof. Schilling-Eberswalde korrespondiert und ihn gebeten, da er im „Holzmarkt" diese Frage eingehend erörtert hat, mir ganz besonders für den Osten Deutschlands statistisches Material zukommen zu lassen, das ich im Sinne der von der deutschen Forstwirtschaft aufgestellten Behauptung der Zulänglichkeit der Schwachholzerzeugung verwerten könnte. Seine mir seinerzeit gegebene freundliche Inaussichtstellung solchen Materials hat infolge des Weltkrieges bis jetzt eine Verwirklichung leider nicht erfahren können. Ich glaubte aber, diese Frage weiter verfolgen zu müssen, und habe unter freundlicher Mithilfe des Herrn Oberforstmeister Riebel in der mit „Produktionsstatistik" betitelten Mitteilung VI der „Geschäftsstelle"[1]) einen Weg gewiesen, auf dem man, ohne zu erneuten Erhebungen schreiten zu müssen, das gewünschte Ziel, tunlichst einwandfreies Material zur Klärung jener meines Erachtens ganz außerordentlich wichtigen Frage zu erhalten, erreichen könnte. Ich würde dem Forstwirtschaftsrate dankbar sein und die Holzhandelskommission bittet ihn, einen diesbezüglichen Antrag anzunehmen, dahingehend, das Reichsamt des Innern und, des Grubenholzes wegen, das ja auch in der Hauptsache zu den schwächeren Sortimenten zählt, auch die einzelstaatlichen Bergbehörden zu ersuchen, uns die Endergebnisse der bereits vorhandenen einschlägigen Erhebungen über den stattgefundenen Papierholz- und Grubenholzverbrauch bekannt zu geben. Wenn wir diese summarischen Zahlen, am besten allerdings nach Provinzen geordnet, besitzen, können wir meines Erachtens mit gleichzeitiger Berücksichtigung einer etwaigen Mehreinfuhr an diesen Sortimenten zu einer einwandfreien Klärung der vielumstrittenen Frage kommen, inwieweit das deutsche Reich imstande ist bzw. in den Stand gesetzt werden kann, den Bedarf an jenen schwächeren Nutzholzsortimenten nachhaltig selbst zu decken. Wenn wir so mit genügendem statistischen Material ausgerüstet sind, können wir auch an die kritische Betrachtung aller derjenigen Maßregeln unserer Wirtschaftspolitik herantreten, die, abgesehen von denen der Forstverwaltungen, Produktion und Bedarf während des Krieges in Einklang zu bringen sich bemühten. Da sind es — wenn wir einmal ganz absehen wollen von den Kriegsausnahmetarifen der Eisenbahnen und Wasserstraßen, die ja in erster Linie zunächst lediglich einen örtlichen Ausgleich in gedachtem Sinne innerhalb des Deutschen Reiches

---

[1]) Mitteilungen des Deutschen Forstvereins 1915, Nr. 2.

anstreben, z. B. die Frachtermäßigungen der für Ostpreußen be=
stimmten Baumaterialien — vor allem zollpolitische Maßnahmen, die
auch im Weltkriege Bedeutung gehabt haben und sicher auch nach
demselben die Gemüter noch viel beschäftigen werden.

Im ganzen genommen hat der Weltkrieg den Beweis erbracht,
daß unsere Wirtschaftspolitik vor dem Kriege die richtige war, und
daß sie im Prinzip auch heute gar nicht änderungsbedürftig ist; er
bildet jedenfalls die glänzendste Rechtfertigung unserer deutschen
Handelspolitik seit 1879 mit ihrer tunlichst gleichmäßigen Förderung
von Urproduktion und Industrie. Deshalb brauche ich Ihnen nur
ganz kursorisch darzustellen, auf welche Weise das Deutsche Reich
während des Krieges jener oben angedeuteten Aufgabe des Aus=
gleichs von Produktion und Bedarf bezüglich des Holzes gerecht zu
werden bemüht war bzw. heute noch ist. Diese Maßnahmen sind, wie
bereits angedeutet, vor allem auf dem Gebiete der Kriegshandelspolitik
zu suchen. Der Krieg hatte zunächst die Folge, daß nach dem geltenden
Völkerrecht alle Handelsbeziehungen zu den uns feindlichen Staaten
(auch wenn sie für „ewige Zeiten“ geschlossen sein sollten!) ganz von
selbst auch formell aufgehoben wurden, indem einmal alle Handels=
verträge und sonstigen handelspolitischen Abmachungen zwischen den
kriegführenden Parteien als außer Kraft gesetzt zu betrachten waren,
und dann, daß auch jeder rechtmäßige Handel zwischen ihnen aufhörte,
ja daß sogar jeder den anderen durch Abschneiden der für denselben
wichtigen Güter tunlichst zu schädigen und zu schwächen suchte.

Die Mittel, um letzteres zu erreichen, sind bekanntlich einmal
die Erklärung der sog. effektiven Blockade, zu deren Durchführung
aber selbst die sonst so „beherzte“ englische Weltflotte Deutschland
gegenüber nicht imstande ist, dann die Minenverseuchung der Meere,
die aber völkerrechtswidrig ist, und endlich die nach der Prisenordnung
mögliche Behandlung gewisser Güter als sog. absolute oder relative
(sekundäre) Konterbande, wozu auch das Holz in wechselnder Weise
gerechnet wurde. Von seiten des Deutschen Reiches wurde dasselbe
nämlich am 17. November 1914 zur relativen und unterm 23. November
als absolute Konterbande erklärt. Wenn diese Maßregel erst relativ
spät kam, so weiß man, daß dies die Rücksicht auf Schweden mit
bedingte. In erster Linie richtete sie sich gegen England, wo
ganz besonders das Zelluloseholz, wie auch in anderen mit uns
kriegführenden Ländern, knapp zu werden begann. Eine Folge der
deutschen Konterbandeerklärung war übrigens nebenbei, daß man in
Deutschland vermehrte Holzangebote aus Schweden antraf, die aber
zum Teil in ihren Preisforderungen so hoch waren, daß sie oft ab=
gelehnt wurden. Wir wissen ja, daß Schweden gerade mit seinem
Holzhandel während des Krieges ein ganz ausgezeichnetes Geschäft
gemacht hat. Im April 1915 hob Deutschland ganz besonders mit

Rücksicht auf die nordischen Staaten die Konterbandebestimmung betreffs bearbeiteter Hölzer wieder auf; nur Grubenholz ist heute noch als absolute, die übrigen Holzsortimente, also auch das Schleifholz, aber nur als relative Konterbande anzusehen.

Als weitere hierher gehörige Maßregeln zur Sicherstellung der wirtschaftlichen Kräfte im Innern, vor allem der Sicherstellung der wichtigsten Rohmaterialien für die Kriegslieferungen und für sonstige gewerbliche Zwecke, nenne ich die Aus- und Durchfuhrverbote, zu denen ergänzend Einfuhrerleichterungen und Zollsuspensionen treten. Bei der ungeheuren Wichtigkeit, die gerade das Holz heutzutage in der Volkswirtschaft der Kulturvölker spielt, kann es nicht wundernehmen, daß dasselbe auch bei jener auf Erschwerung der Ausfuhr gerichteten Politik Berücksichtigung fand. Bei der relativen Knappheit, die das Holz in Deutschland im allgemeinen hat, waren die erlassenen Ausfuhrverbote um so verständlicher, als selbst Österreich-Ungarn solche ergehen ließ, weniger allerdings vielleicht deshalb, um sich das nötige Holz für den augenblicklich großen Bedarf an Nutzhölzern im eigenen Lande zu sichern, als ganz besonders deshalb, um es seinen Feinden, die es zum Teil recht dringend benötigen, vorzuenthalten. Dieser letztere Umstand fällt ganz besonders seit Ausbruch des Krieges mit Italien in die Wagschale.

Die vom Deutschen Reiche im Laufe der Zeit den wechselnden Anforderungen entsprechend in ihrem Umfange vielfach abgeänderten Durch- und Ausfuhrverbote kann ich Ihnen natürlich heute nicht aufzählen; sie werden vom Kaiserlich Statistischen Amt von Zeit zu Zeit zusammengestellt, so daß man sich darüber jederzeit orientieren kann. Ich will nur hervorheben, daß im großen ganzen Deutschland und Österreich als verbündete Staaten sich gegenseitig großes Entgegenkommen in diesen Fragen einräumten; es ist aber interessant zu verfolgen, wie sich die einschlägigen Bestimmungen auch zwischen beiden Reichen im Laufe des Krieges, besonders seitens Österreichs, in immer schwankender Weise wieder geändert haben, vom fast absolut erlassenen Holzausfuhrverbot bis zur völligen Verkehrsfreiheit, bedingt durch die fortwährenden Bemühungen der verschiedensten Interessengruppen, die gerade in Österreich recht schwer unter einen Hut zu bringen sind: Waldbesitzer, Holzhändler, Holzindustrielle und Exporteure von Holzwaren!

Überblickt man die deutschen und österreichischen Maßregeln, welche die Ausfuhr von Holz erschweren, so kennzeichnet sich auch durch sie wieder der verschiedene Charakter der beiden Reiche. In Deutschland als Importland wurden diese Maßnahmen im großen ganzen stillschweigend hingenommen, in Österreich-Ungarn als dem Holzexportland erzeugten sie naturgemäß starken Gegendruck. Während Österreich-Ungarn sich nur allmählich dazu verstand, wenigstens Deutschland gegenüber die Holzausfuhr tunlichst wieder zu erleichtern bzw. ganz freizugeben, hatte Deutschland ebenfalls Gelegenheit, die Maßregeln der Ausfuhrverbote zu durchlöchern, indem Luxemburg in dieser Beziehung Erleichterungen gewährt werden und auch für Holland, Dänemark und der Schweiz auf Antrag die Möglichkeit von Ausfuhrbewilligungen besonders hinsichtlich Grubenholz, Papierholz, Eisenbahnschwellen und Telegraphenstangen unter gewissen Voraussetzungen, nämlich der unbedingten Sicherheit, daß die Sendung nicht in das feindliche Ausland weitergeleitet wird, vorgesehen ist.

Die den Ausfuhrverboten zur Seite stehenden Einfuhrerleichterungen beziehen sich vor allem darauf, daß das Reich den neutralen Staaten gegenüber, mit denen alle eingegangenen handelspolitischen Abmachungen naturgemäß weiterbestehen, im Interesse der Versorgung der inländischen Volkswirtschaft die regulären Zölle ermäßigt oder ganz aufhebt, wie dies besonders für Gerbstoffe und Halbzeug aus Holz geschehen ist. Die zeitweilige Zollfreiheit des genannten Halbfabrikates der Papierindustrie sollte vornehmlich der Einfuhr von Zellulose aus Schweden und Österreich-Ungarn zugute kommen. Hand in Hand mit diesen zollpolitischen Maßregeln gehen natürlich die Tarifermäßigungen auf den Eisenbahnen.

Von Interesse ist ferner, wie die von den deutschen Truppen besetzten und unter deutsche Verwaltung gestellten feindlichen Gebiete zollpolitisch behandelt werden; diese bleiben nämlich nach dieser Hinsicht noch immer Ausland. Solange also die daselbst bestehenden Zölle von den deutschen Behörden nicht geändert und durch neue ersetzt werden, unterliegt die Einfuhr nach Belgien den bisherigen belgischen, die Einfuhr nach Frankreich den bisherigen französischen Zöllen. Der Grund hierfür kann wohl nur auf finanzpolitischem Gebiete zu suchen sein. Für die unter deutscher Verwaltung stehenden Gebiete von Russisch-Polen ist am 5. April 1915 eine Zollordnung eingeführt worden, welche Holzwaren mit dem hohen Zoll von 10 Mark pro Doppelzentner belegt.

Andererseits ist hinsichtlich der Ausfuhr aus den besetzten Gebieten Belgiens, Frankreichs und Rußlands nach Deutschland der Reichskanzler ermächtigt, für solche Waren, die durch die Heeres- und Marineverwaltung oder durch gemeinnützige Gesellschaften, die ausschließlich zur Versorgung der deutschen Volkswirtschaft während des Krieges dienen, eingeführt werden, die Anwendung der billigeren Vertragszölle zu genehmigen. Jedenfalls kommen aber, wie ich schon ausführte, auf alle Fälle die in den besetzten Gebieten vorhandenen Rohstoffe unserer heimischen Arbeit restlos zugute und ersetzen zum Teil die sonst fortfallende Einfuhr.

Im Anschluß hieran interessiert weiter die Frage, wie der Wald im Kriegsfalle zu behandeln ist. Wegen seiner großen Wichtig-

keit für die nationale Volkswirtschaft hat die Haager Friedens=
konferenz im Jahre 1899 eine Bestimmung in dem Sinne gebracht,
daß der besetzende Staat sich nur als Nutznießer des Staatswaldes
zu betrachten hat; er darf also die Rente wohl einheimsen, aber nicht
ganze Staatswaldungen verwüsten oder veräußern. Freilich würden
sich unsere Feinde um die internationalen Völkerrechtsbestimmungen
bezüglich des Waldes gerade so wenig kümmern wie in so vielen
anderen Fällen, während die deutsche Heeresverwaltung die fremden
Waldungen sofort in ordnungsgemäße Bewirtschaftung genommen hat.

Neben jenen zollpolitischen Maßregeln sind noch eine ganze
Reihe anderer forstpolitischer Maßregeln zu erwähnen, die auf dem
Gebiete des Handels, vor allem aber auch auf dem des Verkehrs und
der Produktion alle das gleiche Ziel des oben angedeuteten Aus=
gleichs von Bedarf und Erzeugung verfolgen und dadurch die Schädi=
gungen der Handelssperre durch Maßnahmen der Innenpolitik wett=
machen. Ich erinnere einmal an das Veräußerungsverbot für ver=
arbeitungsfähiges Eschen= und Nußbaumholz, dann an das Verbot
mancher Staaten, gewisse Holzarten während des Krieges einzuschlagen,
so in Österreich für Eschen=, bei uns für Nußbaumholz. Bekanntlich
ist letzteres bei uns überhaupt beschlagnahmt.

Faßt man all die angedeuteten Maßnahmen forstpolitischer Natur
zusammen, so ergibt sich auch für das Deutsche Reich eine den
wechselnden Verhältnissen angepaßte, mehr oder minder zielbewußte
Politik auf dem Gebiete der Holzversorgung und der damit im
engsten Zusammenhange stehenden Fragen dahingehend, dem Inlande
den nötigen Rohstoff zu erhalten oder zu verschaffen bzw. denselben
zwar den Bundesgenossen zugute kommen zu lassen, jedoch den
Feinden vorzuenthalten. Aber wie in der gesamten Volkswirtschaft
stets alles im Fluß ist, so ganz besonders jetzt im Kriege. Keine
Woche vergeht, die nicht neue behördliche Maßnahmen bringt, um
den Ausbau unserer kriegswirtschaftlichen Organisation zu fördern,
und um auch unser forstliches Gebiet des wirtschaftlichen Arbeitens
in den Dienst des großen Gedankens „durchhalten“ zu stellen.

Gerade mit Rücksicht auf die deutsche Holzerzeugung können
wir auch bei längerer Dauer des Krieges der Zukunft mit ruhiger
Zuversicht entgegen gehen; Englands teuflischer Plan, unser Kultur=
volk auszuhungern, wird ihm auf dem Gebiete des Holzes ebensowenig
gelingen als auf dem der Volksernährung!

Ja, wenn es gestattet ist, einen Blick in die Zukunft zu tun und
den Bedarf an Holz im kommenden Frieden zu betrachten, so sind
die Aussichten für die Forstwirtschaft als auch für Holzhandel und
Holzindustrie, glaube ich, sicher keine schlechten. Gewiß wird infolge
der Beeinträchtigung der Arbeits= und der Schwächung der Kapitals=

kraft das Gesamtresultat des Weltkrieges eine wesentliche Einschrän=
kung der Produktionskräfte in fast allen Ländern der Erde sein, und
dieser verminderten Produktionsfähigkeit wird vielfach ein vermin=
derter Bedarf gegenüberstehen. Hinsichtlich des Kriegsmaterials dürfte
sich jedoch derselbe wohl nur langsam abschwächen, da die krieg=
führenden Mächte ihr durch den Krieg zerstörtes, abgenutztes oder
verloren gegangenes Material ergänzen werden, und dabei wird auch
das Holz zum großen Teil seine Rolle weiter spielen, und die Holz=
industrie, die, wie wir sahen, bereits durch den Krieg eine gewisse
Belebung erfahren hat, wird unstreitig sogar einer steigenden Kon=
junktur entgegengehen, da eben ihre Produkte für die Wiederherstel=
lung der durch den Krieg angerichteten Zerstörungen mit in erster
Linie in Betracht kommen; Tornister, Krankenwagen und sonstige
Fahrzeuge, der Wiederaufbau der verwüsteten Landstriche in Ost=
preußen und im Elsaß usw. werden eben viel Holz benötigen. Erst
allmählich wird sich dann auch beim Holze unsere wirtschaftliche
Tätigkeit wieder auf die eigentliche Friedensarbeit einstellen, so vor
allem im Baugewerbe, in der Möbelindustrie usw. Der Krieg wird
zwar eine große Mehrzahl der Familien zu weitgehender Sparsam=
keit zwingen, worunter in erster Linie allerdings die Herstellung von
Möbeln und Hausrat aller Art leiden wird; aber allmählich wird,
wenn die führenden Industrien, wie Berg= und Hüttenindustrie,
Maschinenbau und Elektrotechnik, chemische Industrie und Baugewerbe
wieder voll beschäftigt sein werden, auch die Nachfrage nach den
Bedarfsgegenständen des täglichen Lebens wachsen, und auch der
Möbelfabrikation und dem Holzhandwerk wird es nicht an Inlands=
aufträgen fehlen, und schließlich werden auch sie an der günstigen
wirtschaftlichen Konjunktur teilnehmen.

Wenn ich endlich zum Schlusse der Frage etwas näher treten
darf, wie sich das Deutsche Reich in bezug auf seine Holzzollpolitik
n a c h dem Kriege verhalten wird, so weiß ich, daß ich mich damit
auf ein noch sehr wenig geklärtes Gebiet begebe, und daß diese Be=
trachtung lediglich innerhalb des oben bereits angedeuteten Rahmens
geschehen kann. Das eine ist aber auf alle Fälle sicher, daß wir nach
dem gewaltigen Völkerringen auf dem Weltmarkte zum Teil mit
völlig veränderten Verhältnissen werden rechnen müssen, wenn ich da=
mit auch nicht gerade sagen will, daß die großen Holzhandelsstraßen
wesentlich andere sein werden als vor dem Kriege. „Wir erleben
aber nicht nur volkswirtschaftlich, sondern auch weltwirtschaftlich ein
Schauspiel von so überwältigender Größe, daß es sich schlechterdings
mit nichts vergleichen läßt, was wohl je geschehen ist. Alle wirt=
schaftspolitischen Fragen der Vergangenheit sind N e b e n fragen in
dem Programm des politischen Handelns nach dem Kriege ge=
worden. . . . . . Die Grundfrage muß neu gestellt werden, nämlich

wie unsere nationalen Produktivkräfte im Dienste unserer Zukunft zu entwickeln sind", wie vor allem die großen Rohstoffprobleme gelöst werden müssen, „wo also unsere Unabhängigkeit durch die Pflege einer dauernden Selbstversorgung, wo sie durch bewußte Vorratsbildung gesteigert werden soll. Gleichzeitig ändern sich alle Fragen der Weltmarktsbeziehungen: ebenso zu unseren Verbündeten, wie zu unseren Gegnern, wie endlich zu den Neutralen" (Plenge a. a. O. S. 22 u. 28). Freilich sind all diese Zustände nach dem Kriege für uns noch wie ein Nebel, keiner kennt noch die zukünftigen Absatz-, Verkehrs- und Finanzverhältnisse. Aber trotzalledem legt der mit Gottes Hilfe in nicht zu ferner Zeit kommende Friedensschluß auch dem Wirtschaftspolitiker, also auch dem Forstpolitiker die Verpflichtung auf, diesbezügliche Erwägungen anzustellen, wenn diese auch, wie meine folgenden Ausführungen, zunächst nur akademischen Charakter haben können.

Am raschesten werden wir meines Erachtens mit der Erörterung darüber fertig, wie sich unsere holzzollpolitischen Verhältnisse in bezug auf die uns heute feindlichen und neutralen Staaten zu gestalten haben. Wir haben in Trier unsere Wünsche so scharf umrissen dargelegt, daß wir sie heute nicht noch einmal aufzuzählen brauchen. Ja, ich glaube, daß unsere Aussichten sich bei einem für uns günstigen Frieden nicht verschlechtern werden, falls also wir denselben diktieren können. Ich bin daher der Ansicht, wir sollten heute im allgemeinen unsere Zollwünsche einfach wiederholen, was nicht ausschließt, daß bei einer Neuberatung derselben den eventuell durch den Krieg veränderten Verhältnissen Rechnung getragen werden müßte; so ist m. E. wohl erwägenswert, ob man nicht mit Rücksicht auf das von den beiden Herren Vorrednern Ausgeführte die Forderungen eines Zollschutzes auf Gerbmaterialien, Holzkohle, Holzwolle, Harze, Waldwolle, Vanellin usw. nicht noch verstärken sollte. Hoffentlich werden wir unsere Wünsche Rußland gegenüber, das uns für seinen Holzabsatz unbedingt braucht, ganz besonders energisch durchsetzen können, und Sache der Holzindustrie muß es sein, dahin zu wirken, daß Schädigungen, die für ihre Ausfuhr vor dem Kriege bereits seitens Frankreich und auch der Schweiz sich geltend gemacht hatten, nach demselben abgestellt werden. Auf alle Fälle müssen die Zentralmächte beim Friedensschluß sich gegen etwa geplante Beunruhigungen und Bedrängungen (früher sagte man Boykotte und Vexationen!) und allzuhohe Zollmauern unserer Gegner, die, von letzteren angedroht, zum großen Teil wohl überhaupt nur Schreckgespenste sein dürften, zu schützen wissen.

Nicht ganz so einfach liegen die Verhältnisse, wenn wir Österreich-Ungarn und die anderen uns verbündeten Staaten ins Auge fassen. Deshalb ist heute die Frage ganz besonders in den Vordergrund des Interesses getreten, wie wir uns in Zukunft mit unseren Verbündeten über derartige wirtschaftspolitische Fragen verständigen wollen; eine reiche Literatur ist darüber aus dem Boden geschossen, und auf Kongressen und Parlamenten ist dieser Gedanke bereits öfters lebhaft erörtert worden. Ganz zweifellos wird unsere Stellungnahme gerade in dieser Frage ganz besonders erschwert und eine Erörterung darüber zum Teil sogar ganz illusorisch gemacht durch den bereits genannten Umstand, daß es sich augenblicklich noch gar nicht übersehen läßt, wie sich die Friedensbedingungen, und wie vor allem sich nach dem Kriege die Handelsbeziehungen im allgemeinen, als auch die holzwirtschaftlichen Verhältnisse der beiden Reiche im besonderen zum Auslande gestalten werden. Immerhin dürfte die Frage einer handelspolitischen Einigung oder wenigstens Annäherung der beiden Kaiserreiche wichtig genug sein, um auch vom forstlichen Standpunkte bereits heute einmal beleuchtet zu werden. Es lag daher besonders mir, dem Leiter der „Geschäftsstelle des deutschen Forstwirtschaftsrates für Holzhandels-, Verkehrs- und Zollangelegenheiten", nahe, diese Frage vom forstpolitischen Standpunkt aus einmal objektiv zu erörtern, wenn natürlich auch bei der Holzzollfrage das in ganz besonders hohem Maße zutrifft, worauf Herr Prof. Dr. E n d r e s seinerzeit in Trier und auch sonst immer wieder hingewiesen hat, nämlich, daß sie nur im großen Rahmen der Politik gelöst werden kann und die Holzzölle nur einen, wenn auch sehr wichtigen integrierenden Bestandteil des gesamten Zolltarifes darstellen und deshalb niemals losgelöst vom Ganzen betrachtet werden sollten. Trotzdem erscheint es nötig, daß die maßgebenden Behörden über die Wünsche der deutschen Forstwirtschaft, des deutschen Holzhandels und der deutschen Holzindustrie r e c h t z e i t i g orientiert werden, denn sonst ist allerdings die Gefahr heute beinahe noch größer als früher, daß das Holz, wie schon manchmal, einfach als dankenswertes Kompensationsobjekt betrachtet und behandelt wird. Holz und Holzwaren nehmen aber in den Handelsverträgen, entsprechend der umfangreichen Handelsbeziehungen, die in diesen Artikeln im Welthandel, insonderheit zwischen den einzelnen Staaten Europas stattfinden, einen so ungemein wichtigen Platz ein, daß deren Erzeuger wohl verlangen können, daß ihre Wünsche tunlichste Berücksichtigung finden. Ich bin deshalb der infolge eines Vorschlages des Herrn Regierungsdirektors Dr. W a p p e s durch die „Silva" an mich ergangenen Aufforderung nach einigem Sträuben gern gefolgt, die deutsche und österreichisch-ungarische Holzzollpolitik vor, während und nach dem Weltkriege zusammenzustellen, um daraus gewisse Folgerungen für die Zukunft zu ziehen. Es kann nicht meine Aufgabe sein, dies alles an dieser Stelle nochmals zu wiederholen, sondern ich will die Frage nur ganz kurz zusammengefaßt darlegen.

Ganz allgemein ist sicherlich die Berechtigung nicht von der Hand zu weisen, daß Deutschland und Österreich ganz besonders mit Rücksicht darauf, daß im gegenwärtigen Weltkrieg das zwischen ihnen seit Jahrzehnten bestehende politische Bündnis durch gemeinsam vergossenes Blut ihrer Söhne gewissermaßen die Feuerprobe bestanden hat, nun versuchen werden, sich auch wirtschaftlich enger aneinander zu schließen.

Bekanntlich gibt es aber für einen solchen Zusammenschluß die verschiedensten Grade und die verschiedensten Formen. Wenn wir einmal zunächst nur die Zollfragen ins Auge fassen, so kann jener bestehen in den verschiedensten Spielarten des Prinzips gegenseitiger Vorzugsbehandlung (Vorzugs=, Präferenz=, Begünstigungs=, Differentialzölle, Zollbegünstigung, Reziprozität) bis zur völligen Vereinigung in ein vollständig einheitliches Zollgebiet (Zollverein, Zolleinigung, Zollgemeinschaft, Zollverband, Zollbund, Zollbündnis, Zollunion, Zollblock, Zollkoalition, Zollanschluß oder wie die Ausdrücke, die alle so ziemlich dasselbe besagen, heißen mögen) mit einheitlichem Zolltarifschema, mit oder ohne Zwischenzollinie, mit beizubehaltenden oder allmählich, in einer mehr oder weniger langen Übergangszeit, ganz oder zum Teil abzubauenden Ausgleichszöllen. „Da einerseits die zollpolitische Vorzugsbehandlung ausgebaut werden kann, fortschreitend bis zur völligen Zollgemeinsamkeit und andererseits der Zusammenschluß zur Zolleinheit nicht ohne weiteres, sondern nur durch allmählichen Abbau der bestehenden Zölle durchführbar ist, ergeben sich die mannigfaltigsten Formen des möglichen und wünschenswerten Zusammenschlusses" (Irresberger, a. a. O. S. 2). Jeder dieser Wege hat naturgemäß seine Licht= und Schattenseiten und bietet mehr oder weniger große Schwierigkeiten, und „es wird niemand mit Bestimmtheit behaupten können, der eine oder andere werde weniger Widerstände zu überwinden haben" (Irresberger, a. a. O. S. 2)[1]).

---

[1]) Pistor gibt in seinem Buche: „Die Volkswirtschaft Österreich-Ungarns und die Verständigung mit Deutschland" Seite 155 drei Formen der wirtschaftlichen Verständigung mit folgenden Merkmalen:

I. Weitestgehende Form, die volle Zollunion, und zwar:
  1. mit gemeinsamer Handelspolitik,
  2. mit einheitlichem, gemeinsamem handelspolitischen Organ (weitestgehende Form dieses Organes wäre ein gemeinsames Zollparlament),
  3. mit gemeinsamem Zolltarif,
  4. mit ungeteiltem Wirtschaftsgebiet.
II. Erleichterte Form, eine möglichst weitgehende Einheit, und zwar:
  1. mit gemeinsamer Handelspolitik, aber mit der Möglichkeit, formell selbständige Handelsverträge zu schließen,
  2. mit einheitlichem, gemeinsamem Verwaltungsorgan auf Basis der Richtlinien eines Verständigungsvertrages unter Kontrolle der Parlamente,

Nach Naumann ist die technische Kernfrage die, ob die beiden Handelsstaaten eine gemeinsame Handelspolitik mit Zwischengrenze oder zwei Handelspolitiken mit Gemeinsamkeitseinrichtungen haben wollen. Es ist die alte Frage vom Bundesstaat oder vom Staaten= bund aufs Handelspolitische übertragen.

Mit Rücksicht auf diese verschiedenen Möglichkeiten gehen die Meinungen allerdings derzeit darüber noch recht auseinander, wie jenes engere handelspolitische Verhältnis aussehen soll. Immerhin möchte aber die Entscheidung hierüber rechtzeitig, also nicht erst vielleicht nach dem Kriegsende, sondern am besten jetzt während der Kriegszeit zum mindesten in den Grundzügen vorbereitet, womöglich ganz zustande gebracht werden, da es im beiderseitigen Interesse liegt, wenn die anderen Staaten, denen ein solcher Zusammenschluß sicher nicht ganz gleichgültig sein wird, möglichst wenig hineinreden oder der Sache sonstwie hinderlich sein können. Auch im Hinblick auf etwa überraschend uns angetragene Friedensvorschläge, die ohne vorgängige Klärung der wirtschaftlichen Beziehungen der Mittelmächte undiskutierbar sind, ist eine solche Verständigung erwünscht.

Ich kann natürlich auf alle diese Fragen im allgemeinen an dieser Stelle nicht näher eingehen, sondern erlaube mir nur ganz kurz die Ergebnisse darzulegen, zu denen ich vom rein forstpolitischen Standpunkt aus, also mit Rücksicht auf Holzproduktion, Holzhandel und Holzindustrie, gekommen bin.

Am leichtesten können wir wohl den extremsten Fall einer vollständigen Zollunion abtun. Natürlich wäre theoretisch auch eine solche Zollgemeinschaft ganz gut denkbar, allein in der Praxis dürften doch große Schwierigkeiten zutage treten. „Es gibt in dem einen oder dem anderen Vertragsteil bodenwirtschaftliche, gewerbliche oder industrielle Produktionen, die bessere Voraussetzungen zum Gedeihen und zur Rentabilität haben als die betreffende Produktion des anderen Vertragsteils und die deshalb ohne Zwischenzölle benachteiligt würden. Diese ungleichen Voraussetzungen sind nicht bloß durch natürliche Verhältnisse, sondern vornehmlich durch die Höhe der Steuern und Abgaben, ungünstige Kommunikationsverhältnisse usw. gegeben" (Österreichische Forst= und Jagdzeitung 1915 Nr. 38 S. 255).

---

     3. mit zwei gleichlautenden Zolltarifen und Zuschlagszöllen,
     4. mit ausgleichenden Zwischenzöllen.
III. Sehr beschränkte Form mit möglichster Erhaltung des status quo, und zwar:
     1. mit nur einverständlicher Handelspolitik,
     2. ohne ein gemeinsames Exekutivorgan,
     3. mit selbständigen Außenzolltarifen,
     4. mit durch gegenseitige Präferenz reduzierten Zöllen im Zwischen= verkehr.

Wenn man einen Blick wirft auf die gesamte Handelsstatistik Deutschlands einerseits und Österreich-Ungarns andererseits, wenn man sich vor allem auch die wechselseitigen Ein- und Ausfuhrziffern für Holz im allgemeinen als für die einzelnen wichtigeren Sortimente im besonderen vor Augen hält, so will mir scheinen, als ob der Nutzen einer vollkommenen Zolleinigung für das Gebiet der Holzzollpolitik mehr auf österreichischer als auf deutscher Seite sein würde, und hieraus wird ohne weiteres erklärlich, warum man in Deutschland bei der Stellungnahme zu dem Problem der Zollunion im allgemeinen zurückhaltender ist. Deutschland wird bei dem inneren Zusammenschluß der beiden Reiche politisch wie wirtschaftlich stets der stärkere Teil sein, so daß es in den etwa zu ergreifenden Verhandlungen zunächst eine mehr abwartende Haltung einnehmen kann. Österreich-Ungarn wird für absehbare Zeit, nach Pistor zum mindesten für das nächste Vierteljahrhundert, immer darauf angewiesen bleiben, einen Teil seines erzeugten Holzes zu exportieren; ja dasselbe spielt in seiner Handelsbilanz mit eine ausschlaggebende Rolle und steht in der Statistik hinsichtlich der Ausfuhr dem Werte nach an erster Stelle.

Bekanntlich ringen in Österreich zwei entgegengesetzte Strömungen miteinander; die eine erstrebt Einfuhrzölle auf die verschiedenen Holzsortimente in verschiedener Höhe, die andere dagegen Ausfuhrzölle auf Rohholz. Betrachtet man die wirtschaftlichen Verhältnisse in Österreich, bedenkt man vor allem, daß daselbst dem Inlandsverbrauch noch über 1 Festmeter Holz pro Kopf und Jahr der Bevölkerung zur Verfügung steht, während diese Quote in Deutschland 0,8, in Frankreich 0,7, in Belgien 0,6, in Großbritannien 0,5 und in Italien nur 0,4 Festmeter beträgt, so kommt man mit Engel zu dem Schlusse, daß Österreich-Ungarns Inlandsverbrauch an Holz auch bei ständigem Wachstum seiner Bevölkerung und bei wachsender industrieller Betätigung noch beträchtlich zunehmen kann, ohne daß die Monarchie deshalb aufhören müßte, ein Holzexportland ersten Ranges zu sein, so daß Wünsche nach Ausfuhrzöllen auf Rohholz vorläufig keine Aussicht auf Erfolg haben dürften. Andererseits wäre es vielleicht aber nicht ausgeschlossen, daß die Zollfreiheit für in Österreich eingehendes Holz einmal aufgehoben und daselbst, wie im Deutschen Reiche, je nach dem Bearbeitungszustand des Holzes steigende Einfuhrzölle eingeführt werden könnten. Diese geplanten Einfuhrzölle sind nun, wie wir wissen, viel weniger gegen Deutschland als ganz besonders gegen Rußland gerichtet und vielleicht auch gegen die Balkanstaaten, vor allem Rumänien, so daß man auf dieselben Deutschland gegenüber wohl verzichten könnte, wenn dieses seine Holzzölle zum mindesten ermäßigen würde, und das macht es erklärlich, daß von österreichischer Seite einer Zollunion mit Deutschland auch vom forstpolitischen

Standpunkt aus ein geringerer Widerstand entgegengesetzt werden würde, ja ich glaube sogar, die österreichische Forstwirtschaft und Holz= industrie würden mit einer Zollunion ziemlich einverstanden und selbst in Ungarn würden die am Holzreichtum dieses Landes beteiligten Kreise unzweifelhaft für ein Wirtschafts= und Zollbündnis zu haben sein. „Wenn einst die ungarischen Hölzer frei nach dem Deutschen Reiche gehen, wenn die Holzverarbeitung nicht mehr gehindert wird, dann wird ganz von selber um die reichen ungarischen Wälder herum eine lebhafte, alle denkbaren Entwickelungsmöglichkeiten für sich habende Holzindustrie erblühen, von der rohen Schneidemühle bis zur allerfeinsten Holzverarbeitung. Es werden Werke für Holzmassen= waren, für Fässer und Kisten, für Zellstofferzeugung, Papierfabrikation usw. entstehen, ohne daß es einer staatlichen Hilfe bedarf" (Irres= berger, a. a. O. S. 29).

Jedoch ist auch in Österreich wie im Deutschen Reiche die an= fänglich große Begeisterung für eine volle und uneinge= schränkte Zollunion inzwischen wieder sehr stark abgekühlt. Ich glaube, heute findet sich hüben wie drüben kaum noch eine Stimme dafür, und wo sich doch noch eifrige Verfechter finden sollten, da wollen auch diese durch eine entsprechende Tarifpolitik wieder ab= schwächend bzw. ausgleichend wirken! Nach Pistor z. B. ist ein wirksamer Schutz zur Behauptung des bisherigen Inlandsabsatzes auf beiden Seiten die Frachtenpolitik, und auch nach Naumann müßte die Fracht= und Eisenbahntarifpolitik mit der Zollgemeinschaft Hand in Hand gehen.

Die Wünsche Österreichs hinsichtlich der Ermäßigung unserer Holzzölle, vor allem hinsichtlich der Milderung jener Zollspannung zwischen Rundholz und Sägewaren im deutschen Zolltarif habe ich in Trier näher erörtert. Ich möchte nur daran erinnern, daß wir Österreich hinsichtlich des starken Rundholzes wohl entgegen kommen könnten, daß dies uns aber hinsichtlich des schwächeren schon schwerer fallen dürfte, weiter, daß unsere Wünsche auf Einführung eines Ein= fuhrzolles auf Schleif= und Zelluloseholz sowie auf Erhöhung der Zoll= sätze für Schnittmaterial und dadurch auf Verstärkung jener für Österreich unbequemen Zollspannung den österreichischen Wünschen recht wenig entgegenkommen, daß u. a. auch die ostdeutsche Holz= sägeindustrie, wie ich einer 1915 erschienenen Dissertation von Fabian entnehme, allerdings neben der Ermäßigung der Rundholz= zölle, im Gegensatz zur bayerischen einen noch höheren Zoll auf gesägte Waren wünscht, daß es ferner in Deutschland Strömungen gibt, die bezüglich des beschlagenen Holzes noch weitergehende For= derungen als wir stellen, nämlich eine Gleichstellung des Zollsatzes mit dem auf Sägewaren erstreben, und daß endlich unter den deutschen Industrien, die von einer Zollunion eine Beeinträchtigung ihrer

Interessen fürchten, sich auch sonst gerade die Holzverarbeitungs=
Industrien befinden. Aus alledem ist wohl der Schluß zu ziehen
berechtigt, daß die Widerstände gegen eine Zollgemeinschaft von
seiten der deutschen Forstwirtschaft und Holzindustrie im allgemeinen
größer sein würden als von österreichischer. Ganz besonders für
Süddeutschland, speziell für Bayern ist die holzwirtschaftliche Frage
sehr schwierig, wie ein Holzhandelsbericht vom Neckar im „Allge=
meinen Anzeiger für den Forstproduktenverkehr" 1915 Nr. 35 S. 2/3
näher ausführt: „Bayern bedarf besonders des Schutzes seiner forst=
lichen und gewerblichen Holzproduktion, und in letzterer Beziehung
handelt es sich sogar um die Erhaltung zahlreicher Existenzen. Die
mitteldeutschen Bundesstaaten, Preußen und Sachsen könnten auch
ohne Holzschranken Österreich gegenüber auskommen, aber für Süd=
deutschland und Bayern erscheint das ausgeschlossen."

Sehr vorsichtig drückt sich darum auch der deutsche Handelstag
aus: „Sein Ausschuß begrüßt in einer von ihm abgegebenen Er=
klärung die Bestrebungen, eine engere politische, militärische und
wirtschaftliche Verbindung zwischen Deutschland und seinen Ver=
bündeten, besonders zwischen Deutschland und Österreich=Ungarn her=
zustellen. Zum Zwecke der wirtschaftlichen Annäherung werden vor
allem die gegenseitigen Handelsbeziehungen der Verbündeten zu stärken
und die Zolltarife und die Einrichtungen der Zollverwaltung diesem
Zwecke möglichst anzupassen sein, ohne die Entwickelung der
einzelnen Erwerbszweige hüben wie drüben und die Ent=
wickelung des Handels der Verbündeten mit anderen Ländern zu ge=
fährden."

Nun wird in der Literatur vielfach darauf hingewiesen, daß die
beiden verbündeten Reiche wirtschaftlich so verschieden gestaltet wären,
daß eine Zollgemeinschaft nur einen wünschenswerten Ausgleich bringen
könnte. Man weist dabei auf die grundverschieden gelagerten Verhält=
nisse der einzelnen deutschen Bundesstaaten hin, die ja auch zu einer
wirtschaftlichen Verschmelzung gebracht werden konnten. Man über=
sieht aber dabei, daß bei der Gründung des Deutschen Reiches es gar
nicht darauf ankam, alle wirtschaftlichen Wünsche zu erfüllen,
sondern dadurch soviel als möglich politisch und wirtschaftlich der
großen deutschen Sache zu nützen. Nationale, staatspolitische Gründe
waren also dabei entscheidender als wirtschaftliche, und die starken
nationalen Einheitsgedanken bewirkten, daß eben auch die unendlich
großen wirtschaftlichen Schwierigkeiten schließlich überwunden wurden.
Bei der geplanten Annäherung Deutschlands an Österreich handelt es
sich um etwas ganz anderes, nämlich um zwei Zollgebiete, die politisch
dabei ganz selbständig bleiben sollen[1]).

---

[1]) In der Schrift des Geheimen Finanzrat Losch in Stuttgart „Der mitteleuropäische Wirtschaftsblock" wird der Versuch gemacht, drei Hauptgruppen

Wenn ich mir überlege, wie schwer es gerade auf dem Gebiete der Holzzölle bisher immer war, zurzeit noch ist und wohl auch stets sein wird, in Deutschland zu einer allseitig halbwegs befriedigenden Lösung auf Grund eines Kompromisses zwischen dem waldreichen Osten und Süden und dem holzbedürftigen Westen zu gelangen, wenn ich an den oben angedeuteten, vom übrigen Deutschland abweichenden Standpunkt erinnere, den Süddeutschland auch wieder in der österreichischen Frage einnimmt, so kann ich mir nicht vorstellen, daß diese Schwierigkeiten abnehmen würden, wenn Österreich-Ungarn mit seinen ebenfalls recht verschieden gearteten Verhältnissen in ein Zollbündnis mit Deutschland eintreten würde!

Ich will durchaus nicht verkennen, daß innerhalb eines mit gemeinsamen Zollschranken umgebenen Wirtschaftsgebietes gewisse Ausgleiche stattfinden und zwar um so mehr, je größer dieses Gebiet ist, und ich bin mir bewußt, daß die Erfüllung der an die deutsche

---

aus der Menge der Erscheinungen herauszuschälen: die Bedarfsgemeinschaft, die Ergänzungsgemeinschaft und die einfache Konkurrenz. In die Gruppe der Bedarfsgemeinschaft gehören alle jene Stoffe, die in beiden Großstaaten entweder überhaupt nicht oder nur in zu geringer Menge hergestellt werden; das sind in erster Linie die Erzeugnisse subtropischen und tropischen Klimas; hier liegt überhaupt ein Schutzzollbedürfnis nicht vor, aber eine Handelsgemeinschaft (mit gemeinsamem Schema) könnte den gemeinsamen Jahreseinkauf als Mittel zur Erzielung besserer Auslandsbedingungen verwenden. Zu diesen Artikeln gehören auf forstlichem Gebiete, abgesehen vom Kautschuk, die Überseehölzer.

Bei der Ergänzungsgemeinschaft erzeugen beide Zollgebiete selbst meist ein beträchtliches Quantum für den eigenen Bedarf und helfen sich nur mit ihrem Überschuß aus, wobei meist auch noch andere Lieferanten in Betracht kommen. Das deutlichste Beispiel ist das Holz. Hier hat Deutschland einen Bedarf von 350 Mill., Österreich einen Überschuß von über 200 Mill. Mark, der noch gesteigert werden kann. Je mehr nun die Einfuhr nach Deutschland für Österreich-Ungarn erleichtert wird, desto mehr wird das österreichische Holz alle anderen Hölzer zurückdrängen, was ein Nutzen für Österreich-Ungarn wäre und kein unmittelbarer Schaden für Deutschland zu sein brauchte, da die Umschiebung hauptsächlich zuungunsten der Russen geschehen könnte. Wenn z. B. Grubenholz aus Österreich zu uns kommt und nicht aus Rußland, so ist das für Österreich angenehm, ohne unsere Holzproduktion zu gefährden. Die Frage ist nur, wie diese Bevorzugung Österreichs auf den zukünftigen russisch-deutschen Handelsvertrag wirken würde. Hier muß ein Vorteil gegen den anderen abgewogen werden.

In der dritten Gruppe der einfachen Konkurrenz stehen alle diejenigen Erzeugnisse und Verarbeitungen, die in beiden Zollgebieten von vornherein mit der Absicht des Außenhandels hergestellt werden, und bei denen der Deutsche, Österreicher und auch Ungar an den Ausländer als Verkäufer herantritt, bei denen aber auch nach dem Maß seiner Kräfte der Deutsche in Österreich-Ungarn Markt gewinnen will und umgekehrt. Dabei gehört vielfach der dazu erforderliche Rohstoff, bisweilen auch das Halbfabrikat, zur angeführten ersten Gruppe.

Eine besondere Gruppe bildet der Veredelungsverkehr, der bekanntlich auch beim Holz eine große Rolle spielt. (Vgl. Naumann a. a. O. S. 211/213 u. 221).

Forstwirtschaft gerade in der jetzigen Zeit gestellten Aufgabe, sich immer mehr noch auf eigene Füße zu stellen und aus eigenen Mitteln nunmehr auch alle die Stoffe tunlichst zu gewinnen, die seither das Ausland ausgiebig und mit großem Nutzen geliefert hat, in mancher Beziehung allerdings leichter sein würde im Verein mit Österreich[1]), aber ich meine, damit haben die Zollschranken viel weniger zu tun als die Verkehrsverhältnisse u. dgl. Ich habe schon vor Jahren einmal darauf hingewiesen, daß der Satz „deutsches Holz auf deutschem Markt" selbstverständlich seine volle Berechtigung hat, aber eben nur innerhalb gewisser Grenzen, indem es dabei trotz aller Zölle unter Umständen (eben infolge der Verkehrsverhältnisse) doch vorteilhafter, wirtschaftlicher sein kann, z. B. österreichisches Holz nach Schlesien, Sachsen usw. einzuführen und dafür bayerisches Holz nach Holland zu exportieren. Ich bin vielmehr der Meinung, Zolltarife ließen sich viel leichter aufstellen für ein wirtschaftlich gleichgeartetes Gebiet, als für ein solches, in dem die Interessengegensätze einzelner Teile und einzelner Gewerbe den Handelsvertrags-Karren einmal hin- und einmal herziehen. Die extreme Konsequenz vom wirtschaftlichen Ausgleich innerhalb von Gegenden mit verschieden gelagerten Verhältnissen wäre meines Erachtens die, daß man die ganze Erde als ein solches Wirtschaftsgebiet betrachtet, auf dem sich naturgemäß eigentlich alles am ehesten ausgleichen müßte! Sie sehen, meine Herren, so würden wir zum bedingungslosen Freihandel kommen, dem der Weltkrieg nun auch in England, in seiner bisherigen Hochburg, den Todesstoß versetzt hat.

Auf einen anderen Punkt möchte ich an dieser Stelle schließlich noch hinweisen. Holz und Holzwaren nehmen gerade im Handel zwischen Deutschland und Österreich einen so hervorragenden Platz ein, daß das Deutsche Reich wohl kaum ohne weiteres auf die Zolleinnahme daraus verzichten könnte, und mit Recht hebt dies Prof. Diehl als ein Bedenken gegen eine vollständige Zollgemeinschaft ganz besonders in der heutigen Zeit hervor, „wo für Deutschland kaum eine wichtigere Aufgabe entstehen kann als die, an den Wiederaufbau und

---

[1]) „Daß ein zollpolitischer Zusammenschluß mit unseren Verbündeten gewisse Vorteile bietet, soll nicht übersehen werden. Es ist klar, daß 120 Mill. Menschen stärker in die Wagschale fallen als nur die Hälfte; es ist ferner richtig, daß Österreich und Deutschland nach dem Kriege gleichartige Interessen zu vertreten haben werden, daß wir nicht nur durch Rassen- und Blutsverwandtschaft miteinander verbunden, sondern auch durch die politischen Verhältnisse aufeinander angewiesen sind. Dadurch aber werden die vorhandenen schwerwiegenden Unterschiede, die in völlig anders gearteten wirtschaftlichen Verhältnissen bestehen, nicht aus der Welt geschafft. Ein Land mit 20½ Milliarden Außenhandel muß mit anderem Maß gemessen werden, als ein solches mit nur 7 Milliarden." (Stein, Vogtländischer Anzeiger 1915 Nr. 239 S. 10.)

die Verstärkung auch der deutschen Forstwirtschaft heranzugehen, einem Nachbarstaate für dessen Bodenprodukte freien Zutritt zu gewähren".

Meine Herren! Wenn wir so vom forstpolitischen Standpunkt aus ebenfalls zu einer Ablehnung eines Zollbündnisses der beiden Reiche kommen, wobei die Frage, ob der geplante Abbau der Zölle ganz allmählich oder plötzlich erfolgen soll, für uns weniger von Bedeutung ist, so werden wohl auch wir uns andererseits der Erkenntnis nicht verschließen, daß Deutschland und Österreich sicherlich in vielen Punkten aufeinander angewiesen sind und es auch in Zukunft bleiben werden, so daß also trotz der prinzipiellen Ablehnung der vollen Zolleinigung eine größere handelspolitische Annäherung wohl erstrebt werden möchte, und es wird wohl kaum jemand geben, der sich dieser Einsicht verschließt.

Wie wir sahen, ist diese Annäherung auf sehr verschiedene Art und Weise und in sehr verschiedenem Grade möglich, und „es wird darum vielleicht zur dringenden Zukunftsfrage, zwischen der Zollunion und dem einfachen Handelsvertragsverhältnis einen Weg zu finden, der eine engere wirtschaftliche Zusammengehörigkeit der Mittelmächte sichert, ohne den einzelnen Staaten die autonome Regelung ihrer Zollverhältnisse unmöglich zu machen, und ohne irgendwelchen Ausländern ohne weiteres die Vorzugsstellung der Bundesgenossen zugänglich zu machen. Dieser Weg ist denkbar." (Plenge, Der Krieg und die Volkswirtschaft. S. 256.)

In vielem wäre es natürlich das einfachste, daß man alles eigentlich beim alten ließe und eine Einigung auf dem Wege eines neuen, revidierten, verbesserten Handelsvertrages zu erlangen suchte. „Es würden dadurch alle die Nachteile vermieden werden, die sich ergeben müßten, wenn die beiden Länder das gewichtige Instrument der autonomen Zollgesetzgebung aus der Hand geben würden." Auch vom forstpolitischen Standpunkt aus wäre dagegen sicherlich nichts einzuwenden, namentlich wenn unser Wunsch nach einem Doppeltarif für forstwirtschaftliche Produkte in Erfüllung ginge. Wie ich schon andeutete, könnte man Österreich-Ungarn z. B. beim Rundholz, insonderheit dem stärkeren, wohl entgegenkommen, wodurch anderseits auch die Zölle auf beschlagenes und geschnittenes Holz sich etwas ermäßigen ließen, um jene Spannung nicht über das zum Schutze unserer Holzindustrie notwendige Maß zu steigern. Positive Vorschläge zu geben, wird heute kaum noch möglich sein und liegt auch nicht im Rahmen meines Referates; sie würden, wie so manche andere Betrachtungen, in der Luft hängen, solange wir nicht wissen, wie sich unsere Handelsbeziehungen vor allem zu Rußland, unserem derzeitigen größten Holzlieferanten, gestalten werden; aber wie diese auch kommen mögen, das eine steht fest: wir müssen versuchen, uns gegebenenfalls derart den Rücken zu decken, daß wir Österreich-

Ungarn entgegenkommen k ö n n e n , ohne durch eine Meistbegünsti-
gungsklausel ohne weiteres gezwungen zu sein, z. B. Rußland ein
gleiches zu gewähren.

Und dies bringt uns eigentlich ohne weiteres auf den nächst
festeren Grad der wirtschaftlichen Annäherung, den der sog. g e g e n -
s e i t i g e n w i r t s c h a f t l i c h e n B e v o r z u g u n g , auf vielleicht
auf dem Prinzip der Reziprozität, also der sog. bedingten Meistbegünstigung beruhende Vorzugszölle. Über diese Meistbegünstigungs-
klausel, die für die vorliegende Frage entscheidende Bedeutung erlangt, habe ich mich in Trier des näheren verbreitet; ich möchte aber
heute meine Ansicht doch etwas modifizieren. Ich habe damals gezeigt, daß es juristisch wohl möglich sei, auch wenn man sie formell
beibehält (und ihre Beibehaltung wird besonders von der Export-
industrie gefordert), sie zu umgehen und ihr entgegen Vorzugs- oder
Differentialzölle zu gewähren. Andererseits müssen wir aber wohl
sagen, daß ihre Einrichtung uns bereits in vielem bei Abschluß von
Handelsverträgen die Hände gebunden und unter Schädigung der
deutschen Volkswirtschaft auch solchen Staaten Vorteile verschafft hat,
die uns vielleicht gerade wegen ihres Bestehens um so weniger Entgegenkommen zeigten (ich brauche nur an die Handelsbeziehungen
zu der Nordamerikanischen Union zu erinnern), so daß sicherlich die
Frage nicht ganz von der Hand zu weisen ist, ob es überhaupt nötig
sein wird, sie in der a l t e n Form wieder erstehen zu lassen. Vielleicht
wäre es doch möglich, daß man vielmehr zu einer Reform des bis
jetzt geübten Systems der unbedingten Meistbegünstigung kommen
könnte. Dazu bietet sich gerade jetzt die beste Gelegenheit, da man
auch sonst handelspolitisch von neuem aufbauen muß, was der Krieg
zerstört hat. Vor allem ist es für die Behandlung dieser Frage
recht günstig, daß der Frankfurter Frieden aufgehoben ist, der die
Meistbegünstigung für Deutschland und Frankreich „unkündbar" fest-
legte. Außerdem laufen aber auch die meisten und wichtigsten der
übrigen Handelsverträge der Zentralmächte im Jahr 1917 ab. Der
Münchener Rechtsgelehrte v. S t e n g e l ist deshalb der Meinung,
daß sich die von mir angedeutete unterschiedliche Belastung von
Österreich und z. B. von Rußland am leichtesten dadurch herstellen
ließe, daß man die bisherige Ausgestaltung des Zolltarifs in Vertrags-
und allgemeinen Tarif zugrunde lege; den bisherigen Vertragstarif
könne man auf österreichisch-ungarische, türkische, bulgarische Erzeugnisse anwenden bzw., wie ich hinzufügen möchte, gegebenenfalls dessen
Sätze noch ermäßigen, und die höhere Belastung der übrigen mit uns
Handelsverträge abschließenden Staaten hätte sich innerhalb des Spiel-
raums zwischen dem allgemeinen und dem Vertragstarif abzuspielen.

Auf einer solchen Grundlage wäre eine wechselseitige grundsätzliche Vorzugsstellung gegeben, was natürlich Modifikationen und

Beschränkungen derselben in bezug auf einzelne Artikel gemäß den Wünschen deutscher Erwerbszweige nicht ausschließen würde.

Ich glaube, dieser Weg wäre auch für die deutsche Forstwirtschaft und die deutsche Holzindustrie ohne Bedenken gangbar und kann von den bisher bekannt gewordenen Vorschlägen als der bestmögliche und vielseitigst verwendbare goldene Mittelweg empfohlen werden, auf dem sich auch die großen Verbände zurzeit wohl alle geeinigt haben. Auf diesem Wege würde es möglich sein, die Holzzölle für die von Österreich=Ungarn nach Deutschland gelangenden Nutzhölzer gegebenen=falls herabzusetzen und gleichzeitig das russische Holz, falls man dies wollte, mehr abzudämmen. Es leuchtet ohne weiteres ein, daß nach diesem Vorschlage des Generaldirektors Oskar Körner in Breslau (Vereinigte Holzindustrie=Aktiengesellschaft Breslau=Wien), wie die Verhältnisse nun einmal liegen, sich Deutschland vom russi=schen Holzbezug gegebenenfalls unabhängiger machen könnte, während Österreich leicht die Holzausfuhr nach Italien, die bekanntlich außer=ordentlich beträchtlich war, entbehren, gleichzeitig aber die auf sie angewiesenen italienischen Holzverbraucher dadurch empfindlich in ihren geschäftlichen Unternehmungen stören könnte. (A. A. f. F.=V. 1915. Nr. 36. S. 2.)

Den eben erwähnten loseren Graden der wirtschaftlichen An=näherung steht als stärkster derjenige gegenüber, der eigentlich direkt in die schon besprochene Zollunion einmündet, nämlich, daß die Zoll=tarife beider Reiche zwar das gleiche Schema, aber verschiedene Höhen der Zollpositionen fremden Staaten gegenüber haben, und daß zwischen den beiden Reichen eine Art Zwischenzollinie, ein mäßiger Zwischen=zolltarif bestehen bleibt, durch welchen einzelne Zweige der Pro=duktion von der im übrigen bestehenden gegenseitigen Zollfreiheit aus=geschieden werden, und durch den es möglich ist, zum mindesten für eine Übergangszeit den nötigen Schutz für die nationale Arbeit beider Reiche zu gewähren. Solche Zwischenzölle[1]) haben wir als sog.

---

[1]) Derartige Zwischenzölle bleiben also notwendig als Ausgleich für alle diejenigen Erzeugnisse, die nicht auf andere Weise besser geregelt werden können (Ausgleichszölle). Dabei können nach Naumann folgende Fälle unterschieden werden:

1. Zusatzzölle. Eines der beiden Wirtschaftsgebiete braucht für gewisse Waren überhaupt keinen Zoll, weil es eine ausländische Konkurrenz nicht zu befürchten hat. In diesem Falle kann das andere Gebiet in der Lage sein, eine kleinere, aber doch nicht wertlose Industrie schützen zu müssen. Hier würde das zweite Gebiet Zusatzzölle zum gemeinsamen Tarif an seinen Außengrenzen und den Zusatz als Zwischenzoll an der deutsch=österreichischen Grenze zu erheben berechtigt sein müssen.

2. Aufrechterhaltungszölle. In beiden Gebieten befinden sich die=selben Industrien, die nach dem Auslande den gleichen Schutz verlangen, die aber unter sich so verschieden stark sind, daß die eine im innern Verkehr vor der anderen geschützt sein will. Hier muß zugunsten des schwächeren Teils an der Innen=

„Übergangsabgaben" heute noch innerhalb des Deutschen Reiches zwischen einzelnen Bundesstaaten, z. B. für Bier und Fleisch. Daß eine derartige Zwischenzollinie bei der vielleicht in dieser Form beabsichtigten Annäherung Deutschlands und Österreichs sich auch auf das Gebiet der forstlichen Erzeugnisse zu erstrecken hätte, dürfte nach meinen bisherigen Ausführungen außer allem Zweifel stehen.

Wenn aber solche Übergangszölle für das wichtige Produkt Holz und vielleicht noch für eine ganze Reihe anderer wichtiger Artikel bestehen bleiben, kann man kaum mehr von einem Zollbunde reden, und auch dann würde die vorhin erwähnte Vorzugsbehandlung oder ein Handelsvertrag mit gegenseitigen Konzessionen als der einfachere und richtigere Weg sich erweisen.

Daß sich im Laufe der Zeit eine mehr oder weniger engere wirtschaftliche Angliederung unserer übrigen Verbündeten, Bulgariens und vor allem auch der Türkei und vielleicht auch noch anderer Balkanstaaten auf dem Prinzipe der Vorzugsbehandlung, also eine mitteleuropäische Zollverständigung namentlich im Hinblick darauf, daß unsere Gegner etwas Ähnliches vorhaben, wohl ermöglichen lassen würde, kann ich natürlich nur andeuten, ohne damit dem mitteleuropäischen Wirtschaftsblock Friedrich Naumanns unbedingt das Wort reden zu wollen.

Vom forstpolitischen Standpunkt aus hätten wir natürlich gegen die Türkei am wenigsten einzuwenden, wenn auch dort reiche Möglichkeiten für die Bau= und Nutzholzerzeugung vorhanden sind und die Türkei heute schon Eicheln, Galläpfel rc. zu liefern in der Lage ist. Demgegenüber können wir diejenigen Balkanstaaten, die als Holz=exportstaaten, wie vor allem Bulgarien und auch Rumänien, in ihrer holzzollpolitischen Behandlung h ö c h s t e n s Österreich=Ungarn gleich=stellen. Selbstverständlich sind auch sie Abnehmer für u n s e r e Produkte, z. B. Bulgarien für Papierwaren usw., was natürlich mit zu berücksichtigen ist.

---

grenze ein Zoll erhoben werden, der geringer ist als der Auslandszoll, aber hoch genug, um der Überwältigung vorzubeugen. Man kann diese Gruppe als industrielle Aufrechterhaltungszölle bezeichnen.

3. B e w a h r u n g s z ö l l e. In beiden Gebieten befinden sich Produktionen, die an sich wirtschaftlich schwach sind, aber aus Gründen der Bevölkerungserhaltung nicht untergehen dürfen. In diesen Fällen muß geprüft werden, ob nicht hier durch den Zusammenschluß Gefährdungen entstehen, die durch Bewahrungszölle aufgehalten werden können.

Der Unterschied der 2. und 3. Gruppe ist der, daß die industriellen Aufrechterhaltungszölle den Charakter der Zeitweiligkeit an sich tragen können, um entweder als E r z i e h u n g s z ö l l e zu wirken oder eine Umschaltung der betreffenden Industrien in aller Ruhe zu ermöglichen, während die Bewahrungszölle ihrer Natur nach einen mehr dauernden Charakter haben müssen. Vgl. *Naumann* a. a. O. S. 225 f.

Nur beiläufig möchte ich daran erinnern, und der oben gebrauchte Ausdruck „Wirtschaftsblock" deutete es bereits an, daß die geplante wirtschaftliche Annäherung der Zentralmächte sich mit den Zollfragen natürlich nicht zu erschöpfen braucht, sondern daß sie sich u. a. auch auf das Gebiet der gesamten Holzhandelspolitik, des Verkehrswesens, besonders auf den Ausbau der Tarife zu Wasser und zu Lande nicht nur erstrecken möchte, sondern zum Teil sogar erstrecken muß, ebenso wie die Juristen schon dabei sind, auch auf dem Gebiete des Rechts gemeinschaftliche Normen aufzustellen. Andererseits ist natürlich ein Wirtschaftsbund ohne Zolleinigung auch wohl denkbar.

Meine Herren! Ich stehe damit am Schlusse meiner Ausführungen, unter denen die letzten sicherlich die heute aktuellsten sind. Für sie steht das eine fest: wenn die beiderseitigen Regierungen einmal in eine nähere Diskussion über die Frage nach einer mehr oder weniger engen wirtschaftlichen Annäherung der Zentralmächte eintreten und dieselbe etwa vom politischen Standpunkt aus im bejahenden Sinne beantworten sollten, so würden natürlich auch die daraus entspringenden wirtschaftlichen Fragen ihre Lösung finden müssen. Dann wird sich auch die deutsche Forstwirtschaft der Erwägung nicht ganz verschließen dürfen, daß eine solche Einigung nicht a l l e n beteiligten Erwerbszweigen n u r Vorteile bringen kann, und auch sie wird gegebenenfalls Zugeständnisse machen müssen. Aber solange wir noch nicht soweit sind, müssen wir meines Erachtens an unseren in Trier aufgestellten Forderungen, gegebenenfalls unter Berücksichtigung neuer Wünsche, festhalten.

Die Holzhandelskommission hat, da die einschlägigen Fragen noch nicht genügend geklärt sind, davon abgesehen, Ihnen bestimmte, bindende Beschlüsse über die Stellungnahme der deutschen Forstwirtschaft zur vorliegenden Frage zur Annahme zu empfehlen, bittet vor allem, von einer Zolldebatte auf alle Fälle als außerhalb des Themas liegend und, um nicht wieder all das wiederholen zu brauchen, was in Trier schon gesagt wurde, Abstand nehmen zu wollen, ersucht aber den Forstwirtschaftsrat um die Ermächtigung, nicht nur wie bisher mit deutschen, sondern auch mit österreichisch-ungarischen Vertretern von Forstwirtschaft, Holzhandel und Holzindustrie, insonderheit mit dem österreichischen Reichsforstverein über alle diese Fragen Fühlung nehmen zu dürfen. (Lebhafter Beifall.)

V o r s i t z e n d e r : Meine Herren! Ich glaube, Ihren Wünschen zu entsprechen, wenn ich Herrn Prof. v. M a m m e n den herzlichsten Dank für seine sehr interessanten Ausführungen sage. (Beifall.)

M a j o r a t s h e r r v. K a l c k s t e i n (Schultitten): Es wird Sie vielleicht interessieren, zu hören, daß die Birke in Ostpreußen einen ganz ungewöhnlich hohen Preis erzielt hat; große starke Birken mit 25 cm Zopf sind bis zu 50 Mk. pro Festmeter bezahlt worden.

Universitäts-Professor Dr. Endres (München) weist auf den Unterschied hinsichtlich der Versorgung Deutschlands mit landwirtschaftlichen und forstlichen Erzeugnissen während des Krieges hin. Selbst wenn die deutschen Forste keine Übervorräte an Holz aufweisen würden, könnte keine Holznot eintreten, weil man durch den Voreinschlag der Abnutzungssätze der nächsten Jahre genügende Holzmengen beschaffen kann.

Die künftige Gestaltung der Holzzölle hängt von dem Inhalt der Friedensverträge ab. Diese werden etwas so ungeheuerlich Großes sein, daß die Frage der Holzhandelspolitik darin ganz oder nahezu zurücktritt. Mit Sicherheit kann man annehmen, daß Rußland sofort nach dem Krieg seine Holzschätze auf den westeuropäischen Markt werfen wird, weil dieselben die einzigen wirtschaftlichen Hilfsmittel sind, die sofort flüssig gemacht werden können. Nur mit Hilfe der Holzausfuhr wird Rußland seinen auswärtigen Zahlungsverpflichtungen einigermaßen nachkommen können. Andererseits dürfen wir nicht vergessen, daß wir russisches Holz auch in Zukunft nicht entbehren können.

Unsere bisherige Schutzzollpolitik hat sich glänzend bewährt. Die Holzzölle fallen zu lassen, wäre ein gefährliches Experiment. Die deutsche Forstwirtschaft leidet immer noch an der Unverwertbarkeit oder den kaum lohnenden Preisen der geringen Sortimente. Mögen die Preise für das bessere Nutzholz auch hoch stehen, so wird die Verzinsung des Waldkapitals doch so lange eine bescheidene bleiben, als noch ein erheblicher Prozentsatz der Holzproduktion nichts oder nicht viel mehr als die Werbungskosten einbringt.

Der Ausbau unserer wirtschaftlichen Beziehungen zu Österreich-Ungarn muß nach allen Seiten hin gründlich erwogen werden, auch in bezug auf die Holzhandelspolitik.

Die Meistbegünstigung hat nicht so schlecht gewirkt, wie jetzt von vielen Seiten behauptet wird. Auf sie verzichten, heißt sich wirtschaftlich isolieren. Ob wir hierzu stark genug sind, ist eine offene Frage. Im übrigen wird auch diese Frage nur durch die Friedensverträge gelöst werden können.

Die Staatsforstverwaltungen sollten ihre Betriebe nach bestimmten Zwecken trennen. Die Erzeugung von Papierholz und Grubenholz läßt sich mit der üblichen Starkholzzucht nur schlecht vereinbaren. Es müssen bestimmte Waldteile in kürzeren Umtrieben bewirtschaftet werden. Fichtenbestände auf aufgeforsteten Wiesen, Mooren usw. sind hervorragende Papierholzlieferanten, man muß sie aber nutzen, ehe das Holz zu faulen beginnt. In Norddeutschland scheinen sich die Grubenholzumtriebe auch in den Staatswaldungen immer mehr einzubürgern. Schlechtwüchsige Kiefernbestände können auf diese Weise einigermaßen rentabel gestaltet werden.

Die Zelluloseindustrie wäre auch ohne den Krieg in eine miß=
liche Lage gekommen, weil sich die größeren Werke, so Waldhof und
Aschaffenburg, wirtschaftlich übernommen haben. An sich ist es ja
erfreulich, daß das ausländische Holz, das bei uns zu Zellulose ver=
arbeitet wird, als solche wieder nach dem Ausland ausgeführt wird.
Aber durch die Ausdehnung ihrer Betriebe werden die Zellulosefabriken
immer mehr von dem Rohholzbezug aus dem Auslande abhängig.
Die hierfür notwendigen Kapitalinvestierungen schließen ein großes
Risiko ein. Kommen schlechte Konjunkturen oder gar ein Krieg, dann
bricht das finanzielle Gebäude zusammen. Man kann daher die Frage
aufwerfen, ob es zweckmäßig ist, die Einfuhr ausländischen Papier=
holzes besonders zu begünstigen.

Regierungsdirektor Dr. Wappes (Speyer): Nur eine
persönliche Bemerkung, da ich zu wenig sachverständig bin, um mich
in dieser Frage äußern zu können. Ich möchte mich nur gegen
eine Bemerkung des Herrn Prof. Endres wenden, die anscheinend
gegen eine von mir gestern gemachte Äußerung gerichtet war. Ich
habe nämlich, wie Ihnen vielleicht erinnerlich ist, den Satz aus=
gesprochen, daß ich es für möglich halte, daß eines Tages der deutsche
Wald den Bedarf des deutschen Volkes an Holz decke. Das war natür=
lich nur ein Ausblick auf die Zukunft. Ich glaube aber doch, daß
man einen derartigen Gedanken seinem Gefühle nach schließlich aus=
sprechen kann, ohne daß jemand darum behaupten darf, es sei damit
gespielt. Entscheiden können wir die Frage nur auf zwei Wegen,
nämlich durch eine ganz genaue Erhebung in Deutschland für jeden
Bestand darüber, was er jetzt ist und was er in Zukunft leisten kann,
oder auf dem anderen Wege: daß wir 30—40 Jahre warten und dann
die Diskussion fortsetzen. (Heiterkeit.) Den zweiten Weg möchte ich
vorziehen. (Heiterkeit.) Wir sind bis dahin alle wohl im Himmel
und können die Sache dann von oben herunter in Gemütsruhe weiter
bereden und entscheiden. Aber nach der Analogie auf anderen Ge=
bieten, wo in der Produktion so riesige Fortschritte erreicht worden
sind, halte ich es für zulässig, daß man einen derartigen Gedanken
hegt und eine solche Hoffnung auszudrücken wagt.

Prof. Dr. v. Mammen: Ich möchte nur, um einem Miß=
verständnis vorzubeugen, hervorheben, daß mir nicht bange darum
ist, daß wir etwa zu viel Laubholz, besonders an edlen Hölzern, be=
kommen könnten. Ich habe mich vielleicht nur nicht, besonders da
ich in der Zeit etwas bedrängt war und leider in meinem Referate
sehr viel übergehen mußte, genügend scharf ausgedrückt. Ich habe
lediglich darauf hinweisen wollen, daß man dabei den Standort und
die wirtschaftliche Lage selbstverständlich auch in Betracht ziehen muß.

Vorsitzender: Darf ich dann bitten, die Anträge nochmals
zu verlesen.

Prof. Dr. v. Mammen (liest):

„1. Die Holzhandelskommission bittet den Deutschen Forst=
wirtschaftsrat, im Interesse einer einwandfreien Erörterung der
Frage über die Zulänglichkeit der deutschen Schwachholzerzeugung
an das Reichsamt des Innern“ — ich weiß nicht, ob es nicht auch
nötig sein wird, an dieser Stelle auch die Bergbehörden zu er=
wähnen —

Vorsitzender: Das Reichsamt des Innern wird das Material
über den Grubenholzverbrauch vielleicht nicht haben. Es hat eine
Verbrauchsstatistik für die Papier= und Zelluloseindustrie auf=
genommen; aber es ist mir nicht bekannt, ob es auch eine Aufnahme
über Bergbau= und Grubenholzverbrauch veranlaßt hat. Es wird
m. E. gut sein, wenn wir zunächst beim Reichsamt des Innern an=
fragen; denn es ist möglich, daß es das Material auch hat. Sollte
das nicht der Fall sein, so würden wir an die einzelnen Bergbehörden
gehen müssen.

Prof. Dr. v. Mammen (fährt fort):
„und an die in Frage kommenden staatlichen Bergbehörden das
Ersuchen zu richten, die Endergebnisse ihrer einschlägigen Er=
fahrungen über den Papierholz= und Grubenholzverbrauch, am
besten nach Provinzen gesondert, mitzuteilen.“
Das können ja keine Geheimnisse sein!

„2. Die Holzhandelskommission nimmt zu der Frage einer
wirtschaftlichen Annäherung des Deutschen Reiches an Österreich=
Ungarn zur Zeit in bindenden Anträgen noch nicht Stellung,
da sie die einschlägigen Fragen noch nicht genügend geklärt erachtet,
erbittet aber vom Forstwirtschaftsrat die Ermächtigung, nicht nur,
wie bisher mit deutschen, sondern nun auch mit österreichisch=
ungarischen Vertretern von Forstwirtschaft, Holzhandel und Holz=
industrie, insonderheit mit dem Österreichischen Reichsforstverein
über diese Fragen Fühlung nehmen zu können.“

Vorsitzender: Hat jemand zu den Anträgen noch eine Be=
merkung zu machen oder irgend etwas dagegen zu erinnern? — Dann
nehme ich an, daß Widerspruch nicht erfolgt und die Anträge Ihre
Zustimmung gefunden haben.

Ich möchte mir nunmehr den Antrag erlauben, daß der Forst=
wirtschaftsrat im Anschluß an diese drei Referate, um den hierbei
ausgesprochenen Wünschen stattzugeben, einen kriegswirtschaftlichen
Ausschuß wählt, der die Aufgabe haben soll, die hier in der Verhand=
lung angeregten Gedanken weiter fortzuspinnen, etwa erforderliches
Material zu sammeln, die beschlossenen Anträge zu stellen und ent=
sprechende Anregungen zu geben. Zunächst würde es seine Aufgabe
sein, die gestern angeregte Denkschrift auszuarbeiten, dann auch ander=

weitige geeignet erscheinende Veröffentlichungen in der Presse zu ver=
anlassen und für weitere Beschlußfassungen und Maßnahmen Material
zusammenzubringen.

Sind die Herren damit einverstanden, daß eine solche Kommission
gewählt wird? (Zustimmung.) Dann nehme ich also an, daß mein
Antrag angenommen ist.

Es wird sich nun darum handeln, den Ausschuß zusammen=
zusetzen. Reichlich Arbeit ist vorhanden, und es ist natürlich er=
wünscht, daß in diese Kommission Herren eintreten, die Lust und auch
Zeit haben, zu arbeiten. Der Gang der Arbeit würde der sein, daß
wir zunächst das Stenogramm abwarten müssen, das den Mitgliedern
zugänglich gemacht wird, die nun zunächst einzelne Teile bearbeiten,
um eine gemeinsame Fortsetzung der Arbeiten vorzubereiten.

Ich bitte für die Wahlen Vorschläge zu machen. — Wenn ich
mir einen Vorschlag erlauben darf, so wird es wohl naturgemäß sein,
daß zunächst die drei Referenten, die sich in die Sachen eingearbeitet
haben, in die Kommission eintreten. Das wären Herr Regierungs=
direktor Dr. Wappes, Herr Prof. Dr. v. Mammen, und wenn
Sie meine Wenigkeit dazu haben wollen, so bin ich bereit, wenn ich
auch fürchte, in nächster Zeit wenig helfen zu können. Dann würde ich
bitten, Herrn v. Oertzen in die Kommission hineinzuwählen
(Bravo!), ferner Herrn Grafen zu Westerholt und dann vielleicht
Herrn Forstrat Blum (Aschaffenburg). Das wären sechs Herren.
Natürlich bitte ich für die Kommission um die Ermächtigung, Zu=
wahlen vornehmen zu dürfen.

Die Herren sind also mit meinen Vorschlägen einverstanden.
(Zustimmung.)

Vorsitzender: Meine Herren! Ich darf mir dann erlauben,
Sie mit Herrn Universitätsprofessor Dr. Dickel bekannt zu machen
und Sie, verehrter Herr Professor, im Namen der Versammlung zu
begrüßen. Sie haben die Freundlichkeit gehabt, den Bericht über das
Thema

Die Beurteilung des Diebstahles an aufgearbeitetem Holz als Mundraub

zu übernehmen. Ich darf nunmehr vielleicht bitten, den Bericht zu
erstatten.

Universitäts= und Forstakademieprofessor der
Rechte Dr. Karl Dickel (Charlottenburg): Meine hochverehrten
Herren! Schon vor dem Kriege und noch mehr seit dem Kriege hörten
wir Klagen über auffallend milde Bestrafung der Entwendung ge=

schlagenen Holzes aus dem Walde. Vor einigen Wochen teilte mir nun aber Herr Geheimrat S ch w a p p a ch mit, daß ein Gericht im Falle der Entwendung eines ganzen Raummeters Holz aus dem Walde mit Gespann zu einer sehr milden Strafe auf Grund des § 370 Nr. 5 wegen des sog. Mundraubes verurteilt habe. Darüber habe ich mich schon in der Deutschen Forstzeitung Bd. 31 Nr. 10 geäußert.

Zwei Punkte sind nun zu unterscheiden. Erstens der Tatbestand und zweitens die Strafzumessung.

Was zunächst den Tatbestand anbelangt, so lasse ich im folgenden die für die Waldbesitzer nicht in Betracht kommende Unterschlagung außer Betracht. Geschichtlich ist folgendes vorauszuschicken. Das Strafgesetzbuch hat in den §§ 242 ff. Bestimmungen über gemeinen Diebstahl, der mit Gefängnis, in schwereren Fällen und im Rückfall auch mit Zuchthaus bedroht ist. Bei ihm ist Geldstrafe ausgeschlossen. Das Strafgesetzbuch hatte aber dann schon zwei mildere Bestimmungen, nämlich § 247 über Entwendung gegen nahe Angehörige bei geringwertigen Gegenständen, sodann § 370 Nr. 5 bei Entwendung von Nahrungs= und Genußmitteln von geringem Werte oder in geringer Menge zum alsbaldigen Verbrauche.

Bei der Entwendung von Holz gestattete das Einführungsgesetz zum Strafgesetzbuch landesrechtliche Regelung. Das Einführungs= gesetz spricht von Forstdiebstahl. Der Begriff ist fast überall und namentlich auch in Preußen nach der geschichtlichen Entwickelung in Deutschland so aufgefaßt worden, daß es sich bei ihm um die Ent= wendung des noch nicht durch Arbeit gewonnenen, nach deutschrecht= licher Beziehung „verdienten" Holzes handelt. Fast überall in Deutsch= land und namentlich in Preußen haben die Landesgesetze die Ent= wendung geschlagenen Holzes als gemeinen Diebstahl behandelt. Dies entsprach der geschichtlichen Entwickelung im Anschluß an ur= deutsche Rechtsauffassung. Der Forstdiebstahl im gewöhnlichen Sinne trat also an Stelle des früher sogenannten Forstfrevels.

Eine erhebliche Veränderung brachte nun die Novelle zum Straf= gesetzbuch vom 19. VI. 1912. Sie erweiterte den § 370 Nr. 5 auf den Fall der Entwendung anderer hauswirtschaftlicher Gegenstände, also auch auf Holz. Im übrigen blieb es in § 370 bei den Voraus= setzungen des bisherigen Rechtes, nämlich geringe Menge oder Sache von unbedeutendem Werte zum alsbaldigen Verbrauche.

Ferner bestimmt die Novelle in § 248 a, daß die Entwendung geringwertiger Gegenstände aus Not mit Geldstrafe bis zu 300 Mk. oder mit Gefängnis bis zu 3 Monaten zu bestrafen sei. Hiernach wurde in zahlreichen Fällen der Entwendung von Holz eine Geld= strafe im Falle des § 370 bis zu 1 Mk., bei § 248 a bis zu 3 Mk. herab zugelassen. Dadurch entstand ein sehr erhebliches Mißverhält=

nis zu unseren Landes=Forstdiebstahlgesetzen. Gesetzt der Täter nimmt Holz im Werte von 10 Mk. Handelt es sich nun um nicht geschlagenes Holz, so würde z. B. nach preußischem Forstdiebstahlgesetz, in welchem eine absolut bestimmte Geldstrafe des fünffachen bzw. zehnfachen Betrages des Wertes bestimmt ist, die Strafe auf 50 Mk. und wenn die Entwendung z .B. mittels Gespannes geschehen ist, auf 100 Mk. zu bestimmen sein. Handelt es sich aber um geschlagenes Holz und findet der Richter die Wegnahme von Holz im Werte von 10 Mk. geringwertig, so kann er, wenn das Holz zum baldigen Verbrauche genommen ist, auf 1 Mk. Geldstrafe, und wenn es nicht zum als= baldigen Verbrauche, aber aus Not genommen ist, bis auf 3 Mk. Geldstrafe herabgehen . Der Richter braucht ja nun allerdings nicht auf diese ganz geringe Strafe zu erkennen. Der Richter kann eine höhere Strafe festsetzen, also namentlich in dem gesetzten Falle so viel, als im Falle des Forstdiebstahles zu erkennen gewesen wäre. Ja, er könnte sogar noch darüber hinausgehen, er könnte im Falle des Mundraubes bis auf 150 Mk., im Falle der Entwendung aus Not bis auf 300 Mk., ja sogar auf Gefängnis, erkennen.

Der deutsche Richter ist nun aber vielfach und auffallend oft zu einer besonders großen Milde geneigt und kommt deshalb bei dem geschlagenen Holze zu einer geringeren Strafe, als sie im Falle des Forstdiebstahles zugelassen gewesen wäre. Dies merken die Diebe natür= lich sehr bald und bevorzugen deshalb die Entwendung geschlagenen Holzes. Sie erwarten mildere Bestrafung als im Falle des Forst= diebstahles und sind zunächst, da sie Axt und Säge nicht anzuwenden brauchen, viel weniger der Gefahr des Ergriffenwerdens ausgesetzt. Der schwerere Paragraph über Rückfall bleibt ausgeschlossen, da er nur beim gemeinen Diebstahl in Betracht kommt. Der Versuch wird weder nach § 370 noch nach § 248 a bedroht, während er beim Forstdieb= stahl strafbar wäre. Die Verjährung tritt im Falle der Annahme von Mundraub schon in 3 Monaten ein, während der Forstdiebstahl nach unseren Landesgesetzen und namentlich in Preußen erst nach längerer Zeit verjährt. Auch fehlt bei der Entwendung geschlagenen Holzes die beim Forstdiebstahl gesetzte Bestimmung, daß der Richter immer von Amts wegen auf Wertersatz zu erkennen habe. So ist ein grobes Mißverhältnis ganz offenbar.

Ich komme nun zur Kritik! Wenn der Richter bei einem Raum= meter geschlagenen Holzes den § 370 Nr. 5 anwendet, so hat er eine falsche Vorstellung, sowohl von dem Begriff des alsbaldigen Ver= brauches, wie auch von der Geringwertigkeit. Unmöglich kann man annehmen, daß es sich um einen alsbaldigen Verbrauch im Sinne des Gesetzes handelt, wenn jemand auf wochenlang seinen Bedarf sichert. Dies würde gewiß bei der Entwendung eines ganzen Raummeters Holz der Fall sein.

Bei der Frage der Geringwertigkeit wurde früher allgemein angenommen, daß ein Gegenstand im Werte von mehr als 3 Mk. nicht geringwertig sei. In der Begründung zu dem Entwurf der Novelle von 1912 war die Rede von Sachen von ganz geringem Werte, deren Verlust der Verletzte kaum irgendwelche Bedeutung beilege. Auf diese Begründung hat auch das Reichsgericht Bd. 46 S. 266 Bezug genommen. Dies entspricht durchaus der älteren Auffassung. Hiernach kann ein Wertgegenstand von 10 Mk. nicht als geringwertig angesehen werden.

In der Rechtsprechung des Reichsgerichtes fand ich allerdings vom Jahre 1881 einen Fall, wonach zwei Burschen im Falle der Entwendung von 15 Flaschen Wein wegen Mundraubes abgeurteilt waren. Diese Entscheidung dürfte verfehlt gewesen sein, selbst wenn es sich um keinen guten Wein gehandelt haben sollte. Aber das Reichs= gericht kann hier nicht dafür angeführt werden, daß es 15 Flaschen Wein für geringwertig erklärt habe; die Revision des Staatsanwaltes war nämlich, wie die Entscheidungsgründe ergaben, nicht auf diesen Punkt, sondern auf etwas ganz anderes gerichtet. Der Staatsanwalt erachtete nämlich das Urteil der Strafkammer deshalb für verfehlt, weil er die Angeklagten nicht wegen gemeinen Diebstahls wegen der Wegnahme der den Wein enthaltenden Flaschen verurteilt hatte.

Ich fand in älteren Entscheidungen des Reichsgerichtes von 1880 als Gegenstand der Entwendung eine Schürze voll Kartoffeln, 1881 Blumen im Werte von 30 Pfg., 1885 eine Flasche Wein, 1886 für 80 Pfg. Weizen, 1839 zwei Flaschen Wein.

Man kann sich den von mir behandelten Fall der Entwendung eines ganzen Raummeters Holz noch etwas weiter ausbauen und sich denken, daß der Dieb, wenn er in Not war, nicht bloß zunächst einen Raummeter Holz zum Verbrennen aus dem Walde fortnehme, sondern tags nachher noch einen zweiten Raummeter, um dies Holz zu ver= kaufen, damit er sich für den Erlös andere Gebrauchsgegenstände kaufe.

Ich komme zur Strafzumessung. Die Neigung zu einem auf= fallend milden Standpunkt der Strafgerichte ist vielfach hervor= getreten. Man hört vom Gericht die Berufung auf den Standpunkt der Humanität. Das ist gewiß sehr richtig und im gegebenen Falle auch gegenüber den Angeklagten durchaus sachgemäß. Aber nach der anderen Seite ist auch zu bedenken, daß ein zu mildes Urteil ungerecht ist und inhuman gegenüber den Verletzten. Im Neuen Testament wird uns die Lindigkeit empfohlen, die in uns wohnen soll und die wir allen kund tun sollen. Aber die Lindigkeit muß einen Schwerpunkt haben; hat sie den nicht, so stürzt sie um und verkehrt sich also in ihr Gegenteil. Die Justitia bedarf des Schwertes; wenn sie sich dessen entgürtet, hört die Vertretung der Gerechtigkeit auf.

Wenn der von mir für richtig erklärte Standpunkt vertreten wird, so kann es nun allerdings sein, daß auch einmal ein Angeklagter härter bestraft werden muß, als es in diesem Falle gesetzgeberisch sachgemäß erschiene. Alsdann ist natürlich Begnadigung am Platze. Solche ist auch in Deutschland in allen Staaten üblich. Es macht aber einen großen Unterschied, ob die milde Strafe vom Richter als Ergebnis der Gerechtigkeit verhängt oder im Gnadenwege bestimmt wird. Wenn man schon bei Gericht den Standpunkt der Gnade anwendet, so tritt eine Vermischung von Recht nach Gerechtigkeit und Gnadenrecht, und damit eine bedenkliche Begriffsverwirrung ein.

Wie ist nun Abhilfe zu schaffen? An erster Stelle wird man nach dem neuen Entwurf für ein neues Strafgesetzbuch sehen. Der Vorentwurf und der jetzige Kommissionsentwurf beseitigen aber den von mir gerügten Übelstand nicht; im Gegenteil, der Übelstand wird noch verschlimmert. Die Entwürfe übernehmen zunächst die Novelle von 1912, nur mit dem Unterschied, daß im Falle der Entwendung aus Not die geringste Strafe von 3 auf 5 Mk. heraufgesetzt ist; sie erweitern aber den milden Standpunkt noch dadurch ganz wesentlich, daß sie dem Richter gestatten, in besonders leichten Fällen auf eine mildere Strafe, d. i. auf einen Verweis, zu erkennen, ja sogar von Strafe ganz abzusehen.

In diesem neuen Gesetz wird eine Abhilfe in dem von mir hier erörterten Falle nicht möglich sein; es müßte denn das ganze System, die ganze Grundlage dieser Entwürfe verändert werden. Daran ist vorläufig nicht zu denken. Es bleibt aber eine Hoffnung, daß das Einführungsgesetz zum neuen Strafgesetzbuch den Forstdiebstahl der Landesgesetzgebung nicht bloß in Ansehung des stehenden Holzes, sondern auch des geschlagenen Holzes im Walde überläßt. Deshalb empfehle ich dem deutschen Forstwirtschaftsrate, bei den deutschen Landesregierungen die Bitte auszusprechen, dafür einzutreten, daß im Einführungsgesetz des zukünftigen Strafgesetzbuches der Landesgesetzgebung nicht bloß die Entwendung stehenden Holzes, sondern auch geschlagenen Holzes überlassen sei.

Diese Abhilfe liegt nun aber in weiter Ferne. In der heutigen als Kriegstagung bezeichneten Versammlung handelt es sich um Abhilfe für die nächste Zeit. In dieser Hinsicht empfehle ich dem deutschen Forstwirtschaftsrat ein Ersuchen an die Ministerien der deutschen Bundesstaaten, Abteilung für Forstsachen, daß sie bei den Justizministerien die Bitte äußern, der Justizminister möge die ihm untergebenen Staatsanwälte ersuchen: 1. im Falle der Annahme von Mundraub und Diebstahl aus Not für

eine höhere Strafe einzutreten, 2. daß die Staats=
anwaltschaft im Falle einer unrichtig erscheinen=
den Anwendung des § 370 Nr. 5 oder des § 248a die
gesetzlichen Rechtsmittel, namentlich auch die Re=
vision einlege.

Über die letztere bemerke ich nur noch folgendes. In der Revisions=
instanz kann zwar nur Gesetzesverletzung geltend gemacht werden. Die
Frage, ob der Gegenstand einer Entwertung geringwertig oder mehr=
wertig ist, kann nach fester Rechtsprechung in der Revisionsinstanz
geprüft werden. (Lebhaftes Bravo.)

Vorsitzender: Meine Herren! Ich glaube, in Ihrem Namen
Herrn Prof. Dickel den herzlichsten Dank für seine außerordentlich
interessanten und lehrreichen Ausführungen aussprechen zu dürfen.

Prof. Dr. Udo Müller (Karlsruhe): Herr Prof. Dickel
hat in überzeugender Weise nachgewiesen, daß wir es hier mit einem
Gegenstand zu tun haben, der unsere Forstwirtschaft wirklich in ernst=
hafter Weise berührt. Mit dem Forstdiebstahl haben wir in den
letzten Dezennien weniger zu tun gehabt als früher. Aber wenn die
dargelegte Rechtsauffassung in unserer Rechtsprechung Platz greift,
zweifle ich nicht, daß sich die Fälle des groben Forstdiebstahls ver=
mehren werden, und dem entgegenzutreten, haben wir alle Veran=
lassung. Ich glaube, daß der deutsche Forstwirtschaftsrat berufen
ist, dieser Entwickelung der Dinge einen Riegel vorzuschieben.

Nun hat der Herr Vortragende gemeint, daß in einer Resolution
der Antrag gestellt werden sollte, die Entwendung von aufbereitetem
Holz in Zukunft der Landesgesetzgebung zu überlassen. Gegen diesen
Gedanken möchte ich mich aussprechen, und zwar zunächst von ganz
allgemeinen Grundsätzen aus.

Ich bin ein Unitarier, ein Deutscher, ich bin kein Angehöriger
eines Bundesstaates. Ich meine, wir sollten möglichst wenig der
Gesetzgebung des einzelnen Landes überlassen, wenn es von Reichs
wegen aus geregelt werden kann. Wenn wir hier das Gebiet der
Landesgesetzgebung erweitern, so ist das meiner Auffassung nach im
allgemeinen Interesse nicht gut. Wir würden, wenn wir diesem
Vorschlag entsprächen, den Erfolg haben, den der Herr Vortragende
auch als durchaus unerwünscht gegeißelt hat, daß dann in den einzelnen
Bundesstaaten eine ganz verschiedene Behandlung der Materie Platz
greift, und das ist, so lange wir noch so viele Bundesstaaten mit diesen
verwickelten Grenzen untereinander haben, für das allgemeine Rechts=
bewußtsein eine große Gefahr; es ist doch bedenklich, wenn in dem
Dorfe A der eine Mann desselben Vergehens wegen anders behandelt
wird wie sein Nachbar im Dorfe B. Ich meine, wir sollten die Lösung
nicht in der Weise suchen, daß wir die Entwendung von aufbereitetem
Holz der Landesgesetzgebung überlassen, sondern vielmehr dadurch,

daß wir den Begriff des Mundraubes einschränken. Ich bitte, mich zu entschuldigen, wenn ich sage, daß es eine juristische Denkungsweise ist, die Entwendung eines Raummeters Holz als Mundraub zu betrachten. Dazu kann sich ein Praktiker nicht aufschwingen. Wir sollten also den Begriff des Mundraubes viel enger und schärfer formulieren; dann kommen wir darüber hinweg. Wir sollten den römisch=rechtlichen Grundsatz aufstellen und eine Wertgrenze für den Begriff des Mund= raubes festlegen. Das würde uns viel weiter fördern als der Weg, den Sie uns vorgeschlagen haben.

Forstrat Eulefeld (Lauterbach): Der Unterschied in der Landesgesetzgebung ist jetzt schon vorhanden. Im Großherzogtum Hessen gilt als gemeiner Diebstahl von Holz, mag es stehen oder auf= bereitet sein, wenn es mehr als 15 Mk. wert ist.

Oberförster Dr. König (Güglingen): Ich bin seit 10 bis 12 Jahren Amtsanwalt für Forstrügesachen in Württemberg und habe zu Anfang viel mit Forstdiebstählen zu tun gehabt. Sie haben sich mehr und mehr vermindert, desto strenger bestraft wurde. Wenn sich der Forstdiebstahl nicht rentiert, wird nicht gestohlen. Nun wäre es geradezu eine Aufforderung zum Holzdiebstahl, wenn die Ent= wendung von Holz in Raummetern als Mundraub behandelt würde. Das können wir vom Forstwirtschaftsrat aus unmöglich zulassen, soweit wir eine Einwirkung darauf haben. Ich bin der Ansicht, daß es das beste wäre, wenn man den Begriff des Mundraubes so ein= schränken könnte, daß ein Raummeter Holz nicht mehr darunter fällt, und da wäre eine Wertgrenze das Richtige.

Oberforstrat Reuß (Dessau): Die Sache scheint mir doch einen Haken zu haben. Herr Prof. Dickel sagte, daß in dem Ent= wurf, der dem Reichstag vorliegt, die Paragraphen von 1912 wieder aufgenommen worden seien, und es läge keine Wahrscheinlichkeit vor, daß der Reichstag anders entscheiden würde. Um diesem Übelstande zu begegnen, schlägt er vor, daß man versuchen solle, diesen Punkt der Landesgesetzgebung zu überweisen. Das ist noch der einzige Weg, der uns übrig bleibt, um mit Aussicht auf Erfolg das zu erreichen, was wir wollen.

Prof. Dr. Dickel (Charlottenburg): Ich muß ja sagen, daß der Vorschlag, den Mundraub näher zu begrenzen, namentlich in bezug auf die Höhe des Wertes, sehr viel für sich hätte; aber ich halte das, wenn man bei den Richtlinien der neuen Gesetzgebung und namentlich bei dem Vorentwurf bleibt, für aussichtslos. Denn der Vorentwurf läuft darauf hinaus, dem Richter möglichst weiten Spielraum zu lassen, und da bleibt nur die Hilfe in der Landesgesetzgebung.

Wenn dann gesagt wird, daß das zu Verschiedenheiten führe, so ist das ja richtig; aber diese Verschiedenheiten haben wir auch heute schon und namentlich auch in der Strafzumessung. Denn wenn ich hier gesagt habe, daß von vielen Gerichten ein so exorbitant milder Standpunkt eingenommen worden sei, so ist das nicht immer geschehen; die Ansichten darüber sind verschieden. Ich glaube immer noch, daß vorläufig, wie die Sache einmal liegt, der richtige Ausweg die Über=weisung an die Landesgesetzgebung wäre; er ist nicht ganz aussichtslos, ich gebe aber zu, daß für seine Annahme die Wahrscheinlichkeit nicht sehr groß ist.

Vorsitzender: Es kommt in erster Linie darauf an, daß wir auf die Sache aufmerksam machen; auf die wirkliche Erledigung werden wir einen entscheidenden Einfluß doch nicht ausüben. Aber wesentlich ist, daß wir auf den Mißstand hinweisen, der eintreten kann, und dabei kommt es schließlich nicht so genau darauf an, wie der Antrag lautet. Es ist selbstverständlich, daß es einen Eingriff in § 242 bedeutet, wenn der Diebstahl von aufbereitetem Holz aus der Reichsgesetzgebung ausgeschieden werden soll, und ob sich dazu der Gesetzgeber entschließen wird, erscheint mir zweifelhaft. Immerhin halte ich es aber für zweckmäßig, wenn wir den Wunsch äußern.

Oberforstrat Gretsch (Karlsruhe): Bei der Verschieden=heit der Auffassung würde es sich vielleicht empfehlen, daß wir einen Eventualantrag stellen. Falls die Auffassung des Herrn Prof. Dickel nicht Billigung finden sollte, könnten wir den Antrag stellen, daß auf dem Wege der Einschränkung des Mundraubbegriffes vorgegangen wird und so einen Erfolg erzielen. Wir könnten ja diese beiden An=träge vereinigen.

Oberforstmeister Kranold (Marienwerder): Der zweite Antrag, den Herrn Minister zu ersuchen, eine derartige Anweisung an die Staats= und Amtsanwaltschaft zu erlassen, könnte sich vielleicht erübrigen, da bereits die Oberstaatsanwälte an den Oberlandes=gerichten auf diesen Antrag eingehen. Im Regierungsbezirk Marien=werder ist von seiten der Regierung der Antrag an den Oberstaats=anwalt gerichtet worden, diese Anweisung zu erlassen, und er hat dem ohne weiteres entsprochen. Also im dortigen Bezirk — und ich sollte mich sehr irren, wenn es nicht auch in Allenstein der Fall wäre — haben die Staatsanwälte und Amtsanwälte die Anweisung bekommen, in besonders krassen Fällen unter allen Umständen das Rechtsmittel einzulegen.

Vorsitzender: Es ist also für einzelne Bezirke schon Abhilfe geschaffen und es wäre gewiß zweckmäßig, daß dies allgemein geschieht. Tatsächlich haben — das werden wir wahrscheinlich alle am eigenen Leibe erfahren haben — jetzt während des Krieges die Diebstähle gerade an aufgearbeitetem Holz erheblich zugenommen. (Zustimmung.) Es ist eben Brennholznot vorhanden und daher durchaus erklärlich, daß die Leute mehr stehlen. Wir haben daher allen Anlaß, auf die Sache aufmerksam zu machen.

Forstmeister Heyer (Jugenheim, zur Zeit Lodz): Soviel mir bekannt, ist die Forststrafgesetzgebung den einzelnen Bundesstaaten überlassen. Während z. B. nach den allgemeinen Bestimmungen des Reichsstrafgesetzbuches bei Übertretungen der Versuch nicht strafbar ist, ist es doch der Landesgesetzgebung anheimgestellt, bei Übertretungen im Walde den Versuch zu bestrafen. Worauf sich das gründet, ist mir nicht gegenwärtig; wohl auf Ein- und Ausführungsbestimmungen zum Reichsstrafgesetz. Warum soll nun durch den neuen § 248 a die Landesgesetzgebung ausgeschaltet werden, wenn es sich um Holz handelt? Die Forststrafsachen würden doch nach wie vor der Landes-strafgesetzgebung überlassen bleiben.

Prof. Dr. Dickel (Charlottenburg): Der Gesetzgeber unter-scheidet das geschlagene Holz und das stehende Holz.

Forstmeister Heyer: In Hessen ist es so, daß der all-gemeine Forstfrevel und der sog. Holzdiebstahl nach denselben Ge-setzen behandelt wird und der Forststrafgesetzgebung untersteht. (Prof. Dr. Dickel: Das würde kaum möglich sein!) Der Holzdiebstahl heißt bei uns gleichwie jede widerrechtliche Aneignung des Holzes im Walde Holzentwendung, ob das Holz steht oder nicht. Solange es im Walde ist, wird die Entwendung nach dem Forstrecht bestraft. (Prof. Dr. Dickel: Entwendung zubereiteten Holzes ist nach den meisten Landesgesetzen gemeiner Diebstahl!) Ich kann nur bemerken, daß wir in Hessen kein veraltetes Forststrafgesetz haben; es ist vor etwa 10 Jahren erlassen und hat alle Gesichtspunkte der neueren Gesetzgebung berücksichtigt.

Forstrat Eulefeld (Lauterbach): Die Ausnahme ist in Hessen tatsächlich vorhanden. Aus dem Revier, das Herr Forstmeister Matting gehabt hat, kamen die Leute früher zu uns herüber, weil die Entwendung dort Holzdiebstahl ist, während sie bei uns nur Frevel ist, sofern der Wert unter 15 Mk. liegt.

Prof. Dr. Hausrath (Karlsruhe): Die Sache liegt so, daß das Reichsgesetz es der Landesgesetzgebung überlassen hat, den Be-griff des Forstdiebstahls festzustellen, und nun haben einzelne der Bundesstaaten ihn verschieden abgegrenzt. Die Mehrzahl der Bundes-staaten hat den Diebstahl von aufbereitetem Holz zum gemeinen Dieb-stahl erklärt, also die Kompetenz der Landesgesetzgebung in diesem Punkte aufgegeben. Das ist seinerzeit aus dem Gesichtspunkte heraus geschehen, weil auf diese Weise das aufbereitete Holz besser geschützt ist. Durch die weite Auslegung des Begriffes Mundraub wird diese Absicht vereitelt. Nun möchte ich Herrn Prof. Dickel fragen, ob es nicht möglich ist, daß die Landesgesetzgebung auf Grund dieser Unterlagen die Entwendung aufbereiteten Holzes wieder in den Forst-diebstahl einbezieht, so daß wir gar keine Änderung der Reichsgesetz-gebung brauchen.

Prof. Dr. Dickel (Charlottenburg): Bisher hat man die Sache in der Landesgesetzgebung ganz anders aufgefaßt; denn die Feststellung des Begriffes Holzdiebstahl hat seine Grenzen. In Preußen ist man nicht zweifelhaft gewesen, und man hat gesagt, um geschlagenes Holz könne es sich nicht handeln. Natürlich kann die Landesgesetzgebung dahin kommen, daß sie sagt, wenn es nicht mehr als 15 Mk. wert ist, behalte ich mir das vor. Der Reichsgesetzgeber ist davon ausgegangen, gerade eine Milderung nach der Anschauung auf deutschrechtlicher Grundlage herbeizuführen, und das würde, glaube ich, gerade ein Punkt sein, wo der Partikularismus berechtigt ist. Grundsätzlich bin ich sehr damit einverstanden, daß wir für die Einheit der Gesetzgebung eintreten; aber es ist immer wieder gesagt worden: wer Großes erreichen will, muß sich zu beschränken wissen, und hier hat auch der Partikularismus gewiß seine Berechtigung, und wir in Deutschland wollen uns nicht verhehlen, daß wir auch gerade durch den Partikularismus groß geworden sind.

Vorsitzender: Es würde sich also darum handeln, daß die Landesgesetzgebung, die den Diebstahl von Holz ausgenommen hat, nachträglich den Begriff des Forstdiebstahls erweitern müßte, wie es in der Hessischen Gesetzgebung der Fall ist, indem sie sagt: Forstdiebstahl ist auch der Diebstahl an aufbereitetem Holz. Die Reichsgesetzgebung bietet dagegen kein Hindernis, denn sie sagt, daß die Gesetzgebung über den Forstdiebstahl der Landesgesetzgebung vorbehalten bleibt; den Begriff selbst präzisiert sie nicht.

Prof. Dr. Dickel (Charlottenburg): Vom Standpunkt der geschichtlichen Entwickelung ist man gerade zu dieser Unterscheidung gekommen. Im alten germanischen Recht machte man die Unterscheidung, ob es sich um stehendes oder geschlagenes Holz handelte.

Forstmeister Heyer (Jugenheim, zur Zeit Lodz): Die Unterscheidung ist auch in der Hessischen Gesetzgebung gemacht, jedoch nur hinsichtlich des Strafmaßes. Nach dem, wie die Sache in Hessen geordnet ist, liegt der Hebel in der Landesgesetzgebung und nicht beim Reich. Es ist jedem Bundesstaat die Möglichkeit gegeben, sich gegen den Diebstahl an aufbereitetem Holz zu schützen, indem er ihn einfach, wie es das Reichsgesetz an die Hand gibt, der Landesgesetzgebung subsumiert.

Prof. Dr. Dickel: Wenn diese Ansicht allgemeiner wird, hätte mein Antrag im Reichstag den größten Erfolg; denn hier sieht man, daß diese Auffassung in weiten Kreisen energisch vertreten wird. Aber ich fürchte, daß wir mit dieser Ansicht in Deutschland nicht allgemein durchdringen, weil die durchaus herrschende Meinung dagegen ist. In juristischen Büchern liest man eigentlich das, was hier von Hessen gesagt ist, nicht, und man würde, wenn man einen Professor des Strafrechts fragt, hören: nein, da muß nach der geschichtlichen Entwickelung ein Unterschied gemacht werden. Die Landesgesetzgebung wäre auch darauf angewiesen, den Diebstahl an aufbereitetem Holz aufzunehmen.

Forstmeister Heyer: Das, was ich jetzt sage, klingt vielleicht etwas partikularistisch: wenn der Antrag durchgeht, gewinnt Preußen, und wenn er nicht durchgeht, so können durch diese Ablehnung die Bundesstaaten die Möglichkeit verlieren, die Holzdiebe nach eigenen Gesetzen besser zu strafen. Meiner Meinung nach sollten wir nichts tun, was die Rechte der Landesgesetzgebung schmälern könnte. Und wenn für Preußen die Möglichkeit besteht, sich besser zu schützen, soll es Preußen tun. Darüber besteht kein Zweifel, daß die Juristen in Hessen, die das Forststrafgesetz bearbeitet haben, sich vollständig klar darüber waren, daß es nicht gegen die Reichsgesetzgebung aneckt.

Forstrat Blum (Aschaffenburg): Wir halten in Bayern daran fest, daß das Holz zum Grund und Boden gehört; solange es noch mit dem Grund und Boden verbunden ist, ist die Wegnahme des Holzes kein Diebstahl, weil der strafrechtliche Begriff des Diebstahls nicht erschöpft ist. Die widerrechtliche Wegnahme von Holz, das noch mit dem Grund und Boden verbunden ist, sei es, daß es dort steht, sei es, daß es umliegt, ohne daß es vom Berechtigten okkupiert ist, gilt in Bayern als Forstfrevel durch Entwendung. Gemeiner Diebstahl wird sie erst dann, wenn das Holz vom Waldbesitzer okkupiert ist, und zwar gilt das nach unserer Auslegung von dem Zeitpunkt an, in dem an dem Holz keine Handlung mehr vorgenommen zu werden braucht, um es für die Weiterveräußerung als fertig zu bezeichnen. Wenn das Holz zur Aufarbeitung fertiggestellt ist, ist dessen Entwendung Diebstahl, denn dann handelt es sich um eine fremde bewegliche Sache, die der andere in der Absicht nimmt, sie sich rechtswidrig zuzueignen. Ich glaube, dieser Standpunkt wird die Sache mehr klären.

Oberförster Dr. König (Güglingen): Wenn in Hessen tatsächlich aufbereitetes Holz unter das Forststrafgesetz fällt, dann ist die Frage, wie sich der Vorentwurf dazu stellt. Ist es im Vorentwurf wieder der Landesgesetzgebung überlassen, auch aufbereitetes Holz in das Forststrafgesetz hineinzunehmen oder nicht? Das ist meiner Ansicht nach die Frage. Wenn der Vorentwurf der Landesgesetzgebung das Recht gibt, auch aufbereitetes Holz in das Forststrafgesetz aufzunehmen, dann brauchen wir keinen Antrag.

Prof. Dr. Dickel: In dieser Hinsicht habe ich folgendes zu sagen. Der Vorentwurf ist noch nicht so vollständig ausgearbeitet; ein Einführungsgesetz, in dem das auszusprechen wäre, liegt noch nicht vor; aber es ist anzunehmen, daß es im wesentlichen beim alten bleiben wird. Wenn man als richtig annimmt, daß die Landesgesetzgebung das

Recht hätte, den Begriff so weit auszudehnen, dann würde die Sache bereits jetzt reichsgesetzlich vollständig erledigt sein. Aber eine sehr verbreitete Auffassung ist durchaus dagegen, und es erklärt sich das, wie gesagt, aus dem deutsch=rechtlichen Prinzip. Herr Forstrat Blum hat hier sehr richtig von Okkupation gesprochen; das deutsche Recht legt entscheidendes Gewicht auf das Moment der Arbeit. Deshalb haben die meisten Landesgesetze ausdrücklich gesagt: wenn ein Stamm vom Winde umgeworfen und dann entwendet wird, bleibt das immer noch Forstdiebstahl; er ist noch nicht durch Arbeit verdient. Wenn aber ein Dieb ihn gehauen hat, hat er schon Arbeit darauf verwendet, und das kommt dem Berechtigten zugute.

Forstmeister Heyer: Ich teile die Befürchtungen nicht, daß ein nach dem Hessischen Forststrafgesetz erlassenes Urteil vom Reichsgericht kurzerhand verworfen würde. Wenn das aber der Fall wäre, müßten wir es hinnehmen. Die Straferkenntnisse für Holzdieb= stähle und Forstfrevel, die bis ans Reichsgericht kommen, sind so selten, daß wir um ihretwillen nicht riskieren können, den Schutz des Waldes, den uns das Gesetz zur Zeit bietet, preiszugeben. — Ich glaube, die Verhältnisse sind noch nicht genügend geklärt, und ich möchte den Antrag Dickel zur Annahme nur befürworten, wenn die Unmöglich= keit erwiesen ist, den Holzdiebstahl nach der bestehenden Reichsgesetz= gebung den Landesgesetzen zu unterstellen.

Vorsitzender: Der Fall liegt, glaube ich, nicht vor; das Reichsgesetz stellt den Begriff des Forstdiebstahls nicht fest. Es heißt nur, daß der Forstdiebstahl den Landesgesetzen überlassen bleibt.

Prof. Dr. Endres (München): Es ist gar kein Zweifel, daß die Frage, ob die Entwendung von aufbereitetem Holz als Forstdieb= stahl oder als gemeiner Diebstahl zu ahnden ist, der Landesgesetzgebung anheimgegeben ist. Denn in Bayern, wo das Gesetz vom Jahre 1852 besteht, heißt es, daß die Entwendung von gearbeitetem Holz nach den allgemeinen gesetzlichen Bestimmungen über den Diebstahl zu be= strafen ist. Die bayerische Landesgesetzgebung verweist also die Ent= wendung von aufbereitetem Holz an die Reichsgesetzgebung. Dazu muß natürlich die Landesgesetzgebung die Kompetenz haben. Andererseits folgt aber daraus, daß jedes Forstdiebstahlgesetz auch die Entwendung von aufgearbeitetem Holz in seinen Bereich ziehen kann. Die vor= liegende Frage könnte, wie verschiedene Herren schon gesagt haben, dadurch aus der Welt geschafft werden, daß auch die Entwendung von aufbereitetem Holz in das preußische Forstdiebstahlsgesetz auf= genommen wird.

Was die formelle Behandlung anbelangt, so glaube ich doch, daß wir durch den ausgezeichneten Vortrag des Herrn Prof. Dr. Dickel bis zu einem gewissen Grade überrascht sind, daß wir daher, ehe wir mit einem Antrag an die Gesetzgebung herantreten, uns

die Sache doch noch sehr überlegen müssen. Ich möchte deshalb anheim=
stellen, ob es nicht zweckmäßiger ist, das Referat des Herrn Prof.
Dickel und das, was hier dazu ausgeführt worden ist, drucken zu
lassen, damit es allgemein bekannt wird und wir bis zu unserer nächsten
Forstwirtschaftsratssitzung darüber nachdenken können. Es wird da=
durch auch keine Zeit verloren; denn wir können jetzt beschließen, was
wir wollen, während der Kriegszeit wird doch nichts geändert.

Prof. Dr. Udo Müller (Karlsruhe): Anknüpfend an das,
was der Herr Vorredner sagte, möchte ich darauf hinweisen, daß wir
es hier mit einer Frage zu tun haben, die auf das Rechtsbewußtsein
des Volkes von so tief eingreifender Wirkung ist, daß wir sie nicht über
das Knie brechen können. Der eine Grund für die Zuweisung an
die Landesgesetzgebung war der, dem Bestand des deutschen Waldes
gegenüber den Angriffen von seiten der habgierigen Bevölkerung
einen besonderen Schutz zu gewähren; der andere Grund für die
Überweisung dieser Materie an die Landesgesetzgebung war der, eben
gerade dem Rechtsbewußtsein in den einzelnen Gebieten des deutschen
Volkes in möglichst weitgehender Weise Rechnung zu tragen. Herr
Prof. Dickel hat das vorher auch schon unterstrichen, daß wir auf
die historische Entwickelung der Dinge hier das nötige Gewicht legen
sollten, und da möchte ich Sie auf die Gesinnung hinweisen, die
wir Süddeutschen auf diesem Gebiete immer haben. Ich erinnere Sie
an das Sprichwort: mit der Axt stiehlt man nicht. Man hat den
Begriff des Forstdiebstahls als nichts Strafwürdiges aufgefaßt, und
diese Auffassung herrscht auch heute. Deshalb wollen wir milde
strafen. Demgegenüber steht der Gesichtspunkt der Einheitlichkeit der
Rechtsprechung, und je mehr wir uns dem Einheitsstaate nähern —
und ich glaube, daß wir auf diesem Gebiete in den Kriegsjahren
noch weitere Fortschritte gemacht haben —, desto mehr müssen wir
auch diesem zweiten Gesichtspunkt der Einheit der Rechtsprechung das
gebührende Gewicht beilegen. Deswegen finde ich, daß diese beiden
Interessen sich widersprechen, und es bedarf eingehender Überlegung,
welchem Gesichtspunkt einmal der Vorrang eingeräumt werden soll.
Ich stehe immer auf dem Standpunkt: ein deutsches Reich, ein
deutsches Recht.

Prof. Dr. Dickel: Es ist heute hier eine Kriegstagung. Der
Antrag Nr. 1 hat mit dem Krieg nichts zu tun, wohl
aber der Antrag Nr. 2. Denn die Diebstähle werden
während des Krieges zunehmen. Den ersten Punkt
könnte man dilatorisch behandeln. Der zweite Punkt
aber sollte heute entschieden werden.

Vorsitzender: Herr Prof. Dickel hat von seinem Antrag
Nr. 1, bei der Reichsgesetzgebung dahin vorstellig zu werden, daß
der Diebstahl an aufbereitetem Holz ebenfalls der Landesgesetzgebung

überwiesen werde, vorläufig Abstand genommen. Sind die Herren damit einverstanden? (Zustimmung.)

Der zweite Antrag, der bezweckt, bei den zuständigen Justizbehörden den Antrag zu stellen, daß sie, soweit es in den betreffenden Einzelstaaten notwendig erscheint, die Staatsanwaltschaften anweisen, Berufung einzulegen, wenn derartig milde Urteile in Forstdiebstahlssachen vorkämen, ist zweifellos viel dringlicher. Wie ja anerkannt worden ist, haben die Diebstähle in sehr unerwünschter Weise zugenommen. Nun wird es sich darum handeln, ob in den einzelnen Bundesstaaten die gleichen Beobachtungen gemacht worden sind. Für Preußen ist ja unbedingt Grund vorhanden, in der Beziehung Schritte zu tun. Es wird sich fragen, ob für die anderen Bundesstaaten auch ein Anlaß vorliegt, an die betreffenden Justizministerien zu gehen. Ich möchte da um Äußerungen bitten. Ich glaube, Schaden kann der Antrag auch bei anderen Justizbehörden nicht hervorrufen. Natürlich würde bei Hessen insofern ein etwas zweifelhafter Zustand eintreten, als dort tatsächlich wohl infolge der anderen Begriffsbestimmung des Forstdiebstahls ein derartiger Übelstand kaum bestehen kann, da dort auf Grund der Landesgesetzgebung eine genügende Bestrafung eintritt.

Forstmeister Heyer (Jugenheim, zur Zeit Lodz): Ich sehe, daß wir in Hessen einen idealen Zustand haben. (Heiterkeit.) Bei uns ist das Verfahren folgendermaßen. Die abgeurteilten Forstrügesachen gehen den Lokalforstbeamten zu, und diese stellen für die gerichtlich verhandelten Fälle, wo sie eine Berufung für geeignet erachten, entsprechenden Antrag. Auch Beanstandungen der durch Strafbefehl erledigten Sachen werden grundsätzlich so geregelt. Das ist der allerkürzeste Weg.

Vorsitzender: Es fragt sich, ob es nötig ist, auch in Hessen den gleichen Antrag an die Justizbehörde zu stellen.

Forstmeister Heyer: Es fragt sich, ob man nicht besser den Antrag Dickel derart verallgemeinert, die Staats- und Amtsanwälte möchten vom Oberstaatsanwalt angewiesen werden, bei allen Straferkenntnissen, die den wichtigen Interessen des Waldes nicht ausreichend Rechnung tragen, Berufung zu ergreifen.

Vorsitzender: Mit Rücksicht auf den jetzigen unerwünschten Zustand haben wir allen Anlaß, auch an das hessische Ministerium den Antrag zu stellen. — Bestehen bezüglich der anderen Staaten Bedenken?

Oberförster Dr. König (Güglingen): Ich möchte nur sagen, daß in Württemberg politische Bedenken bestehen. Es ist in letzter Zeit das Verfahren wegen Forstdiebstahls gegen Personen, die militärisch eingezogen wurden, eingestellt, auch sind Strafen erlassen worden, so daß ein Antrag unsererseits auf Verschärfung der Strafen im Gegensatz hierzu stände und wenig Aussicht auf Erfolg hätte.

Forstrat Blum (Aschaffenburg): Ich und die Herren, die hier sitzen, würden den Zeitpunkt nicht für gegeben und geeignet halten, an die Verwaltungen mit dem Ersuchen heranzutreten, eine Verschärfung eintreten zu lassen. Speziell wir Bayern finden hierzu auch gar keinen Anlaß.

Vorsitzender: Für Preußen allein könnte der Forstwirt= schaftsrat nicht einen solchen Antrag beschließen.

Forstmeister Heyer: Ich möchte glauben, daß, wenn diese übermilde Auffassung in Württemberg und anderen Staaten Platz ge= griffen hat, dann gerade die von mir vorgeschlagene Verallgemeinerung des Antrages Dickel zweckmäßig wäre. Die Wichtigkeit des Waldes hat sich in diesem Kriege in einer Weise erwiesen, daß zu seinem Schutze alles geschehen sollte. Wenn der Antrag meinem Vorschlag gemäß erweitert würde, könnte ich mich auch für meine engere Heimat dafür aussprechen. Ich darf vielleicht bitten, den Antrag nochmals zu verlesen.

Prof. Dr. Dickel: Der Antrag geht dahin: an die Mini= sterien der einzelnen Bundesstaaten die Bitte zu richten, daß der Justizminister erstens die Staats= und Amtsanwaltschaft um möglichst energische Ver= tretung des strengeren Standpunktes ersucht, zweitens, die Staats= und Amtsanwaltschaften anweist, in allen Fällen der unrichtig erscheinenden Anwen= dung des § 370 Nr. 5 und des § 248a des Strafgesetz= buches die gesetzlichen Rechtsmittel, insbesondere das der Revision, einzulegen. Ich bin bei dem Antrage davon ausgegangen, daß es zweckmäßig sei, ihn an alle Regierungen zu richten, ohne Rücksicht darauf, daß wir die Frage erörtern, ob dort ein Bedürfnis hervorgetreten ist. Das müßte eben das dortige Forstministerium entscheiden, und wenn es sagt: hier wird der Dieb= stahl so energisch bestraft, daß wir gar keine Veranlassung haben, das Justizministerium darum zu ersuchen, so ist es dort erledigt. Aber da, wo das Bedürfnis hervorgetreten ist, müßte das Forstministerium einen Antrag an den Justizminister stellen. Das wirkt energischer, als an die Oberstaatsanwälte, von denen Herr Oberforstmeister Kranold sprach.

Vorsitzender: Ich habe doch Bedenken, den Antrag unter den jetzigen Umständen durch Mehrheitsbeschluß zu erledigen; das würden die Herren aus Süddeutschland vielleicht nicht gut heißen. Im übrigen ist es sehr zweifelhaft, ob eine Mehrheit zustande kommt; aber auch in diesem Falle würde ich es bedauern, wenn auf Majoritäts= beschluß eine Maßnahme erfolgte, die der Minorität Nachteile bringen könnte. Ich möchte deshalb empfehlen, daß wir auch dem zweiten Antrage vorläufig nicht Folge geben; ich habe überhaupt gewisse Bedenken, unsererseits direkt an die Justizministerien zu gehen; es würde immer richtiger sein, wenn wir uns an die Zentralforstbehörden wenden.

Prof. Dr. Dickel: So war es auch gemeint, es sollte an die Zentralforstbehörden das Ersuchen gerichtet werden.

Oberforstmeister Kranold (Marienwerder): Nach der Aussprache gewinnt es den Anschein, als wenn dieser zweite Antrag im wesentlichen nur ein Bedürfnis für Preußen wäre. Da wir aber als Forstwirtschaftsrat nur für das Deutsche Reich zuständig sind und einen Antrag an einen einzelnen Bundesrat nicht richten können, so möchte es sich vielleicht empfehlen, wenn wegen dieser heute zur Sprache gebrachten Umstände ich oder sonst einer der Vertreter Preußens Veranlassung nähme, einen Bericht an unseren Herrn Landwirtschaftsminister zu machen, und zwar mit dem Antrage, sich dieser Sache bei dem Herrn Justizminister anzunehmen, um jetzt gerade während des Krieges Abhilfe zu schaffen (Zustimmung).

Vorsitzender: Das wäre der geeignete Weg, und Herr Prof. Dickel erklärt sich als Antragsteller auch damit einverstanden. Es wird Anlaß genommen werden, auf Grund der Besprechung beim preußischen Ministerium eine dahingehende Anregung zu geben, daß der Schutz der Forsten möglichst in verschärfter Form erfolgt.

Nochmals unseren herzlichen Dank an Herrn Prof. Dickel!

Nach Besprechung einiger anderer Punkte der Tagesordnung, über die Näheres in den „Mitteilungen des Deutschen Forstvereins" 1916 Nr. 3 veröffentlicht wurde, erteilte der Vorsitzende das Wort zum

Bericht der Satzungskommission.

Berichterstatter Regierungsdirektor Dr. Wappes (Speyer): Meine Herren! Die Satzungskommission ist, wie Ihnen wohl noch aus den Verhandlungen in Trier erinnerlich, bei Gelegenheit der damaligen Sitzung des Forstwirtschaftsrats geschaffen worden. Ich darf vielleicht auf die Entwickelungsgeschichte ganz kurz zurückgreifen, weil ich annehme, daß durch die gewaltigen Ereignisse, die unser Gemüt erschüttert haben und die Geister gefangen nehmen, bei manchen die Erinnerung an die sachlichen Interessen verwischt worden ist. Ich schließe das aus der eigenen Erfahrung und aus den Gesprächen mit manchen anderen Herren. Sie müssen mir also gestatten, daß ich auf die Entwickelung zurückgreife, um so mehr, weil ich die Beobachtung gemacht zu haben glaube, daß das Interesse für die Reform des Vereins und die Kenntnis ihrer Ziele doch noch nicht genügend in die Kreise der Vereinsmitglieder gedrungen ist.

Ich darf daran anknüpfen, daß damals in Trier unser Herr Vorsitzender die Anregung gegeben hatte, daß unsere Satzungen in verschiedenen Punkten auf ihre Reformbedürftigkeit zu untersuchen seien, und ich selbst habe dann zu der Angelegenheit das Wort ergriffen und des näheren ausgeführt, daß nach meiner Meinung eine tiefgreifende Umgestaltung unserer Verfassung notwendig sei. Die damals gewählte Satzungskommission, die mir die Ehre erwiesen hat, mich zum Vorsitzenden zu erwählen, hat ihre Aufgabe sofort in Angriff genommen. Es ist zunächst in Erfurt eine Sitzung abgehalten worden, dann einige Monate darauf eine solche in Berlin. Wir haben damals in den Tagen vom 5. bis 9. Mai einen Satzungsentwurf festgestellt, der mittlerweile in den Mitteilungen des Deutschen Forstvereins erschienen ist, allerdings gerade im Juli 1914, in einer Zeit, wo die gewaltigen nationalen und politischen Umwälzungen das Interesse der Fachgenossen für die Fragen des Berufes wohl gänzlich unterdrückt haben gegenüber den Sorgen und Interessen für das Vaterland. Aus diesen Gründen mußte auch die weitere Arbeit der Kommission ruhen, und wir sind erst jetzt wieder zu einer neuen Sitzung zusammengetreten. In der Zwischenzeit haben auf dem Wege des schriftlichen Verkehrs verschiedene Meinungsäußerungen stattgefunden, wir haben auch nicht versäumt, in dem Sinne, wie wir uns die Entwickelung der Verfassung des Deutschen Forstvereins dachten, vertrauliche Anfragen bei den Staatsregierungen bzw. den deutschen Forstverwaltungen zu stellen.

Ich könnte nun sofort auf den Entwurf der Satzungsreform, wie er Ihnen vorgelegt worden ist, eingehen. Ich halte es aber doch für notwendig und zweckmäßig, im allgemeinen mich über die Bedeutung der ganzen Sache zu äußern in der Auffassung, daß der Entwurf nur dann verstanden werden kann, wenn die ihm zugrunde liegenden allgemeinen Gesichtspunkte genügend klargelegt sind. Ich habe deshalb auch davon abgesehen, Ihnen Leitsätze vorzulegen, hauptsächlich um deswillen, weil die Kommission bis jetzt noch nicht dazu gekommen ist, einen definitiven Entwurf festzustellen. Allerdings hat das, was Ihnen in den Mitteilungen von 1914 und nunmehr nochmals im Abdruck vorliegt, die Form eines festen ausgearbeiteten Entwurfs. Wir waren uns jedoch alle darüber klar, daß der Entwurf so, wie er vorliegt, noch eine Reihe von Schwierigkeiten in sich hat und daß es noch weiterer Verhandlungen und Ausgleichung bedürfe, bis der Entwurf soweit geklärt ist, um der Hauptversammlung vorgelegt werden zu können. Ich mache also ausdrücklich darauf aufmerksam, daß es kein endgültiger Entwurf sein soll. Es wird auch nicht nötig sein, daß wir uns heute formal Paragraph für Paragraph über die Fassung im einzelnen einigen; denn der Entwurf kann ja nur von der Hauptversammlung genehmigt werden und, wie Ihnen bekannt, ist ja heute noch nicht abzusehen, wann die nächste Hauptversammlung des Deutschen Forstvereins stattfinden kann. Bis dahin kann sich noch manches ändern. Der Satzungskommission erschien es in ihrer gestrigen Sitzung als Aufgabe, zunächst dem Forstwirtschaftsrat das Grundsätzliche des Entwurfs darzulegen und eine Aussprache darüber herbeizuführen, um zu erfahren, welche Stellung im allgemeinen der Forstwirtschaftsrat den beabsichtigten grundsätzlichen Änderungen gegenüber einnimmt.

Meine Herren, wenn ich nun dazu übergehe, Ihnen die Gedanken darzulegen, von denen wir bei dem Entwurf ausgegangen sind, so kommt es darauf an, ob man den gegenwärtigen Zustand des deutschen Forstwesens und die Leistungen der Forstwirtschaft als befriedigend anerkennt oder ob man der Meinung ist, daß hier eine Änderung und Verbesserung vorzunehmen sei.

Wer mit dem gegenwärtigen Zustande des deutschen Forstwesens und der Forstwirtschaft zufrieden ist, befindet sich nach meiner Meinung in einem Irrtum. Ist man aber der Auffassung, daß sehr viel zu verbessern sei, so entsteht die Frage, auf welchem Wege ist diese Verbesserung durchzuführen? Da gibt es zweifellos zwei Wege, einmal, daß die deutschen Forstverwaltungen oder, sagen wir allgemeiner, die deutschen forstlichen Unternehmer, jeder für sich in seiner Verwaltung diese Verbesserungen durchführen, zum andern, daß sich alle Beteiligten zu gemeinsamer Arbeit vereinigen. Über die Zweckmäßigkeit des einen oder des anderen Weges bin ich mir außer Zweifel. Eine Verwaltung, die glaubt, daß sie nur aus sich heraus alle Verbesserungen durchführen und sich so auf die notwendige und wünschenswerte Höhe bringen kann, befindet sich in einem verhängnisvollen Irrtum. Wer sich derart isoliert, bleibt unbekannt mit der inneren Entstehung aller Vorgänge seines Faches und dessen Fortschritten und nimmt einen abweichenden Standpunkt ein gegenüber der Haltung aller anderen Staats-Verwaltungszweige, aller Privatunternehmungen, die zweifellos sämtlich heute mehr denn je die Auffassung haben, daß der einzelne nicht alles zu machen vermag, sondern daß die Kraft erst durch den Zusammenschluß kommt und daß, je intensiver dieser Zusammenschluß ist, je feiner und durchgebildeter und vielseitiger die Organisation, der Fortschritt desto wirksamer sein wird, daß der einzelne um so rascher vorwärts kommt, je größer der Verband ist, in dem er sich befindet. Es ist ja eine allgemeine Erfahrung: wenn zwei sich zusammentun, so verdoppeln sie nicht ihre Kraft, sondern sie vervierfachen sie; es ist nicht ein einfaches Addieren, sondern ein Potenzieren. Darauf beruht die Kraft der Organisation. Dieser Erfahrungssatz muß auch für die forstlichen Unternehmungen gelten.

Ich habe keinen Zweifel, daß wir mit den Leistungen des deutschen Waldes und der deutschen Forstwirtschaft so, wie sie zurzeit sind, nicht zufrieden sein können. Schauen wir nur hinüber auf die deutsche Landwirtschaft, die so Ungeheueres geleistet hat und die erst am Anfang ihrer Entwickelung zu sein glaubt. Wenn wir bedenken, wie weit wir hinter der Landwirtschaft zurückstehen auf allen Gebieten, auf dem Gebiete der Technik sowohl wie auf dem der Ökonomik und der Organisation, so müssen wir zugestehen, daß sich die Leistungen der deutschen Forstwirtschaft und die Erträge des deutschen Waldes noch ungemein heben lassen. Ich brauche nur daran zu erinnern, in welchem Maße die Ernte vergrößert werden kann, wenn man vergleicht, wie die Ernte in der Landwirtschaft durch die Fortschritte der letzten Jahrzehnte um das Vielfache gesteigert worden ist. Im Verhältnis dazu hat die Forstwirtschaft wenig geleistet. Die deutsche Landwirtschaft ist nahezu imstande, das Volk zu ernähren trotz der bedeutenden Steigerung der Menschenzahl. Vergleichen wir nur, wie die Kartoffelernte, die Getreideernte um das Zwei-, Drei-, Vierfache durch die vielen kulturtechnischen Maßnahmen der Landwirtschaft vermehrt worden ist, so müssen wir sagen: dagegen steht die Forstwirt=schaft sehr bescheiden zurück. Wir führen heute noch, glaube ich, etwa 13 Millionen Festmeter Holz ein; wir müßten es dahin bringen, daß, wie die deutsche Landwirtschaft das Volk ernährt, der deutsche Wald den Holzbedarf des deutschen Volkes decken kann. Wir brauchten nur einen einzigen Festmeter mehr zu produzieren, dann würden wir, vom Sortiment abgesehen, imstande sein, unseren Import aufzuheben. Wir können vielleicht heute nicht sagen, wie man das machen kann; aber ich glaube, es muß zu machen sein, und ich bin überzeugt, unsere Nachkommen werden wissen, wie man es macht. Ich bin also der Meinung, daß in der ganzen Produktion der deutschen Forstwirt=schaft sehr viel zu verbessern ist.

Nun gebe ich zu: wir werden nicht so von der Not getrieben, wie vielfach die anderen Wirtschaftszweige. Die Waldwirtschaft kann, weil sie nicht mit fremdem Kapital arbeitet, niemals in eine derartige Notlage geraten, wie z. B. ein industrieller Betrieb oder auch eine Landwirtschaft. Aber das ist gerade ein Grund, die Bewegung für die Forstwirtschaft organisatorisch anzufassen. Wir haben, um nur eines zu sagen, in den deutschen Waldungen einen kolossalen Überschuß von verschiedenen Sortimenten, die nicht absetzbar sind, auf der andern Seite wieder hohe Einfuhr anderer Sortimente. In all das schauen wir zweifellos nicht genügend hinein und wissen heute keinen Aus=gleich. Kurzum, die Lage der deutschen Forstwirtschaft ist derart, daß es notwendig ist, bedeutende Verbesserungen einzuleiten.

Fragen wir uns, auf welchem Wege das zu unternehmen sei, so gibt es nach meinem Dafürhalten nur eins: den Zusammenschluß aller derjenigen, die am deutschen Walde und an der deutschen Forstwirtschaft Interesse haben. Es müssen also die Verwaltungen und die freiwilligen Kräfte zusammenarbeiten. Wenn in dieser Hinsicht auch Ansätze vorhanden sind, so bin ich doch der Meinung, daß die deutsche Forstwirtschaft auf diesem Gebiete viel zu wenig entwickelt und organisatorisch differenziert ist. Wenn Sie erwägen, wie ungeheuer vielseitig das Vereinsleben der Land=wirtschaft ausgestaltet ist durch Verbände der verschiedensten Art und Zwecke, und demgegenüber die außerordentlich einfache Gestaltung bei der Forstwirtschaft betrachten, wo nur die — nicht zusammengeschlos=senen — Verwaltungen und ein Deutscher Forstverein einander gegen=über stehen, so müssen Sie zu dem Ergebnis kommen: das ist zu wenig.

Wir müssen vor allem in weit höherem Maße die Führung und die Leitung in gegenseitigen Kontakt bringen. Die führenden Geister, jene die zu neuer Erkenntnis vordringen, neue Systeme und Methoden finden, sind nicht immer die leitenden Persönlichkeiten der Verwal=tungen — ich sage das zunächst ganz allgemein —, auch nicht in den Staats= und Privatforstverwaltungen, die Männer des Gedankens sind andere wie jene, die die Macht in der Hand haben und die die praktischen Entscheidungen treffen.

Bei uns sind nun die Männer der Wissenschaft und die Männer, die auf praktischem Gebiet die neuen Gedanken erfassen und zu neuen Formen gestalten sollen, vielfach nicht in entsprechendem Kontakt. Es müssen Einrichtungen getroffen werden, daß die leitenden und führen=den Persönlichkeiten sich in einer Organisation zusammenfinden.

Ist eine solche Organisation einmal da, so bringt sie aus sich selbst heraus die Schulung für die Geister. Sie tut das schon um ihrer selbst willen, denn sie hat es ja nötig, daß Leute da sind, die in solch freiem Zusammentreten die Führung und Arbeit übernehmen. So üben sich durch den Verkehr die Kräfte. Die freie Organisation er=möglicht durch ihre Stellung außerhalb der staatlichen Organisation Kräfte heranzuziehen, die dort ihre Begabung und ihre Arbeitskraft nicht in entsprechendem Maße verwenden können. Es ist kein Zweifel, es muß und kann nicht wohl anders sein: im Staatsdienst muß sich alles auf einer strengen Hierarchie aufbauen. Die Jugend ist infolge=dessen von Entscheidungen ausgeschlossen; sie hat nicht einmal die Möglichkeit, ihre neuen Gedanken — die neuen Gedanken gehen meist von jüngeren Leuten aus — (Heiterkeit und Bewegung) — zur Geltung zu bringen. — Es muß ein Boden geschaffen werden, der diesen Kräften ein gewisses Betätigungsfeld gibt, und das ist nur möglich durch eine freie Organisation. — In den kleineren Staaten sind nicht selten Kräfte, denen ein ihrer Leistungsfähigkeit entsprechendes groß=zügiges Betätigungsfeld fehlt. Wenn jeder nur in seiner eigenen Verwaltung sich betätigen kann, so kommt er in solchem Falle niemals über einen engen Wirkungskreis hinaus. Nur die Organisation auf

freier Grundlage ermöglicht es jedem, sein Interesse und sein Tätig=
keitsgebiet über das ganze Deutsche Reich und schließlich über die
ganze Welt zu erstrecken, nur sie bietet den Kräften das Feld für volle
Entfaltung, sie ist es also nach meinem Dafürhalten, von der wir
die Entwickelung unseres Faches erhoffen und erwarten können.

Ich komme nun im besonderen auf den Wert unseres
Deutschen Forstvereins. Wir, die wir zu diesem Verein zu=
sammengeschlossen sind, haben ja alle die Auffassung, daß es neben
der amtlichen Betätigung auch ein freies Zusammenarbeiten geben
muß. Diese Auffassung ist indes noch nicht überall durchgedrungen.
Deshalb ist es vielleicht nötig, hier noch einige allgemeine Gesichts=
punkte mehr für die Öffentlichkeit darzulegen. Unser Vereinsleben
bietet vor allem den Kontakt führender Persönlichkeiten aus dem
ganzen deutschen Vaterlande. Durch diesen Verkehr entsteht zweifellos
eine Fülle von neuen Gedanken, schon dadurch, daß die verschiedensten
Erfahrungen miteinander ausgetauscht und gegenseitig abgewogen
werden. Im kleinen habe ich das bei unseren Heidelberger Fort=
bildungskursen eingehend beobachten können, wo Herren aus fünf
verschiedenen Verwaltungen zusammengekommen waren. In derartigen
kleinen Kreisen ist ja das Zusammenballen nach Landsmannschaften
unmöglich. Da war offensichtlich zu erkennen, wie durch den näheren
Verkehr von Leuten verschiedener Vorbildung, Schulung und Erfahrung
die Entwickelung der Gedanken in intensiver Weise erfolgte.

Wenn man der Überzeugung ist, daß in der ganzen Welt der
Gedanke es ist, der zuerst den Fortschritt bringt, so ist gar kein
Zweifel, daß es von der größten Bedeutung ist, rechtzeitig die Ent=
wickelungstendenzen zu erkennen. Die Erkenntnis dessen,
was sich entwickelt und wie die Zukunft sich gestaltet, kann in einem
Bureau nicht gewonnen werden; die kann man nur im nahen persön=
lichen Verkehr, in gegenseitiger Aussprache gewinnen. Je intensiver
und vielseitiger dieser persönliche Verkehr ist, desto mehr darf man
darauf rechnen, daß die neuen Gedanken rechtzeitig erfaßt werden.
Ich glaube, wir müssen, wenn wir auf die Entwickelung des deutschen
Forstwesens in dem letzten Jahrzehnt zurückschauen, wenn wir sehen,
wie mühsam sich jede neue Auffassung in der Gesetzgebung und Ver=
waltung, jeder neue Gedanke in Technik und Betrieb hat herauf=
arbeiten müssen, schon zugestehen, daß vieles im deutschen Forstwesen
versäumt worden ist, und daß manche Gelegenheit zur Verbesserung,
die jetzt durchzuführen schwere Arbeit verursacht, schon längst und da=
mals leichter hätte gemacht werden können.

Meine Herren, die Vielgestaltigkeit der deutschen Verhältnisse
ist vielleicht an sich ein Schaden; sie kann aber umgekehrt zu einem
Nutzen werden, wenn man gegenseitig in diese Vielgestaltigkeit hinein=
schaut, ihre Gründe erforscht, Vergleiche zieht und dann aus dieser

Vielzahl das Beste aussucht und zur Durchführung bringt. Je vielseitiger also die Verwaltungen ihren ganzen Mechanismus und ihre praktische Tätigkeit ausgestaltet haben, um so mehr besteht das Bedürfnis, die Leute zusammenzubringen. Ein jeder prüft das Seine an dem Maßstabe des andern. Schließlich muß aus dieser gegenseitigen Prüfung der Fortschritt kommen. Das sind aber alles Dinge, die auf amtlichem Wege, etwa durch eine Erhebung n i c h t zustande gebracht werden können. Hier kann nur freies Wirken im Schoße eines Vereins etwas erreichen.

Trotz dieser Vielseitigkeit, die ja ihre Begründung hat, brauchen wir allerdings auch wieder die Anbahnung einer gewissen Einheitlichkeit. Ich erinnere z. B. daran, daß wir uns eigentlich sachlich gar nicht einmal gegenseitig verständigen können. Wenn Sie auf andere Zweige der Wirtschaft und Technik schauen, z. B. auf das Ingenieurwesen, so werden Sie finden, daß hier Normalien durch das ganze Deutsche Reich festgelegt sind; es sind die Begriffe geklärt, es wird mit gleichen Maßstäben, mit gleichen Abmessungen, gleichen Gewinden gearbeitet, die Statistik wird gleichmäßig durch das Reich geführt, so daß Vergleiche möglich sind usw. Das ist alles bei uns noch nicht der Fall. Es ist z. B., um nur eines anzuführen, die forstliche Kartierung im Deutschen Reiche derart verschieden, daß ein Bayer eine preußische Forstkarte nicht lesen kann und ein Preuße eine bayerische nicht. Wir sind oft nicht imstande, uns über die einfachsten Sachen zu verständigen, weil die einzelnen Ausdrücke in den verschiedenen Verwaltungen verschiedene Begriffe bedeuten. Ich nehme nur das Alltäglichste, mit dem wir zu arbeiten haben: die Betriebseinheit. Abteilung und Unterabteilung ist in Preußen etwas ganz anderes als in Bayern und Württemberg, Distrikt ebenfalls. Man muß sich, wenn man sich mit einem Fachgenossen über Forsteinrichtung unterhalten will, vorher gewissermaßen über die Nomenklatur einigen.

Das sind Dinge, die vielleicht auch die deutschen Forstverwaltungen machen können, wenn sie sich nach dem Muster des Vereins Deutscher Eisenbahnverwaltungen zu einem Verein Deutscher Forstverwaltungen zusammenschließen. Vorderhand ist aber hier nach meinem Dafürhalten in der Beziehung kaum etwas zu erwarten, und es ist zweifellos nötig, so lange das nicht der Fall ist, daß irgend eine andere Organisation diese Aufgabe vorbereitet und klärt. Wenn unter den deutschen Eisenbahnverwaltungen die Zustände herrschten wie bei uns, dann würde jeder Staat noch seine eigene Schienenspur haben. (Heiterkeit.)

Unsere Vereinsarbeit weckt ferner den S i n n f ü r d i e Z u s a m m e n g e h ö r i g k e i t u n d d e n Z u s a m m e n h a l t im ganzen Vaterlande; sie fördert die Wertschätzung der sachlichen Eigenart. Wir können nur durch ein gutes Vereinswesen die großen Wald-

besitzer sachlich interessieren, Waldbesitzer und Forstwirte zusammen=
bringen. Ich habe keinen Zweifel, daß nach dieser Richtung hin noch
unendlich viel bei uns zu tun ist. Es ist ja merkwürdig: sonst heißt
es immer, der Staat sei wenig geeignet für wirtschaftliche Unter=
nehmungen, und man sieht auch tatsächlich, im allgemeinen, daß die
Staatsbetriebe nicht die finanziellen Erfolge haben wie die Privat=
betriebe. Bei der Forstwirtschaft scheint es bisher umgekehrt zu sein,
ohne daß ich den Vertretern der Privatwaldungen zu nahe treten
will. Ich sage nur, die allgemeine Meinung geht dahin, daß der
Staatswald im großen und ganzen der besser bewirtschaftete Wald
sei. Das kommt nach meiner Ansicht hauptsächlich daher, daß die
privaten Waldbesitzer vielfach noch nicht die Bedeutung des forstlichen
Berufs erkannt haben, daß sie noch nicht eingesehen haben, was es
für einen Unterschied macht, wie man den Wald behandelt, sonst müßte
auch in der Waldwirtschaft der private dem staatlichen Betriebe über=
legen sein. Aber es gibt eben eine Meinung, die nicht nur kleine und
große Privatwaldbesitzer haben, sondern die durch die Parlamente
hindurchgeht und auch in den Köpfen mancher juristischer Staats=
beamten spukt, die Meinung nämlich: „Der Wald wächst von selbst;
an der ganzen Geschichte ist nicht viel zu machen; infolgedessen steckt
man möglichst wenig Geld hinein und schaut, daß die Ablieferung so
groß wie möglich ist."

Diese Verkennung des forstlichen Berufs ist zweifellos einer der
Hauptgründe, weshalb uns fast überall die Mittel zu einer inten=
siveren wirtschaftlichen Arbeit fehlen. Diese Auffassung, die wie ge=
sagt durch die führenden Kreise in Staat und Volk bis herunter zu
den kleinsten Bauern geht, können staatliche Behörden nicht aus
dem Volke herausbringen; das kann nur eine intensive private Arbeit,
der Zusammenschluß der Berufsgenossen. Insbesondere ist eine Be=
einflussung der Presse nötig, der Tagespresse wie der illustrierten
Wochen= und Monatsblätter, die mit populären Artikeln in das Volk
hineingehen. Wenn wir die Beachtung der deutschen Forstwirtschaft
erreichen wollen, dann müssen wir uns der Erkenntnis des gesamten
Volkes versichern.

Es gibt ja wohl auch bei uns noch Herren — sie sind nicht
selten und es geht bis hoch hinauf —, die überhaupt von dem Vereins=
wesen sehr wenig halten. Wer dieser Auffassung ist, der ist eben im
Bureau aufgewachsen und hat dessen Scheuklappen nicht losbringen
können. (Heiterkeit.) Ich möchte da einen ganz interessanten Ausspruch
unseres Altmeisters Goethe zitieren. Goethe sagte einmal über die
Versammlung der Naturforschenden Gesellschaft zu Heidelberg:

„Ich weiß recht gut, daß bei diesen Versammlungen für die
Wissenschaft nicht so viel herauskommt, als man sich denken mag;
aber sie sind vortrefflich, daß man sich gegenseitig kennen und

möglicherweise lieben lerne, woraus denn folgt, daß man irgend eine neue Lehre eines bedeutenden Menschen wird gelten lassen, und bei dieser wiederum geneigt sein wird, uns in unseren Richtungen eines anderen Faches anzuerkennen und zu fördern. Auf jeden Fall sehen wir, daß etwas geschieht, und niemand kann wissen, was dabei herauskommt."

Meine Herren, ich denke, diese allgemeine Begründung für das Vereinswesen wird zweifellos auch für unsere Arbeit gelten dürfen, und wir dürfen schon unseren verehrten Fachgenossen, sowohl den Beamten in leitenden Stellungen wie denen, die mitlaufen, ohne sich weiter darüber Gedanken zu machen, ein bischen nachdrücklich nahelegen, wie notwendig und wichtig das Vereinsleben auch der deutschen Forstbeamten ist. **Wir müssen das Vereinsleben haben, um dem Geist Raum zur Entwickelung und der Kraft Gelegenheit zur Betätigung zu geben.**

Alle diese Vorteile schließen nicht aus, sondern fordern vielmehr die höchstmögliche Leistung unseres Vereins.

Ich möchte da nun zur Kritik unserer bisherigen Tätigkeit einiges sagen. Nach meinem Dafürhalten ist in der deutschen Forstwirtschaft überhaupt bisher zu wenig beraten worden. Wenn irgendwelche einschneidende Maßregeln oder grundlegende Einrichtungen in Absicht liegen, wird, soweit mir das Vorgehen in den Verwaltungen bekannt geworden ist, noch lange nicht in dem erforderlichen Maße die freie Besprechung irgend eines Gegenstandes in einem kleinen Körper durchgeführt, sondern es erfolgt im allgemeinen mehr die bureaumäßige Entscheidung, also das Kommandieren. Das ist für gewisse Dinge nötig, für gewisse Dinge ist es wieder sehr schädlich.

Auch der deutsche Forstverein macht diesen Fehler. Der Forstwirtschaftsrat leidet zweifellos an einer gewissen Überfülle. Er ist eine umständliche Körperschaft; für die Beratung groß, für einen Arbeitskörper zu wenig gegliedert. Eine Versammlung von 75 Herren, die wir bei voller Besetzung sind, ist meines Erachtens nur eine Körperschaft, die über etwas fertig Vorgelegtes eine Entscheidung treffen kann; arbeiten kann man jedoch nur in einem kleineren Kreise, und je kleiner der Kreis ist, desto wirksamer. Es ist also nötig, daß nach dieser Richtung hin eine Änderung eintritt, eine Gliederung des Forstwirtschaftsrates nach Sparten, eine Ausscheidung seiner Mitglieder in Abteilungen und innerhalb der Abteilungen wieder ein Zusammentreten weniger Spezialkräfte zu bestimmten Sonderberatungen. In dem Begleitbericht zum Satzungs-Entwurf habe ich in unseren „Mitteilungen" diese Gestaltung bereits angedeutet.

Es müssen vor allem Organe geschaffen werden für eine fortdauernde Arbeit und für eine intensivere Tätigkeit des Vereins. Wir müssen unser Tätigkeitsgebiet durch Heranziehung neuer Aufgaben erweitern, und müssen diejenigen Aufgaben, die wir unternehmen, intensiver behandeln, als das vielfach möglich gewesen ist, was vielfach schon zeitlich nicht möglich gewesen ist durch das außerordentlich seltene Zusammentreten unserer Vereinsorgane. Wenn ein Beratungskörper im Jahre nur einmal zusammentritt oder mit noch längerer Pause, so kann — das ist klar — eine intensive Tätigkeit nicht stattfinden. Für eine solche ist unser Verein noch nicht genügend organisiert. Es fehlt ihm namentlich die Grundlage, eine ständige Geschäfts=führung, besetzt mit einem Geschäftsführer im Hauptamte. Ich glaube, es gibt im ganzen Deutschen Reiche keinen Wirtschaftszweig von irgendwelcher Bedeutung, der nicht hier in Berlin eine Zentrale hat. Eine Reihe von Wirtschaftszweigen, wie z. B. die Landwirt=schaft, hat eine ganze Anzahl von Zentralstellen hier. Die deutsche Forstwirtschaft hat dem nichts gegenüberzustellen als den, wollen wir einmal sagen, fliegenden Generalsekretär, der heute in der einen Stadt und morgen in der andern sitzt, einen im Nebenamt arbeitenden Ge=schäftsführer, der naturgemäß immer aus den jüngeren Klassen unserer Beamtenschaft entnommen werden muß und deshalb immer nur auf kürzere Zeit fungieren kann, infolgedessen niemals dazu kommt, die Tradition festzulegen und dem Vorstande, der doch meistens ein viel belasteter Beamter ist, eine entsprechende Hilfe zu sein. Hierin ist zweifellos ein großer Mangel unserer bisherigen Organisation zu sehen.

Ein weiterer Punkt ist dann noch die Umgestaltung der Haupt=versammlungen zu einer wirksameren Betätigung. Hier liegt die Sache einfacher, das ist etwas, was wir leicht machen können.

Wenn wir uns fragen: wie hat die Landwirtschaft diese un=geheure Entwickelung zuwege gebracht, die wir an ihr bewundern und die wir immer als ein Vorbild betrachten müssen, so sind es nach meinem Dafürhalten mehrere Gründe, die dabei wirkten: Die Landwirtschaft ist emporgekommen einmal durch die Hebung der Fach=bildung, weiter durch die Ausgestaltung der wissenschaftlichen For=schung, dann — das Wichtigste — durch die Bereitstellung großer Mittel, endlich und nicht zum letzten durch eine außerordentlich viel=seitige und rege organisatorische Tätigkeit.

Ihre Organisationen zeigten dabei namentlich eines, worin sie von uns abwichen, die gewaltige Impulsivität, mit der sie ins Leben getreten sind. Ich erinnere nur an die Art, wie der Bund der Land=wirte die Verbesserung der deutschen Landwirtschaft in Angriff ge=nommen hat. Wir werden ja wohl die Sache etwas sanfter machen. Aber es ist doch kein Zweifel, daß eine gewisse Impulsivität dazu gehört, wenn man überhaupt in einer Sache vorwärts kommen will. Gern und freudig werden nirgends Mittel gegeben. Das ist eine Tat=sache, die wir uns vor allem klar machen müssen, wenn wir nachher unser Vorgehen besprechen. Wir werden, wenn wir etwas erreichen wollen, unsere Beschwerden, unsere Wünsche, unsere Forderungen sehr nachdrücklich geltend machen müssen.

Allerdings kommt noch ein zweites dazu: es gehört auch eine gewisse persönliche Anteilnahme und eine gewisse Opferwillig= keit derjenigen dazu, die etwas fordern. Wer fordern will, fordert am besten durch den Hinweis auf das, was er selbst schon geleistet hat. Ich glaube, es ist nicht allzu scharf gesagt, wenn ich ausspreche: unseren verehrten Fachgenossen fehlt zum nicht geringen Teile noch die Erkenntnis, was sie am Deutschen Forstverein haben und was sie haben könnten bei einer besseren Gestaltung und regeren Tätig= keit des Vereins —, es fehlt ihnen noch die Erkenntnis dafür, daß Fortschritte nur zu erreichen sind durch persönliche Opfer, durch Hin= gabe an die Sache. Hier werden wir eine wichtige und umfassende Aufklärungsarbeit noch vor uns haben, und vom Forstwirtschaftsrat muß nach meinem Dafürhalten die Organisation und der Betrieb dieser Aufklärungsarbeit ausgehen. Wir sind ja heute noch eine rein private Vereinigung. Ich werde nachher eine Auslassung ver= lesen, die es uns in sehr nachdrücklicher Weise zu Gemüte führt, daß wir eigentlich nur der Ausschuß des Deutschen Forstvereins sind, eines dermalen rein privaten Vereins. Ich betrachte den heutigen Zustand und das, was wir zunächst erstreben wollen, immer nur als einen Übergang zur Erreichung höherer und weiter gesteckter Ziele. Wir müssen es dahin bringen, daß auch die Forstwirtschaft eine amtlich anerkannte Organisation im Deutschen Reiche bildet, eine Organisation, die das gleiche Gewicht und die gleiche Beachtung findet, wie sie sich der Deutsche Landwirtschaftsrat und die Ver= tretungen anderer Wirtschaftszweige bisher errungen haben. Es ist ja zweifellos merkwürdig, daß der Staat als der größte Waldbesitzer, als derjenige, der am meisten an der Entwickelung der deutschen Forstwirtschaft interessiert ist, gerade dieser gegenüber eine so zurück= haltende Stellung eingenommen hat, und daß die einzelnen Bundes= staaten und Forstverwaltungen bisher einen Zusammenschluß, der doch für die Erreichung gewisser Zwecke und des gesamten Fortschritts unbedingt nötig ist, vielfach so kühl und ablehnend gegenüber= gestanden sind.

Meine Herren, das sind so im allgemeinen die Gedanken, die ich als Einleitung für die Darlegung der einzelnen Paragraphen vorausschicken wollte. Nachdem der Herr Vorsitzende damit einver= standen ist, werde ich einstweilen den Vortrag schließen. (Bravo!)

(Pause.)

Vorsitzender Wir nehmen dann unsere Verhandlungen wieder auf, und ich darf Herrn Regierungsdirektor Dr. Wappes bitten, im Referat der Satzungskommission fortzufahren.

Berichterstatter Regierungsdirektor Dr. Wappes (Speyer): Meine Herren! Ich möchte nur noch eine Bemerkung meinen vorigen allgemeinen Ausführungen anschließen. Ich habe von verschiedenen Herren angedeutet bekommen, daß sie nicht mit allem einverstanden seien, was ich vorhin gesprochen habe. (Sehr richtig! und Heiterkeit.) Das habe ich ja erwartet. Ich möchte jedoch besonders betonen, daß diese allgemeinen Ausführungen ganz auf mein Konto kommen und daß ich hier nicht im Namen der Satzungskommission gesprochen habe. Es waren die Gedanken, aus denen heraus ich dazu gekommen bin, die ganze Sache zu betreiben. Es ist auch selbstverständlich, daß man, wenn man so eine Art Programm entwickelt, namentlich wenn man Beispiele anführt, auf Widerstand stößt. Ich habe meine Ausführungen nicht in dem Sinne gemacht, daß sich etwa daran eine Generaldebatte knüpfen sollte über all das, was ich hier allgemein vorgetragen habe. Wenn das der Fall wäre, müßten wir so lange tagen wie das Frankfurter Parlament; denn das wäre eigentlich die Grundlage unseres gesamten Faches und unseres beruflichen Lebens. Ich habe es nur für nötig erachtet, diese allgemeinen Ausführungen zu bringen, und ich dachte mir, daß sich die Debatte in der Hauptsache an die speziellen Punkte anknüpft, über die ich nun vortragen werde.

Wie ich schon vorhin erwähnt habe, hat die Satzungskommission nicht daran gedacht, Ihnen einen endgültig festgestellten Entwurf vorzulegen, sondern der heutige Tag soll nur dazu dienen, die grundsätzlichen Änderungsvorschläge vorzuführen und darüber eine Aussprache des Forstwirtschaftsrats herbeizuführen. Nachdem eine solche bisher noch nicht stattgefunden hat, war ja die Satzungskommission vollständig im unklaren, wie sich die ganze Sache gestalten würde. Eine Weiterarbeit der Satzungskommission ist nur auf der Grundlage möglich, daß der Forstwirtschaftsrat sich wenigstens über die wichtigsten Gegenstände mehr oder weniger festlegt. Über die Ziele werden wir ja wohl alle einig sein, darüber, daß Entwickelung sein muß, daß jede Entwickelung zu immer intensiverer Arbeit führt, und daß die Entwickelung im deutschen Forstwesen auf der Grundlage erfolgen muß, daß neben der amtlichen Tätigkeit auch eine Tätigkeit in einer auf freier Organisation der Berufsgenossen aufgebauten Vereinigung stattzufinden hat.

Ich gestatte mir nun, auf die einzelnen Hauptpunkte überzugehen [1]).

Zu § 1 ist weiter nichts zu bemerken.

---

[1]) Im Nachfolgenden nimmt Redner auf den in den Mitteilungen des deutschen Forstvereins 1914 Nr. 3, Seite 50—59 veröffentlichten, der Versammlung als Sonderdruck vorliegenden Entwurf einer Neufassung der Vereinssatzungen Bezug.

Der § 2 ist nur formal anders gefaßt. Wir glaubten, die Drei=
teilung reiße Dinge auseinander, die eigentlich zusammengehören,
und es erschien uns genügend, die Zwecke des Vereins in zwei Ab=
sätzen darzulegen: Förderung der deutschen Forstwirtschaft und der
forstlichen Wissenschaften, Vermittlung persönlicher Bekanntschaft und
des Gedankenaustausches aller Kreise.

Für die Mitgliedschaft ist insofern eine grundlegende Änderung
vorgeschlagen, als eine Teilung der Mitglieder des Vereins in ordent=
liche und außerordentliche erfolgen soll. Wir glaubten, daß es zum
Ansehen des Vereins beitrüge und daß es sich auch aus der gesamten
Tendenz und den Aufgaben ergäbe, wenn man hier zwischen den
eigentlichen Berufsgenossen und Interessenten und den nur aus einer
allgemeinen Liebhaberei oder zu geschäftlichen Zwecken mitgehenden
Leuten unterschiede. Infolgedessen erschien es notwendig, da doch
vielleicht später einmal wichtige Abstimmungen vorkommen, als ordent=
liche Mitglieder alle diejenigen zu bezeichnen, die man als Interessenten
für den Deutschen Forstverein vom Standpunkt der Forstwirtschaft
auffassen kann. Der Entwurf hat in dem Absatz a des § 3 den Be=
griff etwas zu knapp gefaßt, nämlich „beruflich vorgebildete deutsche
Forstmänner". Diese Fassung ist etwas unbestimmt, aber mit Ab=
sicht. Es ist darüber diskutiert worden, ob man die ordentliche Mit=
gliedschaft auf akademisch gebildete Berufsgenossen beschränken soll.
Es gibt aber derart viele Übergänge, daß das nicht wohl angegangen
wäre. Auch sind die Vereine häufig so zusammengesetzt, daß sie
Mitglieder mit nicht akademischer Vorbildung haben. Schließlich darf
man wohl auch sagen, daß in einem deutschen Forstverein auch jene
Platz finden müssen, die dem forstlichen Beruf angehören, ohne daß
sie akademische Bildung besitzen, eben von dem Standpunkt der Fach=
vertretung aus. Die Fassung zu a ist jedoch wieder in mancher
Art zu knapp. Man könnte z. B. bei enger Auslegung die Professoren
von naturwissenschaftlicher Vorbildung nicht darunter begreifen. Wir
haben deshalb den Absatz a noch erweitert, indem wir gesagt haben:
„beruflich vorgebildete deutsche Forstmänner, Professoren, Lehrer und
Beamte forstlicher Lehr= und Forschungsanstalten".

In der Satzungskommission ist dann noch eine Diskussion darüber
entstanden, wie man die Angehörigen und Inhaber forstlicher Neben=
betriebe behandeln soll. Zurzeit sind z. B. Besitzer von Samenkleng=
anstalten und großen Baumschulen im Deutschen Forstverein als
Mitglieder. Wir haben ja zurzeit keine Scheidung zwischen ordentlichen
und außerordentlichen Mitgliedern. Nun schien es uns bedenklich,
diese Inhaber und Beamte forstlicher Nebenbetriebe als ordentliche
Mitglieder des Forstvereins aufzunehmen. Ich für meine Person
hätte keine Bedenken gehabt; aber die Kommission ist doch nach langer
Debatte zu der Auffassung gekommen, daß man sie unter die außer=

ordentlichen Mitglieder reihen soll, so daß die Fassung des zweiten Absatzes lauten würde:

Außerordentliche Mitglieder können werden:

    a) Inhaber und Beamte forstlicher Nebenbetriebe,
    b) Freunde des deutschen Waldes,
    c) Forstfachleute und forstliche Vereine des Auslandes.

Das wäre eine grundsätzliche Frage bezüglich der Mitgliedschaft. Nun handelt es sich darum, meine Herren, ob Sie wünschen, daß ich die Sache im ganzen vortrage und dann diskutiert wird, oder ob sofort jedesmal an die Darlegung eines Punktes die Debatte anschließen soll.

Vorsitzender: Ich stelle anheim, Wünsche in dieser Beziehung zu äußern. Ich würde es für richtig halten, daß Herr Regierungsdirektor seinen Vortrag erst beendet, denn ich glaube nicht, daß wir heute dazu kommen werden, uns über die einzelnen Paragraphen schlüssig zu machen. Zu einer solchen Beratung der Satzungen sind wir meiner Ansicht nach nicht befugt, da die Tagesordnung den Bericht der Satzungskommission, aber keine Beschlußfassung über die Satzungen ankündigt. Eine solche war nicht beabsichtigt und außerdem hätten wir sie ausdrücklich auf die Tagesordnung setzen müssen. Wir wollen hören, was die Satzungskommission weiter getan hat, können jedoch nicht über den Wortlaut der einzelnen Paragraphen beschließen.

Oberforstrat Reuß (Dessau): Ich möchte mich dem Vorschlage des Herrn Vorsitzenden anschließen, daß zunächst Herr Regierungsdirektor Wappes seinen Vortrag beendet. Wenn dann eine Besprechung beliebt wird, so müßte sich diese an die einzelnen Paragraphen anknüpfen, damit wir nicht durcheinander kommen.

Regierungsdirektor Dr. Wappes (Speyer): Ich glaube schon, daß sich die Sache so gestalten wird, daß über einige wenige Paragraphen grundsätzlicher Natur eine Diskussion erfolgt, und da ist es ja selbstverständlich, daß man dann der Reihe nach geht. — Ich würde dann fortfahren.

Zu § 4, 5 und 6 hätte ich nichts zu sagen.

§ 7. Mitgliedsbeiträge. Wie überall, ist natürlich der Geldpunkt die Grundlage des Ganzen. Wenn der Deutsche Forstverein eine Erweiterung seiner Aufgaben und eine intensivere Arbeit beabsichtigt, so muß er Mittel und Wege suchen, um mehr Geld zu beschaffen. Es gibt da zwei Wege, den einen, daß der ordentliche Mitgliederbeitrag erhöht wird, und den anderen, daß die Waldbesitzer in höherem Maße herangezogen werden als bisher. Der ordentliche Mitgliederbeitrag hat bisher 5 Mk. betragen. Ich habe vorhin in der allgemeinen Darlegung schon angedeutet, daß ich es für das

Förderlichste erachten würde, wenn die Mitgliedschaft des Deutschen Forstvereins aus eigener Kraft die ganzen Aufwendungen, die für die Erweiterung der Vereinsaufgaben nötig sind, übernehme. Ich bin aber, obwohl mir vorhin mehrfach gesagt worden ist, daß ich offenbar ein starker Idealist und Optimist sei, doch nicht Optimist genug, um die Hoffnung hegen zu können, daß unsere Mitglieder bereit wären, den doppelten Beitrag zu zahlen als bisher. Ich fürchte, daß auf eine Verdoppelung des Beitrags — etwas anderes könnte nicht in Frage kommen bei den bedeutenden Aufwendungen, die, wie ich nachher darlegen werde, gemacht werden müßten — unsere Mitglieder nicht eingehen werden. Wir waren deshalb der Meinung, daß man den Mitgliedern zwar ein kleines Opfer zumuten soll, aber nicht zu viel, und es ist gestern beschlossen worden, man möge seinerzeit der Hauptversammlung vorschlagen, daß der Beitrag auf 6 Mk. erhöht werde.

Wenn also der erste Weg als nicht gangbar erachtet wird, so bleibt nur ein Zweites, nämlich die stärkere Heranziehung des Waldbesitzes. Eigentlich ist es selbstverständlich nach der ganzen Lage der deutschen Forstwirtschaft und nach der Zusammensetzung unseres Forstvereins, daß diejenigen Mitglieder, denen die materiellen Vorteile aus einer intensiveren und erfolgreicheren Vereinstätigkeit zufallen, auch die Kosten tragen und daß man diejenigen Mitglieder, die nur aus idealen Gesichtspunkten mitwirken, möglichst wenig belastet. Von diesem Gesichtspunkt aus sind wir zu der Auffassung gekommen, daß es zweckmäßig sein würde, eine Staffelung der Mitgliederbeiträge nach der Waldfläche vorzunehmen. Das ist bisher schon bis zu einem gewissen Grade der Fall gewesen, denn es ist im Absatz 2 des § 7 angegeben: bei einem Waldbesitz von über 1000 ha erhöht sich der Beitrag für je angefangene 1000 ha um 5 Mk. bis zum Höchstbetrage von 50 Mk. Ich habe schon in Trier darauf hingewiesen, daß eigentlich gar kein Grund vorliegt, mit den 50 Mk. in der Staffelung aufzuhören. Denn es ist doch zweifellos, daß, je mehr einer Besitz hat, er desto leistungsfähiger für die Beiträge ist und daß, je größer der Wald, desto größer der Vorteil ist, der aus einer Hebung und Verbesserung der Forstwirtschaft hervorgeht. Daraus ergibt sich von selbst die Durchführung der Staffelung. Wenn die Finanzminister in den einzelnen Staaten da mitzureden haben und Bedenken erheben, so kann man nur erwidern, daß doch die Herren Finanzminister sonst sehr große Freunde der Staffelung sind, und wenn wir ihre Prinzipien uns aneignen wollten, so müßten wir die Staffelung sogar progressiv verstärken, genau so wie bei der Einkommen- und der Kriegsgewinnsteuer. (Heiterkeit.) Ein Waldbesitzer, der 10 000 ha hat, kann relativ mehr zahlen als einer, der 1000 hat, ebenso der Staat, der 1 Million Hektar Waldbesitz hat, mehr als ein Staat, der 100 000 hat. Aber so sind wir gar nicht. Dagegen sind wir der Meinung, daß kein Anlaß vorliegt, die Staffelung nach oben zu beenden. Wir haben deshalb vorgeschlagen, daß die Staffelung durchgeführt wird: für 1000 ha je 5 Mk. Diese Staffelung ist aller= dings nur für Privatwaldungen vorgesehen. Der zweite Absatz be= stimmt dann: „Die deutschen Staatsforstverwaltungen zahlen einen mit dem Vorstand zu vereinbarenden Beitrag." Wir haben geglaubt, daß wir der Leistung der Staatsforstverwaltungen keine Fessel anlegen sollen. (Große Heiterkeit.) — Aber, im Ernst gesprochen, ist es klar, daß die Forstverwaltungen durch budgetrechtliche Verhältnisse anders gebunden sind als der Privatforstwirt, so daß man von seiten des Forstvereins eine Art Zwang oder Vorschrift nicht ausüben sollte. Der Gedanke war, daß die Staatsforstverwaltungen sich dazu bewogen fühlen möchten, die gleiche Staffelung anzunehmen, wie sie für die privaten vorgesehen ist und wie sie die privaten Waldbesitzer, nach dem, was man bisher gehört hat, sehr gern annehmen werden; wenigstens hat Herr von Haxthausen als Vertreter eines Waldbesitzervereins erklärt, daß er der Meinung sei, die Staffelung sei noch stärker vorzunehmen. (Rufe: Oho! und Heiterkeit.)

Bezüglich der Leistung der Waldbesitzer möchte ich allgemein ein Wort sagen. Die Forstwirtschaft beruht in der Hauptsache auf dem Großgrundbesitz und speziell auf dem Besitze des Staates, für die freiwilligen Leistungen nicht gerade zu ihrem Vorteil.

Wenn Sie vergleichen, was große Industrielle für die Förderung der Wissenschaft und ihres Industriezweiges überhaupt freiwillig tun, was z. B. die großen Eisenwerke wie Krupp u. a. durch Errichtung von wissenschaftlichen Instituten, durch Stiftungen aller Art hier leisten, so ist das weit mehr, als wahrscheinlich jemals die deutschen Staatsforstverwaltungen geben werden. Der Staat ist nach dieser Richtung weit weniger ideal gesinnt als die Angehörigen von großen Industriewerken. Ich gebe allerdings zu, daß die Verhältnisse des Staates auch ganz anders gelagert sind, daß eine Staatsforst= verwaltung, selbst wenn sie wollte, durch mannigfache Rücksichten auf Finanzministerium und Parlament gehindert ist. Immerhin glaube ich, meine Herren, daß, wenn klar ist, daß die Organisation des Forst= vereins, die Erweiterung unserer Aufgaben mit den höheren Bei= trägen der Waldbesitzer steht und fällt, doch mit der Zeit die Geneigt= heit kommen wird, solche Beiträge zu zahlen, wie sie als Mindestmaß für die Erreichung der Vereinszwecke erforderlich sind.

Bevor wir die Anträge an den Forstwirtschaftsrat endgültig festlegten, glaubte ich, eine vorläufige Fühlung nehmen zu sollen über die Stellung, welche die deutschen Staatsforstverwaltungen nach dieser Richtung hin einnehmen werden. Ich habe mich zunächst an die preußische Staatsforstverwaltung gewandt, auch privatim an den größeren Teil der übrigen Staatsforstverwaltungen. Ich gestatte mir nun, Ihnen Mitteilung zu machen von einer Zuschrift, die vom Ministerium für Landwirtschaft, Domänen und Forsten gekommen ist; sie lautet folgendermaßen:

„An der Tätigkeit des Deutschen Forstvereins sind meines Erachtens vornehmlich die größeren Privatwaldbesitzer interessiert, die daher auch in erster Linie — vielleicht neben den Gemeinde-forstverwaltungen — berufen sein dürften, den Verein durch an-gemessene erhöhte Beiträge zu unterstützen. Diese Auffassung wird, wie ich aus verschiedenen hier eingegangenen Schreiben ersehen habe, auch von den Staatsforstverwaltungen mehrerer und gerade der größeren Bundesstaaten geteilt.

Anderseits verkenne ich die Bedeutung und Leistungen des Deutschen Forstvereins nicht und werde daher auch gerne bereit sein, dem Verein künftig aus staatlichen Mitteln einen erhöhten Beitrag zu gewähren, wenn auch die anderen Staatsforstverwal-tungen sich dazu entschließen. Ich halte einen solchen im Betrage von 3000 Mk. für Preußen für angemessen.

Der Beitrag könnte nur unter Vorbehalt jederzeitigen Wider-rufs gewährt werden. Ich würde dabei auch unter Bezugnahme auf die Besprechung mit Euer Hochwohlgeboren im hiesigen Ministerium voraussetzen, daß der § 2 etwa in der von Ihnen vorgelegten Form angenommen werden wird. Die Vertretung von Standesinteressen 2c. der Beamten würde daher nicht als eine vom Verein zu fördernde Angelegenheit zu bezeichnen sein.

Zu den Versammlungen des Vereins und des Forstwirt-schaftsrates beabsichtige ich wie bisher einen Vertreter der preußi-schen Staatsforstverwaltung zu entsenden, dem die Teilnahme an allen Beratungen des Vereins oder seiner Organe freistehen muß. Verbindliche Erklärungen wird dieser ohne meine zuvor eingeholte Zustimmung allerdings nicht abgeben, sich daher auch in der Regel an Abstimmungen nicht beteiligen können."

Ich möchte noch nachträglich bemerken, daß bezüglich der Auf-nahme der Vertretung von Standesinteressen in § 2 die Meinungen geteilt waren. Den Ausschlag hat dann die Erklärung gegeben, die ich im preußischen Landwirtschaftsministerium herbeigeführt hatte, daß eine Hereinziehung der Standesinteressen in die Aufgaben des Vereins nicht genehm sei. Wir glaubten, diesem Wunsche und dieser Auf-fassung des preußischen Landwirtschaftsministeriums folgen zu sollen.

In dem Schreiben wird zunächst gesagt, daß an der Tätigkeit des Deutschen Forstvereins vornehmlich die größeren Privatwald-besitzer interessiert sind, die daher auch in erster Linie berufen sein dürften, den Verein durch erhöhte Beiträge zu unterstützen. Ich gebe gern zu, daß die preußische Forstverwaltung bei der gewaltigen Ausdehnung ihres Besitzes einen hohen Beitrag zahlen müßte, nämlich 15 000 Mk. Aber daß Preußen so viel Wald hat, dafür können wir doch nicht. (Heiterkeit.) Ich habe ja vorhin schon ausgeführt, daß kein Anlaß besteht, die größeren Verwaltungen weniger zu belasten als die kleineren. Zuzugeben ist auch, daß die obige Summe im Verhältnis zu den bisherigen 50 Mk. sehr hoch erscheint. Auf der andern Seite ist es doch klar, daß die größte Verwaltung, die wir in Deutschland haben, auch den größten Beitrag leisten muß, und daß wir den haben müssen, wenn wir überhaupt auf eine erhebliche Summe kommen wollen. Bei den anderen „fleckts" halt nicht so wie bei Preußen.

Ich möchte mir aber doch die Auffassung nicht zu eigen machen, daß die preußische Staatsforstverwaltung nicht in dem Maße an der Tätigkeit des Vereins beteiligt sei wie die größeren Privatwaldbesitzer. Gewiß sind bei einer so großen Verwaltung, die ihre Organe und Spezialisten für alles hat, gewisse Arbeiten des Deutschen Forstvereins nicht von der Bedeutung wie für den kleinen Privatwaldbesitzer und auch die kleine Staatsforstverwaltung, die z. B. für Arbeiterfragen, Tarif- und Zollsachen und ähnliche Dinge keine eigenen Beamten haben kann. Andererseits möchte ich doch sagen, daß die preußische Staatsforstverwaltung durch die gewaltige Ausdehnung ihres Besitzes und durch die Stellung von Preußen als führendem Staat in Deutschland doch ein außerordentlich großes Interesse daran hat, daß der Forstverein eine möglichst segensreiche und umfassende Tätigkeit entfaltet. Ich glaube auch, daß man die Forderung an Preußen nicht nur vom Standpunkt der Betriebsverwaltung aus stellen sollte, sondern auch vom Standpunkt der Verpflichtung der allgemeinen Staatsverwaltung für die Förderung des deutschen Forstwesens. Rein wissenschaftlich und theoretisch betrachtet, ist das natürlich eine Sache, die an sich nicht dazu gehört. Das preußische Finanzministerium als die oberste Inhaberin des Betriebes der preußischen Staatswaldungen hat keinen Anlaß, für die Privatwaldbesitzer und Gemeindewaldbesitzer der preußischen Monarchie einzutreten. Aber diese Verhältnisse lassen sich doch nicht wohl trennen, und es wird bei allen anderen Staatsverwaltungen auch derart sein, daß mit der Leistung der Forstverwaltung als einer Regieverwaltung gleichzeitig die Pflicht des Staates zur Förderung der Forstwirtschaft überhaupt erfüllt wird. Von diesem Standpunkt aus glaube ich sagen zu dürfen, daß es sehr erwünscht wäre, wenn die preußische Staatsforstverwaltung von ihrer Auffassung abließe, daß nicht sie in erster Linie, sondern eben die Gemeinde- und Privatwaldbesitzer berufen seien, den Verein zu unterstützen. Wie gesagt, es liegt außerordentlich viel daran, und ich hoffe, daß durch die Entwickelung der ganzen Frage, durch die weitere Klärung dessen, was wir wollen, das preußische Landwirtschaftsministerium sich bewogen finden wird, seinen Beitrag in einem Maße zu erhöhen, daß wir finanziell eine genügende Fundierung bekommen. Mit den 3000 Mk., die Preußen gibt, und mit den relativ abgestuften Beiträgen der übrigen Staatsforstverwaltungen können wir die Reform des Vereins, wie ich nachher ausführen werde, nicht voll verwirklichen. Die ganze Sache steht und fällt damit, daß die preußische Forstverwaltung einen Beitrag gibt, der mit den übrigen Beiträgen zusammen uns die für die Reform notwendigen Mittel verschafft. Geht das nicht, dann würde nach meinem Dafürhalten die preußische Staatsforstverwaltung die Verantwortung auf sich nehmen, daß die Reform unter Umständen scheitert. Die Frage ist noch nicht endgültig entschieden, es waren alles nur vorläufige Abmachungen, und ich hoffe, daß weitere Vorstellungen, wenn der Forstwirtschaftsrat unserer Auffassung zustimmt, dazu führen, daß ein höherer Beitrag zugesagt wird.

Ich gebe selbstverständlich zu, daß wir im allerunglücklichsten Augenblick an die Forstverwaltung herantreten, unglücklich insofern, als man ja voraussehen kann, daß alle Staatsverwaltungen künftig die äußerste Sparsamkeit nötig haben werden. Wir wollen aber die ganze Sache nicht jetzt, sondern erst nach dem Kriege machen, und dann glaube ich, daß kein Geld so gut angelegt ist wie gerade dasjenige, was für die Förderung der Forstwirtschaft in irgend einer Art gewährt wird. Wir können wohl von uns behaupten, daß unsere Arbeit bisher bereits Früchte getragen hat, und wir dürfen hoffen, daß, wenn der Ausbau des Vereins erfolgt, wir noch weit mehr leisten können und dadurch zu Ergebnissen kommen, die unmittelbar ihre finanzielle Wirkung auch für die Staatsforstverwaltungen haben.

Im § 8 ist sodann neu hinzugefügt als Punkt e die Geschäftsführung. Dieser Zusatz ist gemacht, weil wir davon ausgegangen sind, daß für die Entwickelung des ganzen Vereins eine ständige Geschäftsführung mit einer im Hauptamt zu besetzenden Leitung vorhanden sein muß. Ich habe gestern mit dem Generalsekretär des Deutschen Landwirtschaftsrats gesprochen, und er hat mir bezüglich des Anschlags der Kosten für diese Einrichtung genau den gleichen Betrag gesagt, den auch ich mir veranschlagt hatte, nämlich 20 000 Mk. Unter 20 000 Mk. kann man in Berlin einen Geschäftsführer mit einer technischen Beihilfe, die er haben muß, mit der erforderlichen Kanzleihilfe und allem übrigen, was drum und dran hängt, nicht bekommen. Herr Professor Dade hat sogar gemeint: „Mit 20 000 Mk. können Sie anfangen, später wird sich der Betrag vermehren." Ich bin aber überzeugt, daß auch diese Erhöhung der Kosten wieder auf allen Gebieten des Forstwesens herauskommen wird. Wir müssen, wenn wir dazu kommen wollen, die Aufgaben des Forstvereins intensiver zu gestalten, unter allen Umständen eine ständige Geschäftsführung mit einem Bureau haben. Die wechselnde Vorstandschaft bedingt als Ausgleich einen ständigen Geschäftsführer in Berlin. Ich will zunächst auf diesen Punkt nicht weiter eingehen, bin aber bereit, noch weitere Aufklärungen zu geben, insbesondere darüber, wie wir uns die Sache denken.

§ 9 bleibt im allgemeinen grundsätzlich, wie er ist. Es ist nur eine formale Änderung durchgeführt. Der Vorstand besteht aus dem ersten, zweiten und dritten Vorsitzenden statt wie bisher aus dem Vorsitzenden und zwei Beisitzern. Im übrigen soll es so bleiben wie bisher.

Ebenso soll das Institut der Landesobmänner (§ 10) bleiben. Es ist ja vielfach darüber gesprochen worden, ob man nicht bei der stärkeren Vereinsvertretung, wie sie sich im Laufe der Jahre entwickelt hat, nunmehr auf die Landesobmänner verzichten könnte. Wenn Sie sich an die Gründung des Forstvereins erinnern, so sind damals verhältnismäßig wenige Vereine korporativ beigetreten, und sehr wenige haben Abgeordnete entsandt. Dadurch kam man unwillkürlich auf das Institut der Landesobmänner. Nun hat sich die Zahl der Vereine, die in den Forstwirtschaftsrat einen Vertreter entsenden, bedeutend vermehrt. Wir glaubten aber trotzdem, von der Einrichtung der Landesobmänner einstweilen nicht abgehen zu sollen. Wie sich die Entwickelung später gestalten wird, wird man ja sehen. Die Landesobmänner sollen also bleiben. Es ist nur die Fassung etwas geändert, in der Sache ist keine Änderung eingetreten.

Bei § 12 ist dann wieder eine grundsätzliche Frage zu entscheiden. Es heißt im § 12 unter Ziffer 5: Dem Forstwirtschaftsrate gehören mit vollem Stimmrecht an drei Abgeordnete der staatlich anerkannten landwirtschaftlichen Vertretungen. Der Herr Vorsitzende hat bereits in seinem einleitenden Vortrage darauf hingewiesen, daß wir daran gedacht haben, daß der Deutsche Landwirtschaftsrat drei Vertreter in den Forstwirtschaftsrat entsenden soll, und daß der Forstwirtschaftsrat dafür drei Vertreter in den Deutschen Landwirtschaftsrat entsendet. Zu diesem Gedanken, eine Vertretung der Landwirtschaft hereinzunehmen, sind wir auf einem merkwürdigen Wege gekommen. An die Satzungskommission ist seinerzeit der Antrag herangetreten, daß man den Vertretungen der preußischen Landwirtschaftskammern, soweit sie Forstbeiräte haben, einen Sitz im Forstwirtschaftsrat zugestehen sollte. Über diese Frage ist im März dieses Jahres sehr ausführlich verhandelt worden. Die Verhandlungen sind schließlich gescheitert. Es hatte eine gemeinsame Sitzung der Satzungskommission mit einer Abordnung der preußischen Landwirtschaftskammern unter Führung des Herrn Generalsekretärs vom Landesökonomiekollegium, Herrn Dr. v. Altrock, stattgefunden, an der auch Herr Forstrat Dr. Bertog, der ja hier ist, teilgenommen hat.

Von den Vertretern der preußischen Landwirtschaftskammern wurde der Antrag gestellt, daß jede preußische Landwirtschaftskammer, die einen Forstbeirat hat, auch durch Sitz und Stimme im Forstwirt= schaftsrat vertreten sein soll. Auf diese Forderung glaubte die Satzungskommission nicht eingehen zu können. Daraus ist dann der Gedanke entstanden, daß es doch wünschenswert sei, die offizielle oder offiziöse landwirtschaftliche Vertretung des Deutschen Reiches, nämlich den Deutschen Landwirtschaftsrat, im Forstwirtschaftsrat ver= treten zu sehen, allerdings unter der Bedingung der Gegenseitigkeit. Nach einer ganz unverbindlichen Besprechung mit dem Generalsekretär des Deutschen Landwirtschaftsrates glaubten wir annehmen zu dürfen, daß der Deutsche Landwirtschaftsrat zu einer solchen Gegenseitigkeit geneigt sein würde. Die Absicht hat sich aber nicht durchführen lassen, denn der Ständige Ausschuß des Deutschen Landwirtschaftsrates hat das in seiner Sitzung abgelehnt. — Ich hatte, nachdem sehr lange in der Sache keine Nachricht gekommen war, bei dem Generalsekretär des Landwirtschaftsrates angefragt und darauf folgendes Schreiben erhalten:

Euer Hochwohlgeboren

beehre ich mich auf das gefällige Schreiben vom 8. d. Mts. er= gebenst mitzuteilen, daß der Antrag des Deutschen Forstvereins betreffs Vertretung im Deutschen Landwirtschaftsrat in der Sitzung des Ständigen Ausschusses des D. L. R. am 30. Juni 1914 in Coblenz eingehend erörtert worden ist. Der Beschluß lautet:

Der Ständige Ausschuß beschließt, von einer Vertretung des Deutschen Forstvereins im Deutschen Landwirtschaftsrat Ab= stand zu nehmen, da dies mit einer Änderung der Satzungen des D. L. R. verbunden sein würde. Zugleich erklärt er sich bereit, den Deutschen Forstverein zu Verhandlungen im Deutschen Land= wirtschaftsrat einzuladen, die sich auf forstwirtschaftliche An= gelegenheiten erstrecken.

Ich möchte dazu noch bemerken, daß selbstverständlich kein förm= licher Antrag gestellt war, daß es sich um eine ganz unverbindliche Vorbesprechung handelte. Wenn ich mich des Hergangs recht erinnere, so haben wir Herrn Dr. Dade, den Generalsekretär des Land= wirtschaftsrates, gebeten, in die Sitzung der Satzungskommission zu kommen und uns die Verhältnisse darzulegen. Wir sind dann zu der Auffassung gekommen, daß es sehr wünschenswert wäre, wenn zwischen dem Deutschen Landwirtschaftsrat und dem Forstwirtschafts= rat gewissermaßen eine Verbindung auf Gegenseitigkeit bestünde. Der Gedanke war, wie ich ganz offen sage, daß wir den Deutschen Forst= verein und den Forstwirtschaftsrat insbesondere durch das Gegen= seitigkeitsverhältnis mit dem Deutschen Landwirtschaftsrat in seinem Ansehen zu heben hofften und durch die Teilnahme an den Sitzungen

und Informationen Nutzen von der Sache hätten. Ich brauche nicht
weiter auseinanderzusetzen, daß der Deutsche Landwirtschaftsrat eine
Körperschaft von außerordentlich hohem Ansehen im Deutschen Reiche
und von weitgehendem Einfluß ist. An den Sitzungen des Deutschen
Landwirtschaftsrates nehmen sehr viel Ministerialkommissare aus der
Reichsregierung und den Landesregierungen teil. Nach der damaligen,
wie ich ausdrücklich bemerken möchte, völlig unverbindlichen Mei=
nungsäußerung des Herrn Dr. D a d e glaubten wir, daß sich die
Sache machen lassen werde. Es hat sich jedoch herausgestellt, daß die
Satzungen des Deutschen Landwirtschaftsrates eine solche Einfügung
nur schwer machen lassen. Der ganze Aufbau der Satzungen des
Deutschen Landwirtschaftsrates müßte geändert werden. Wir sind ja
nach der Richtung besser daran, weil wir sie neu schaffen. Der Deutsche
Landwirtschaftsrat ist aufgebaut auf den Delegationen der landwirt=
schaftlichen Vertretungen in Preußen, der Landwirtschaftskammern
und den in den übrigen Bundesstaaten bestehenden entsprechenden
Vertretungen; das Stimmenverhältnis ist wie im Bundesrat. Es
ist also begreiflich, daß es bei dieser Zusammensetzung fast unmöglich
gewesen wäre, für Vertreter des Forstwirtschaftsrates Platz zu schaffen.
Nur ein Weg wäre möglich gewesen; der Ausschuß ist berechtigt, außer
den ordentlichen Mitgliedern aus den Kreisen der Kammern usw. für
die jeweilige Wahlperiode vier außerordentliche Mitglieder zu ko=
optieren. Hier hätte eine Änderung der Satzungen des Deutschen
Landwirtschaftsrates stattfinden müssen, aber da scheinen wohl die
leitenden Kreise Bedenken getragen zu haben.

Wir waren nun in der gestrigen Sitzung der Satzungskommission
der Meinung, daß dieser Beschluß des Ständigen Ausschusses des
Deutschen Landwirtschaftsrates nicht als völlig ablehnend aufzufassen
sei, sondern daß es sich wohl ermöglichen ließe, auf irgend eine
Weise ein Abkommen zu treffen. Der Weg ist auch bereits dadurch
gekennzeichnet, daß der Ständige Ausschuß sich bereit erklärt hat,
eine Vertretung des Forstwirtschaftsrates zu den Verhandlungen über
forstwirtschaftliche Angelegenheiten einzuladen, wozu natürlich keine
Satzungsänderung erforderlich ist. Man könnte ein Abkommen auf
Gegenseitigkeit dahin treffen, daß ebenso, wie der Deutsche Landwirt=
schaftsrat bei Verhandlungen über forstwirtschaftliche Dinge Vertreter
des Forstwirtschaftsrates einladet, auch der Forstwirtschaftsrat bei
Verhandlungen, die mit der Landwirtschaft in Beziehung stehen, Ver=
treter des Deutschen Landwirtschaftsrates teilzunehmen bittet. Ein
Abkommen wäre auch nach der jetzigen Stellung des Ständigen
Ausschusses schon möglich. Man kann aber auch weiter gehen und
durch beiderseitige Bestimmung in den Satzungen eine ständige Teil=
nahme, wenn auch ohne Stimmrecht, festlegen. Wie sich die Sache
weiter entwickeln wird, darüber kann einstweilen noch nichts gesagt

werden. Da wir heute keine endgültigen Beschlüsse zu fassen haben, so glaubte ich Ihnen nur einstweilen von der Lage der Dinge Kenntnis geben zu sollen.

Nun komme ich auf das zurück, was ich vorhin bereits angedeutet habe, auf die Vertretung der preußischen Landwirtschaftskammern im Forstwirtschaftsrat. Wie ich schon erwähnte, ist bei den Beratungen der Satzungskommission im März eine Abordnung der preußischen Landwirtschaftskammern an uns herangetreten. — Für die Herren, die mit den Einrichtungen nicht bekannt sind, möchte ich einschaltend bemerken, daß wir zwei Korporationen unterscheiden müssen, den Deutschen Landwirtschaftsrat als die anerkannte Vertretung der **deutschen** Landwirtschaft und das **preußische** Landesökonomiekollegium mit den ihm angegliederten oder untergebenen Landwirtschaftskammern. Um diese letzteren handelt es sich jetzt. — Wir hatten, wie gesagt, bei dem Versuch eines Zusammengehens mit dem Deutschen Landwirtschaftsrat daran gedacht, daß wir eine gegenseitige Vertretung im Deutschen Landwirtschaftsrat und im Forstwirtschaftsrat haben wollten. Was die preußischen Landwirtschaftskammern erstrebten, ist etwas ganz anderes; die wollten in ihrer Eigenschaft als offizielle Organisation **des forstwirtschaftlichen Grundbesitzes** eine Vertretung im Forstwirtschaftsrat haben; und **darüber** ist mit den Herren eine Vereinbarung nicht zustande gekommen. Die Sache ist in einer sehr langen Verhandlung hin und her gegangen, die Herren haben an der Forderung festgehalten, daß jede preußische Landwirtschaftskammer, die einen Forstbeirat besitzt, berechtigt sein soll, einen Vertreter in den Forstwirtschaftsrat zu entsenden. In der Satzungskommission war eine fast völlige Majorität — ich selbst habe nicht recht zugestimmt — dafür, daß man den Herren etwa drei Vertreter zugestehen könnte, aber nicht so, daß man nur die preußischen Landwirtschaftskammern hineinnähme, sondern allgemein drei Vertreter der landwirtschaftlichen Körperschaften. Wenn diese Vereinbarung nun auch nicht zustande gekommen ist, muß ich Ihnen doch davon Mitteilung machen, wie die Sache sich weiter entwickelt hat.

In der 35. Konferenz der Vorstände der preußischen Landwirtschaftskammern am 26. Juni 1914 in Hechingen ist über die Frage der Beteiligung oder Hineinbeziehung der Vertreter der preußischen Landwirtschaftskammern verhandelt worden, und zwar hat der Generalsekretär des Landesökonomiekollegiums, Ökonomierat Dr. v. Altrock, darüber Bericht erstattet. Die preußischen Landwirtschaftskammern haben die Auffassung vertreten, daß ihnen unter gewissen noch näher zu vereinbarenden Voraussetzungen volle Gleichberechtigung mit den dem Deutschen Forstverein angeschlossenen Waldbesitzervereinen und den einzelnen Großgrundbesitzern eingeräumt werden möchte, daß also die Kammern die Möglichkeit erhielten, auf Grund der Satzungen

des Deutschen Forstvereins diesem beizutreten und auch eine ent=
sprechende Vertretung im Forstwirtschaftsrat zu erhalten. Der Haupt=
grund, weshalb die Satzungskommission glaubte, hierauf nicht ein=
gehen zu können, liegt darin, daß wir uns gesagt haben: die Land=
wirtschaftskammern dienen zunächst den Zwecken einer Vertretung der
L a n d w i r t s c h a f t. Allerdings wird von ihnen dem Gesetz nach
die Forstwirtschaft mit vertreten und der Waldbesitz muß nach Maßgabe
seiner Grundsteuer, wenigstens in Preußen, einen gewissen Beitrag
leisten. Wir waren indes der Meinung, daß der Waldbesitz bereits
durch unsere O b m ä n n e r im Forstwirtschaftsrat vertreten sei und
daß infolgedessen die einzelnen Landwirtschaftskammern unmöglich ver=
langen könnten, daß nun jede Kammer noch einen Vertreter in den
Forstwirtschaftsrat entsenden soll. Dazu kommt, daß die Landwirt=
schaftskammern in der Regel nur e i n e n Beirat haben; das sind meist
jüngere Herren, z. B. Forstassessoren. Wenn die Landwirtschafts=
kammern einen Vertreter in den Forstwirtschaftsrat entsenden, so
kann dies entweder eines ihrer landwirtschaftlichen Vorstandsmitglieder
sein oder der forstliche Beirat. Entsenden sie den landwirtschaftlichen
Vertreter, so bekommen wir eine ganze Reihe von Herren in den
Forstwirtschaftsrat, die fachtechnisch nicht vorgebildet sind, die wir
als Berufsforstleute nicht anerkennen können, wenn sie auch vielleicht
Waldbesitzer sind, und die zweifellos als arbeitende Mitglieder für
unsere Korporation nicht in dem Maße gelten können wie Fachleute.
Werden jedoch die forstlichen Beiräte entsendet, würden unter Um=
ständen ganz junge Herren in den Forstwirtschaftsrat hineinkommen,
bei denen wir nach meinem Dafürhalten nicht ohne weiteres die
Voraussetzungen als gegeben annehmen können, die uns zum Eintritt
in unsere Körperschaft erforderlich erscheinen. Man muß auch die
Konsequenzen in Betracht ziehen. Wenn die preußischen Landwirt=
schaftskammern in dieser Weise bedacht würden, so müßte auch jeder
entsprechenden Korporation in den übrigen Bundesstaaten eine gleiche
Vertretung zugebilligt werden. Dann hätten wir schließlich im Forst=
wirtschaftsrat doppelt so viel Landwirte wie Forstleute. — Das waren
die Gründe, weshalb wir uns ablehnend verhalten haben. Ein defini=
tiver Beschluß ist nicht gefaßt worden. Wir waren bis zum Schluß
bereit geblieben, eine gewisse Vertretung der Landwirtschaftskammern
hineinzulassen.

Nun hat nach dem Bericht des Herrn Dr. v. A l t r o c k in jener
Konferenz Herr Forstrat Dr. B e r t o g „sich energisch gegen eine
derartige gemeinschaftliche Vertretung aller Körperschaften durch die
Wahl von drei Mitgliedern ausgesprochen". — Die Frage war: sollten
die sämtlichen Landwirtschaftskammern je einen Vertreter entsenden
oder könnte man sich auf der Grundlage einigen, daß drei Vertreter
der Kammern hereinkommen. Wie gesagt, Herr Dr. Bertog hat sich

gegen eine gemeinschaftliche Vertretung ausgesprochen. — Dann heißt es in dem Bericht des Herrn Dr. v. Altrock weiter:

„Ich darf zur weiteren Beurteilung der Angelegenheit ferner noch darauf aufmerksam machen, daß die Landwirtschaftskammer Brandenburg uns bereits im Februar, als sie die nochmalige Erörterung der Angelegenheit anregte, bereits in ihrem Schreiben folgendes mitteilte:

„„Eine Lösung muß angestrebt werden. Es wäre ein Unding, wenn auf die Dauer der Forstwirtschaftsrat des Deutschen Forstvereins, ein bisher rein privater Vereinsausschuß, das Ohr der Öffentlichkeit und der Staatsbehörden für sich in Interessefragen der Forstwirtschaft in Anspruch nehmen würde, ohne daß die öffentlich-rechtlichen Vertretungen der Forstwirtschaft Gelegenheit haben, ihre Ansicht und ihre Stimme rechtzeitig zur Geltung zu bringen. Das muß zu schädlichen Konflikten führen und würde letzten Endes die Angelegenheit nicht eher zur Ruhe kommen lassen, bis die öffentlich-rechtlichen Vertretungen der Forstwirtschaft in Deutschland sich eine ähnliche Organisation geschaffen haben werden, wie sie die Landwirtschaft im Deutschen Landwirtschaftsrat schon besitzt.““

Die brandenburgische Kammer hat also damit angedeutet, daß sie, wenn keine Einigung zustande kommt, unter Umständen bereit wäre, ihrerseits eine Organisation zu schaffen, die dem von uns erstrebten „Deutschen Forstwirtschaftsrat“ analog sein soll, und der Deutsche Forstverein wäre dann zweifellos draußen. Herr Dr. Bertog wird ja nachher Gelegenheit haben, sich zu der Sache zu äußern.

Der endgültige Beschluß lautet dann folgendermaßen:

„Die Konferenz hält eine einheitliche und kraftvolle Vertretung der durch die preußischen Landwirtschaftskammern wahrgenommenen forstlichen Interessen für geboten und bittet die Ständige Kommission des Landesökonomiekollegiums, die hierfür erforderlichen Schritte zu tun.“

Meine Herren, ich mußte leider die Sache etwas ausführlicher darlegen. Es waren ziemlich verwickelte Vorgänge, und es war notwendig, wenn Sie einen Einblick erhalten wollten, die Schriftstücke zu verlesen.

Nun möchte ich nur noch einen wichtigen Punkt hervorheben, nämlich den § 19. Wir haben die Auffassung, daß der Forstwirtschaftsrat in seiner gegenwärtigen Zusammensetzung für eine zweckentsprechende Arbeit nicht ganz geeignet ist. Wir haben deshalb den zweiten Satz des § 19 folgendermaßen gefaßt:

Zur Förderung der Beratungen des Forstwirtschaftsrates werden ständige Abteilungen gebildet.

Außerdem können für bestimmte Angelegenheiten und Fragen Sonderausschüsse gewählt und Studiengesellschaften gebildet werden.

Die Mitglieder werden nach Vereinbarung mit dem Vorsitzenden einer Abteilung zugeteilt, haben jedoch das Recht, auch den Beratungen der anderen Abteilungen beizuwohnen. Zu den Sonderausschüssen können auch Vereinsmitglieder gewählt werden, die nicht dem Forstwirtschaftsrat angehören. Zu den Studiengesellschaften können Sachverständige beigezogen werden, die nicht Vereinsmitglieder sind.

Die Vorsitzenden der Abteilungen und ihre Stellvertreter werden, soweit nicht ein Vorstandsmitglied den Vorsitz übernimmt, vom Forstwirtschaftsrat bestimmt, die Sonderausschüsse und Studiengesellschaften wählen ihren Vorsitzenden selbst.

Die Verhandlungen des Forstwirtschaftsrates erfolgen je nach Bedarf in Vollversammlungen, in Abteilungsversammlungen und in Ausschußsitzungen. Beschlüsse in wichtigen Gegenständen sollen nur in Vollversammlungen gefaßt werden, insbesondere sind Anträge an die Hauptversammlung — unbeschadet der Beratung in Abteilungen und Sonderausschüssen — stets in einer Vollversammlung zu beschließen.

Wir sind also zu der Auffassung gekommen, daß wir uns gliedern müssen und daß eine ersprießliche Arbeit hauptsächlich dadurch erzielt wird, daß der Forstwirtschaftsrat neben der Verhandlung wichtiger umfassender Angelegenheiten durch Vollversammlungen sich in Abteilungen gliedert. Gedacht ist einstweilen die Sache so, daß man vier Abteilungen bildet, eine für Technik und Ökonomik des Betriebes — Technik und Ökonomik lassen sich nicht recht trennen —, eine zweite Abteilung für Verwaltung und Organisation, eine dritte für Handels-, Verkehrs- und Zollangelegenheiten und eine vierte für koloniale und ausländische Forstwirtschaft. Wir sind optimistisch genug, der Abteilung 4 für die Zukunft eine sehr große Bedeutung zuzumessen. Wenn wir einmal ganz Afrika kolonisieren, werden wir wahrscheinlich eine reiche Beratungsarbeit haben. Auf alle Fälle werden die Beziehungen, die zwischen dem Deutschen Reich und der Türkei und Bulgarien entstehen, auch ins Forstfach einschlagen, und wir glaubten, daß man bereits jetzt nach dieser Richtung Vorkehrungen treffen soll.

Jede Abteilung hätte dann eine Reihe von Sonderausschüssen. Ich will das nicht näher begründen, damit mein Vortrag in den Einzelheiten nicht zu lang wird; ich bin aber bereit, die Sache des näheren auseinanderzusetzen. Ich für meine Person lege das größte Gewicht darauf, daß wir eine solche Organisation schaffen, und ich erwarte davon eine bedeutende Förderung unserer Arbeit.

Dann möchte ich nur noch bemerken, daß wir in § 23 eine Änderung dahin vornehmen wollten, daß man die Nichtmitglieder mit einer verhältnismäßig hohen Taxe für die Teilnahme an den Versammlungen belastet, statt mit 8 Mk. wie bisher mit 15 Mk., damit sie Veranlassung haben, dem Forstverein beizutreten.

Das sind in der Hauptsache die grundlegenden Gesichtspunkte, die ich mir erlauben wollte, Ihnen darzulegen. Ich schließe, indem ich sage: die Verfassung des Deutschen Forstvereins und insbesondere des Forstwirtschaftsrates strebt nach einer Entwickelung und Änderung. Zweifellos war sie damals, als sie im Jahre 1900 von D a n c k e l m a n n gegründet wurde, ein bedeutender Fortschritt. Aber wie alles in der Welt seine Entwickelung hat, so ist auch der Verein fortgeschritten, und die Forderungen, die die Forstwirtschaft an ihn stellt, sind größer, bedeutender und umfassender geworden. Wir stehen vor einem Scheidewege: entweder müssen wir vorwärts oder wir müssen zurück; zurück zur alten Wanderversammlung oder vorwärts zu einer intensiveren Ausgestaltung des Vereins. Der dermalige Zustand ist nicht völlig zweckentsprechend; ich glaube, wir werden auf einem guten Wege sein, wenn wir unsere Entscheidung dahin treffen, daß wir sagen: vorwärts! (Bravo!)

M a j o r a t s h e r r v. K a l c k s t e i n (Schultitten): Zu § 3 möchte ich fragen: sollen unter den „beruflich vorgebildeten Forstbeamten auch Förster verstanden sein? Ich glaube nicht, daß wir die Förster in den Verein aufnehmen können. Wir haben uns auch in anderen Forstvereinen immer dahin entschieden, daß die eigentlichen Förster, Forstschutzbeamten, dem Verein nicht als Mitglieder beigezählt werden können. Jedenfalls möchte ich mich dagegen aussprechen.

R e g i e r u n g s d i r e k t o r Dr. W a p p e s (Speyer): Wir haben über die Frage sehr lange verhandelt und sind zu der Auffassung gekommen, daß es nicht angeht, „akademisch" zu sagen und den Kreis der Vereinsmitglieder derart eng zu ziehen. Wir haben deshalb den etwas unbestimmten Ausdruck „beruflich vorgebildet" gebraucht, schon mit Rücksicht darauf, daß eine ganze Reihe von Forstvereinen, die in unserem Verein vertreten sind, Mitglieder hat, die nicht akademisch gebildet sind, aber doch als vollwertige Mitglieder aufgenommen sind, die wir also wohl nicht ausscheiden können. Wir waren schon der Meinung, daß ein Förster beruflich vorgebildeter Forstwirt genannt werden muß. Es wäre bei der ganzen Sache nur eine Befürchtung, daß nämlich eines Tages in den Hauptversammlungen ein Überstimmen der akademisch Gebildeten durch die nicht akademisch Gebildeten vorkommen könnte. Das halte ich für ausgeschlossen.

O b e r f o r s t r a t R e u ß (Dessau): Wir haben in dem Harz-Solling-Forstverein, dem ich vorzustehen die Ehre habe, die besten Erfahrungen mit unseren Förstern gemacht. Es sind viel sehr wirtschaftlich veranlagte und sehr strebsame Elemente darunter. Ich möchte mich unbedingt dafür aussprechen, ihnen nicht den Weg zu verschließen, Mitglieder des Deutschen Forstvereins zu werden. Das würde auch eine Trennung im Fach hervorrufen, und diese Trennung könnten wir nicht vertragen.

Oberforstrat Gretsch (Karlsruhe): Ich will zur Frage der Satzungsänderungen einige Bemerkungen allgemeiner Natur machen. Ich gehöre nämlich zu denen, die dem Herrn Berichterstatter vor dem Frühstück gesagt haben, daß sie mit seinen allgemeinen Ausführungen nicht ganz einverstanden seien. Es ist nun sehr dankenswert, daß der Herr Berichterstatter sich die Mühe genommen hat, seine grundsätzlichen Anschauungen uns darzulegen, nach denen die Änderung der Satzungen sich aufbauen soll. Er hat damit eine allgemeine Begründung der Vorlage gegeben, und in der Begründung einer Vorlage offenbart sich ja der Geist, in dem sie gehandhabt werden soll. Ich möchte nun ganz allgemein sagen, daß die Auffassung des Berichterstatters von den Aufgaben, die der Deutsche Forstverein und der Forstwirtschaftsrat künftig zu erfüllen haben, eine sehr hohe und ideal gedachte ist; doch will es mir dünken, daß er mit der Zuweisung dieser Aufgaben an den Verein zu weit gehe, weil sie sich an der Wirklichkeit stoßen. Wenn ich seinen Darlegungen richtig gefolgt bin, so darf ich seine grundsätzlichen Anschauungen wohl folgendermaßen zusammenfassen. Einmal: die deutsche Forstwirtschaft hat bisher keine großen Fortschritte zu verzeichnen; es ist Vieles versäumt. Zweitens: in der Landwirtschaft mit dem Einfluß der freien Vereinsorganisation ist es ganz anders, diese hat die viel größeren Fortschritte aufzuweisen; ergo hat der Deutsche Forstverein die große Aufgabe zu lösen, auf die Erzielung besserer Fortschritte hinzuwirken. Das ist wohl das Grundlegende der Ausführungen; so habe ich sie wenigstens aufgefaßt. (Zustimmung.) Dazu glaube ich nun aber einige einschränkende Bemerkungen machen zu sollen.

Was den ersten Punkt betrifft, so ist es doch wohl zu weit gegangen, zu sagen, daß das deutsche Forstwesen noch wenige Fortschritte zu verzeichnen habe. Wenn wir die deutschen Waldungen auch mit einem Blick auf ihre innere Verfassung durchwandern und daneben die Nutzungsziffern vergleichen, die vor 30 Jahren und jetzt verzeichnet sind — ich bewerte den Stand einer Forstverwaltung nicht bloß nach der Nutzungsgröße, sondern wesentlich auch nach der inneren Verfassung des Waldes —, so müssen wir doch wohl zugeben, daß wir schon manche Fortschritte gemacht haben. Diese Fortschritte sind aber doch im wesentlichen dem Geiste der Forstverwaltungen, der Staats-, Gemeinde-, standesherrlichen und sonstigen Privat-Forstverwaltungen zu verdanken. Dabei erkenne ich vollauf an, daß auch

vom Deutschen Forstverein wie auch von den Landesvereinen schon
manche wertvolle Anregung ausgegangen ist. Also ich meine, der Forst=
verein soll wie die Landesvereine wie seither auch künftig fördernd
und helfend an die Seite treten. Es sollte also keine allzu
große Verschiebung in der Bewertung der Aufgaben eintreten,
die einerseits von den amtlichen Organen der Staats=, Gemeinde=
und sonstigen Forstverwaltungen und andererseits von der freien
Organisation der Forstvereine zu erfüllen sind. Ich bestreite
dabei durchaus nicht und wiederhole es, daß aus den freien Organi=
sationen schon gute Gedanken hervorgegangen sind. Die Erfahrung
bestätigt das. Herr Regierungsdirektor Wappes hatte dabei vorhin
geäußert, diese guten Gedanken gingen meist von den jungen Leuten
aus. Nachher habe ich allerdings zu meiner Freude von ihm ge=
hört, daß er Bedenken trage, daß zuviel junge Leute in den Forst=
wirtschaftsrat hineinkommen. (Heiterkeit.) Das war meines Erachtens
eine erfreuliche Abschwächung der ersten Äußerung.

Der zweite Punkt der Beanstandung betrifft den Vergleich mit
der Landwirtschaft, wo es ganz anders und besser sei. Ich
glaube doch, dieser Vergleich hinkt etwas, sowohl was die Besitzes=
verhältnisse, als was die Bewirtschaftung und Verwaltung der beiden
Zweige der Bodenwirtschaft anlangt: Der größte Teil des landwirt=
schaftlichen Besitzes ist nämlich in Privathänden mit eigener
Verwaltung; der größte Teil des forstwirtschaftlichen Besitzes aber
ist in den Händen des Staates, der Gemeinden und Körperschaften,
der Standes= und Grundherrn und privaten Großwaldbesitzer, fast
alle mit beamteter Verwaltung. Es bestehen also große Unter=
schiede. Und was die technische Seite anlangt, so ist die landwirt=
schaftliche Wirtschaft und Technik mit ihrer jährlichen Saat und Ernte
wesentlich vielgestaltiger als die forstwirtschaftliche. Es darf also nicht
etwa dazu kommen, daß wir uns künftig vom Forstverein sagen lassen,
welche Grundsätze zur Anwendung gelangen sollen, daß wir es so und
nicht anders machen dürfen. Ich erinnere nur daran, daß die Bewirt=
schaftung der Staats= und Gemeindewaldungen einer parlamen=
tarischen Kontrolle unterliegt. Stellen Sie sich nun vor, es
würde eine solche Neuerung im Betriebe oder in der Verwaltung ein=
geführt, die nicht die Billigung des staatlichen oder städtischen Parla=
ments fände, und der technisch verantwortliche forstliche Vertreter
würde dem Parlamente sagen: ja, der Deutsche Forstwirtschaftsrat
hat uns diese Maßnahme als die allein richtige empfohlen, wir
dürfen nicht anders handeln! Meine Herren! Der Geist der Ver=
antwortung kann den Forstverwaltungen nicht abgenommen
werden. Der Forstwirtschaftsrat kann den Geist des Fortschrittes
nicht künstlich in die einzelnen Verwaltungen hineintragen. Dieser
Geist muß deshalb ebenso in den beamteten Forstverwaltungen lebendig

sein; er soll durch die freien Vereinsorganisationen nur gefördert werden.

Mit dem Antrag der Bildung von Sektionen bin ich im allgemeinen einverstanden. Doch wird man wegen deren Umfang noch klarer sehen müssen.

Wir wollen also auch künftig zusammenarbeiten. Wenn es dem Forstverein in diesem Sinne gelingt, dem Fortschritt noch mehr als seither zu dienen, so wird das dem deutschen Walde und den Interessen seiner Besitzer nur förderlich sein.

In diesem Sinne möchte ich also die Ausführungen des Herrn Berichterstatters verstanden wissen, nicht aber dem andern, daß nun alles gründlich geändert werden müsse. Beiderseitig Fortschritte und Weiterbau auf der seitherigen Grundlage: dann wird auch das Nebeneinander von Staat, Gemeinde und freier Organisation weiter gute Früchte zeitigen. Andernfalls müßte man befürchten, daß Reibungen entstünden. Eine solche Wirkung sollte aber doch verhütet werden.

Das wollte ich allgemein mir zu sagen erlauben. Ich bin, wie schon gesagt, dem Berichterstatter sehr dankbar, daß er sich der Mühe unterzogen hat, seine grundlegenden Ansichten hier auszusprechen. Er hat aber selbst gesagt, daß er dabei nur seine persönlichen Anschauungen wiedergäbe.

In Verfolg meines Standpunktes bin ich durchaus der Meinung, daß die Staatsforstverwaltungen den Deutschen Forstverein in finanzieller Hinsicht mehr fördern sollten, als bis jetzt beabsichtigt ist. Ich meine, daß die Staatsforstverwaltungen auch die Aufgabe haben, die Forstwirtschaft im allgemeinen zu fördern, also in forstpolitischer Beziehung, wie namentlich in der Hebung der Privatforstwirtschaft helfend mitzuwirken. Ich kann es deshalb nur befürworten, daß diese Verwaltungen in der Zuwendung von Mitteln nicht knauserig sein sollen. Man muß sie aber bei guter Stimmung erhalten.

Landforstmeister Schede (Berlin): Meine Herren! Ich habe von meinem Herrn Chef nicht den Auftrag erhalten, hier nochmals Erklärungen, neue Erklärungen, abweichend von denen, die bereits abgegeben worden sind in dem Schreiben, das Herr Regierungsdirektor Wappes zur Verlesung gebracht hat, abzugeben. Ich kann also das, was ich hier sage, nur für meine Person sagen, und möchte nur meinem lebhaften persönlichen Bedauern darüber Ausdruck geben, daß nach meiner Kenntnis der Verhältnisse die Aussichten darauf, durch alsbaldige weitere Verhandlungen mit der preußischen Staatsforstverwaltung zu einem weiteren Zugeständnis in bezug auf die Höhe des Jahresbeitrages für den Deutschen Forstverein zu kommen, außer-

ordentlich gering sind. Ich möchte Sie aber dringend bitten, meine
Herren, nicht aus dem Nein, was Sie voraussichtlich hören werden,
wenn Sie weitere Verhandlungen mit der Staatsforstverwaltung
führen wollen, falsche Schlüsse auf die Stellung der Staatsforst=
verwaltung zu dem Verein zu ziehen. Seien Sie überzeugt, daß es der
preußischen Staatsforstverwaltung nicht an einem warmen Herzen
und nicht an einem lebhaften Interesse an dem Gedeihen und den
Arbeiten des Deutschen Forstvereins fehlt, daß sie im Gegenteil eine
hohe Meinung von den Leistungen des Vereins hat, daß sie dringend
wünscht, in der Lage zu sein, auch ihrerseits diese Arbeit zu fördern
und zur weiteren Entwickelung des Vereins beizutragen. Es fehlt der
preußischen Staatsforstverwaltung auch wahrlich nicht an dem idealen
Sinn, den Herr Regierungsdirektor Wappes in einem gewissen
Grade ja an ihr zu vermissen schien. Sie ist auch überzeugt, daß, was
auch immer dem Deutschen Forstverein an staatlichen Beiträgen zufließen
möchte, zum besten von Wissenschaft und Wirtschaft nutzbringende Ver=
wendung finden würde. Aber, meine Herren, leben wir denn in einer
Zeit, wo wir für alle idealen Zwecke, für alle Unternehmungen, die
in irgend einem Sinne nutzbringend sind, das Geld zur Verfügung
stellen können, oder leben wir nicht vielmehr in einer Zeit, in der
wir froh sein müssen, wenn wir zur Deckung der allernotwendigsten
Ausgaben die Mittel haben? Ich fürchte, Sie werden das letztere
bejahen müssen. Ich bejahe es jedenfalls mit aller Entschiedenheit.
Wir müssen zurzeit in allen Zweigen der Staatsverwaltung, also
auch in der Staatsforstverwaltung, jeden Pfennig, der von uns ge=
fordert wird, zehnmal umdrehen, ehe wir ihn ausgeben. Und das ist
ein Zustand, der nach meiner Annahme nicht ein oder zwei Jahre,
sondern der noch lange Zeit andauern wird. Ich hoffe aber, daß,
wenn wir wieder in bessere finanzielle Verhältnisse gekommen sein
werden, dann auch die preußische Staatsforstverwaltung bereit sein
wird, noch einmal in Erwägung zu nehmen, ob und inwieweit der
hinter Ihren Erwartungen zurückgebliebene Beitrag, der Ihnen jetzt
zugesichert worden ist, erhöht werden kann. Ich hoffe, daß diese Zeit
und mit ihr die Erfüllung Ihrer Wünsche kommen wird, und kann
versichern, daß ich nicht der letzte sein würde, der sich ganz außer=
ordentlich hierüber freut. (Bravo!)

Professor Dr. Udo Müller (Karlsruhe): Meine Herren!
Nach den Worten, die wir soeben von so autoritativer Seite gehört
haben und die uns klargelegt haben, daß wir selbst für als nützlich und
notwendig erkannte Dinge unter Umständen kein Geld haben, möchte
ich mir erlauben, Ihre Aufmerksamkeit auf eine Nebensächlichkeit zu
lenken, die mir aber am Herzen liegt. Und zwar komme ich darauf
auf Grund der patriotischen Empfindungen, die uns in diesen Tagen
ganz besonders bewegen. Ich habe meiner Gewohnheit folgend, als

ich den ersten Paragraphen las, entsprechend dem alten lateinischen
Wort: „Quidquid agis, prudenter agas et respice finem" den Schluß
angeschaut, und da steht: „Eine Reihe stilistischer Änderungen ist
vorgenommen nach den Vorschlägen des Allgemeinen Deutschen Sprachvereins." Ich möchte der Schriftleitung unserer Satzungen bringend
ans Herz legen, gerade wo wir das Deutschtum so besonders betonen,
unsere Satzungen sprachlich, stilistisch richtig zu fassen, und ich finde,
daß an einigen Paragraphen erhebliche Verbesserungen wünschenswert
wären. Ich will mich auf Einzelheiten nicht einlassen, ich möchte nur
ganz allgemein die Anregung geben, daß gerade in der Beziehung alle
Sorgfalt obwalten möge und daß die Mitwirkung des Deutschen
Sprachvereins in keiner Weise vernachlässigt werde. Das kostet uns
nicht Geld und liegt, glaube ich, auch im patriotischen Interesse.

Oberforstmeister v. Oertzen (Gelbensande): Meine
Herren! Herr Oberforstrat Gretsch hat eben auf die Gefahr hingewiesen, die aus der Entstehung von Reibungen zwischen dem ausgebauten Forstwirtschaftsrat und den Staatsforstverwaltungen eintreten könnte. Ich glaube, daß der Herr Berichterstatter solche Reibungen nicht im Auge gehabt hat. Er hat darauf hinweisen wollen,
nicht daß die Befruchtung von seiten des Forstvereins und Forstwirtschaftsrates auf die Staatsforstverwaltungen erfolgen sollte, sondern
daß der Forstwirtschaftsrat dadurch, daß er mehr ausgebaut wird
und größere Tätigkeit entfalten kann, nutzbringend zu wirken vermag,
und daß er sowohl auf die Staatsforstverwaltungen wie umgekehrt
die Staatsforstverwaltungen auf ihn anregend wirken können. Ich
möchte es nicht für richtig halten, hier schon Gefahren an die Wand
zu malen. Dafür müßten schon die im Forstwirtschaftsrat Beteiligten
Garantie genug sein, daß diese Gefahren nicht eintreten werden Den
Ausbau des Forstwirtschaftsrates halte ich doch für außerordentlich
nützlich und unbedingt notwendig, und zwar in erster Linie gerade
im Interesse der Privatforstwirtschaft wie auch der Forstwirtschaft der
Kommunen. Ich möchte warm dafür eintreten, daß wir uns hier
im Forstwirtschaftsrat die optimistische Auffassung, die der Herr
Berichterstatter gezeigt hat, in möglichst weitem Umfange zu eigen
machen und nicht etwa einem Pessimismus huldigen, der nur Gefahren sieht. (Bravo!)

Geheimer Regierungsrat Quaet-Faslem (Han-
nover): Meine Herren! Hinter dem Herrn Berichterstatter steht ja eine
siebengliedrige Kommission. Diese Kommission hat dem, was der
Herr Berichterstatter im wesentlichen ausgeführt hat, nicht nur der
Majorität nach, sondern einstimmig zugestimmt. Ich darf daran erinnern, wie es überhaupt gekommen ist, daß wir der Frage der
Revision unserer Satzungen näher getreten sind. In Trier oder
schon vorher ist im Forstwirtschaftsrat beschlossen worden, daß diese

Frage einmal eingehend geprüft werde. Wir haben uns in der Kommission zunächst lediglich die Frage vorgelegt: ist denn überhaupt ein Grund vorhanden, an Satzungen zu ändern, die wir doch in nicht sehr lange zurückliegender Zeit erst aufgerichtet haben unter der Ägide eines Danckelmann, des alten Ganghofer und in eingehenden Beratungen in Breslau, wo wir doch geglaubt haben, es werde im wesentlichen genügen, was wir damals geschaffen haben? Die Kommission hat sich aber schon sehr bald dahin erklärt: auf dem bisherigen Wege, mit der Grundlage der bisherigen Satzungen können wir verhältnismäßig wenig erreichen. Und, meine Herren, wenn wir einmal offen sein wollen: praktisch haben wir doch verdammt wenig geleistet. Es ist vielleicht sogar möglich, zu sagen: dasjenige, was wir zuwege gebracht haben, ist gar nicht der Mühe wert, da wäre es vielleicht besser, wieder der alten deutschen Forstmännerversammlung zuzustreben und das Schwergewicht auf gesellige Vereinigungen zu legen. In dieser Beziehung war die Kommission absolut übereinstimmender Ansicht: wir müssen, wollen wir etwas leisten, die Satzungen schärfer fassen und müssen namentlich auf dem Ihnen skizzierten Wege vorgehen.

Wir haben uns klargemacht: wem wollen wir mit unserer ganzen Organisation in erster Linie nutzen. Da darf ich an die Verhandlungen in Breslau erinnern, wo wir immer in den Vordergrund gestellt haben: wir wollen mit dem Deutschen Forstverein in der Hauptsache dem außerstaatlichen Waldbesitz in Deutschland nutzen. Auf dem Standpunkt habe ich bisher auch gestanden. Bei weiterer Erwägung sind wir dazu gekommen, daß es doch auch ganz erwünscht, dringend erwünscht sei, eine engere Fühlung mit den Forstverwaltungen des Staates anzubahnen, um gegenseitig zu befruchten, nicht etwa nur, daß wir Einwirkungen von seiten des Staates erhalten, sondern auch umgekehrt, daß wir in mancher Beziehung Anregungen in unserem Verein geben. Mit sämtlichen Kollegen aus der Kommission lege ich sehr großes Gewicht darauf, daß wir eine Gliederung im Forstwirtschaftsrat in der hier angedeuteten Weise anstreben. Ich möchte doch bitten, daß wir nicht etwa nun die Diskussion rasch schließen, sondern daß wir uns noch etwas eingehender mit der Sache beschäftigen. Wir sind in der Kommission vollständig davon überzeugt gewesen, daß es geradezu lächerlich sei, wenn wir verlangen wollten, jetzt während des Krieges neue Satzungen zu machen und neue Organisationen ins Leben zu rufen. Aber es ist doch nicht zu verkennen, daß wir jetzt gerade Zeit haben, solche Dinge zu erwägen, und ich bin der Optimist, der glaubt, daß Deutschland nur mit einem ehrenvollen, voll befriedigenden Frieden aus dem schweren Kampfe herausgehen kann und daß wir dann, wenn wir wieder friedliche Zeiten haben, mit einer fertigen guten Arbeit an die Hauptversammlung herantreten können. Daher sollen und können wir die Zeit gut ausnutzen.

Nun hat uns in der Kommission der Herr Vorsitzende in einem engeren Rahmen dargelegt, wie er sich die Gliederung in Abteilungen und Sonderausschüssen denkt, und wohl die meisten Mitglieder der Kommission waren bei der Erwägung dieser Disposition der Ansicht, daß es geradezu etwas Ideales wäre, wenn man das durchführen könnte, was hier geplant ist. Ich möchte den Herrn Berichterstatter bitten, auf diese Seite der Sache noch etwas näher einzugehen.

Dann ist der hüpfende Punkt der ganzen Frage: können wir uns ein Bureau, ein ständiges Generalsekretariat einrichten, ähnlich wie es die landwirtschaftlichen Korporationen haben, oder nicht? Können wir das nicht, dann können wir an die ganze Sache nicht herangehen. Das ist dringend erforderlich, namentlich wenn man die Gliederung durchführen will. Man muß einen zentralen Punkt haben, die Sachen müssen von dem Generalsekretariat nicht nur weiter bearbeitet, sondern auch gesichtet und gesammelt werden; es muß ein Auskunftsbureau sein, an das man sich in jeder Beziehung wenden kann. So ist es in allen ähnlichen Vereinigungen. Ich darf an den Moorkulturverein des Deutschen Reiches erinnern, der z. B. vom preußischen Landwirtschaftsministerium mit 7000 Mk., vom Reichsamt des Innern mit 90 000 Mk. jährlich unterstützt wird. Wir haben im Moorkulturverein mit einer ganz minimalen Summe angefangen; wenn ich mich recht erinnere, waren es 8000 Mk., die zur Verfügung standen. Da hielten wir uns einen Herrn als Geschäftsführer, der gar nicht der Sache gewachsen war und die Arbeit nebenbei betrieb. Das konnte auch nicht anders sein, wir hatten nicht die Mittel, es besser zu machen. Wir haben längere Zeit so vegetiert. Unter dem Einfluß des Herrn v. Wangenheim, des Vorsitzenden des Moorkulturvereins, hat die Sache bald eine andere Wendung genommen. Wir haben uns an die staatlichen Instanzen gewandt, dort ein großes Entgegenkommen gefunden, auch beim landwirtschaftlichen Ministerium, insbesondere beim Reiche, und wir haben große Mittel erhalten. Der Etat, über den wir vor kurzem in Berlin beraten haben, beläuft sich auf 135 000 Mk. Also aus Kleinem ist da etwas Großes entstanden. Ich teile nicht die etwas abschwächende Ansicht des verehrten Herrn Landforstmeisters Schede. Wenn wir in unseren Versuchen nachhaltig sind und immer wieder bitten, dann werden Sie auch Ihr warmes Herz betätigen. Sie haben es ja schon oft bekundet.

Deshalb bitte ich noch einmal: lassen Sie uns diese Angelegenheit nicht rasch abmachen, sondern gründlich in eine Besprechung eintreten, damit die Kommission eine Richtschnur erhält, was eigentlich der Forstwirtschaftsrat wünscht. Die erste Frage haben wir ja beantwortet: jawohl, es ist nötig. Jetzt heißt es: quomodo? Wir müssen prüfen, in welcher Weise wir weiter arbeiten können. Die Zweifelsfragen, die noch in bezug auf das Verhältnis zu den Land= wirtschaftskammern in den Satzungen sind, haben wir zu klären. Das ist auch bereits eingeleitet durch die Bemühungen des Herrn Vorsitzenden. Ich bin überzeugt, daß wir auch da zu einem leidlichen Abkommen gelangen werden.

Ich möchte zunächst bitten, daß der Herr Vorsitzende der Kom= mission uns noch einmal das System der Sonderabteilungen näher auseinandersetze.

Berichterstatter Regierungsdirektor Dr. Wappes (Speyer): Ich bin sehr gern bereit, noch Ergänzungen zu geben. Zu= nächst gestatte ich mir, noch einige Gesichtspunkte bezüglich der Schaf= fung einer Hauptgeschäftsstelle hervorzuheben.

Meine Herren, eine Hauptgeschäftsstelle ist nötig, erstens weil der Vorstand oder doch der 1. Vorsitzende wohl immer, dürfen wir schon sagen, ein Mann in hoher angesehener Stellung ist und die Vereins= leitung nur als Nebenamt betreiben kann. Es ist ja klar, daß es sehr leicht vorkommen kann, daß bei ihm eine geschäftliche Überlastung eintritt, und dann ruht eigentlich der Verein, wenn er nicht die Grundlage in der festen Organisation eines Bureaus hat. Ich erinnere Sie daran: als Herr v. Braza seinerzeit gewählt wurde, hat er kaum ein Jahr als Vorstand seine Geschäfte besorgt; dann war er zwei Jahre schwer krank, die Vereinsgeschäfte haben während dieser Zeit nahezu geruht, wenigstens ist in bezug auf Initiative und dergleichen fast gar nichts geschehen; es ist begreiflich, daß ein todkranker Mann nach der Richtung nichts machen kann. — Weiter ist es unbedingt nötig, daß der Vorsitzende eine besondere, sehr leistungsfähige und ein= gearbeitete Kraft zu seiner Verfügung hat. Ich habe das heute früh schon angedeutet. Bei aller Anerkennung der Leistungen unserer bis= herigen Generalsekretäre, die Herren sind es doch alle mehr oder minder im Nebenamt gewesen; auch beim jetzigen Herrn Generalsekretär ist das der Fall. Bei einem derartigen Vereinsbeamten kann sich nicht eine umfassende Kenntnis der gesamten Verhältnisse und eine Tradition der Geschäftsführung entwickeln. Entweder ist der Vor= sitzende neu, oder es ist wieder der Generalsekretär neu, kurzum, ein wirksames Zusammenarbeiten kann nicht erfolgen. Unser Vorsitzender wird so lange keine ausgiebige Stütze haben, als er nicht ein festes Bureau hinter sich hat.

Die Sache ist von der größten Bedeutung; denn mehr oder minder muß doch der Geschäftsbetrieb auf der Geschäftsstelle ruhen. Der Vorsitzende ist nur in den seltensten Fällen in Berlin. Wir haben das nur einmal gehabt. Es ist außerordentlich schwer, für einen Vor= sitzenden, der vielleicht viele Stunden Eisenbahnfahrt von seinem Generalsekretär entfernt wohnt, ersprießlich zu arbeiten. Sie können sich denken, meine Herren, daß die persönlichen Beziehungen zwischen Filehne und München nicht allzu intim sein können. (Heiterkeit.) So ist es fast stets gewesen. Der Vorsitzende wird d a d u r c h ungeheuer belastet, daß sämtliche Sachen zunächst an ihn gehen und er sie nachher an den Generalsekretär geben muß, mit dem er in der Hauptsache nur schriftlich verkehren kann. Ist eine ständige Hauptgeschäftsstelle in Berlin, so gehen selbstverständlich alle einlaufenden Sachen an diese, der Geschäftsführer hat sie zu bearbeiten, und der Vorstand bekommt schließlich nur das, was er entscheiden muß, und auch das schon in entsprechend vorgearbeiteter Form. Der Vorsitzende wird dadurch bedeutend weniger belastet, und wir würden schon aus diesem Grunde bei unserer Wahl in nicht seltenen Fällen nach Herren greifen können, die in hoher amtlicher Stellung und bereits mehr oder minder belastet sind, weil man sicher sein kann, daß sie durch ihre Geschäftsstelle von allen formalen und mehr oder weniger auch von den geschäftlichen Angelegenheiten befreit werden.

Weiter ist es durchaus erforderlich, daß eine Vertretung gerade in Berlin besteht. Es muß eine Stelle sein, an die man sich wenden kann; die 2000 Mitglieder des Vereins haben doch viele Anfragen und Anliegen in Vereinssachen. Bei dem ständigen Wechsel von Personen und Ort ist es dermalen außerordentlich erschwert, sich vom Forstverein eine Hilfe zu verschaffen oder durch ihn eine Auskunft zu erlangen. Ein regelrechtes Bureau konnte sich bisher gar nicht entwickeln, weil der Generalsekretär bald da, bald dort seinen Sitz hatte; es war schon aus räumlichen Gründen nicht möglich. Ich habe ein klein wenig hineingesehen, wie die Generalsekretäre verschiedener anderer Körperschaften arbeiten. Man kann nur staunen über den Umfang der Geschäfte, die dort bewältigt werden.

Eine straffere Geschäftsführung bedingt auch der weitere Ausbau des Forstvereins; denn wenn wir Abteilungen und Sonderkommissionen schaffen, so ergibt sich daraus ein noch häufigerer und intensiverer Verkehr mit der Vorstandschaft. Es hängt natürlich alles von der Person ab. Ich glaube aber, daß es möglich sein wird, eine passende Persönlichkeit für den Posten des Generalsekretärs zu finden. Berlin reizt doch einen jungen tatkräftigen Mann, und die Stelle hätte zweifellos bedeutende Entwickelungsmöglichkeiten. Ich könnte mir schon denken, daß einer, der seinen Beruf von hoher Warte aus erfaßt, hier ein dankbares Feld der Tätigkeit fände.

Das sind die Gründe, die nach meinem Dafürhalten geradezu zwingen, eine feste Hauptgeschäftsstelle zu errichten. Aber, wie schon gesagt, 20 000 Mk. ist das Geringste, womit man anfangen muß. Für einen Verein, der die Geschäfte und Vertretungen für ein Objekt von $26\frac{1}{2}$ Milliarden verwaltet, ist es doch der Mühe wert, 20 000 Mk. für die Spesen aufzuwenden.

Nun zu der Organisation des Deutschen Forst=
wirtschaftsrates! Eine Körperschaft von der Mitgliederzahl,
wie wir sie jetzt haben, die vielleicht noch mehr wächst, wenn die
deutschen Staatsforstverwaltungen dazu übergehen, mehr und häufiger
Vertretungen zu entsenden, ist zweifellos etwas Ungefügiges. Man
kann in einer derart großen Versammlung nicht leicht eine intime
Beratung durchführen. Außerdem — und das ist für mich der Haupt=
grund —, wenn wir unsere Tätigkeit noch auf eine Reihe von
Sondergebieten erstrecken, so wird der Vorsitzende nicht imstande sein,
die Arbeit der Kommissionen zu überschauen. Wir sehen ja bereits
jetzt, daß die Kommissionen mehr oder minder selbständig tagen und
arbeiten müssen. Wenn wir noch eine Reihe weiterer Sonderausschüsse
schaffen, so wird es dem Vorsitzenden fast unmöglich, überall die
Initiative zu ergreifen, um seinen Einfluß geltend zu machen. Er
muß also gewissermaßen einen Unterführer haben. Ebenso wie der
kommandierende General Divisionsgeneräle und Brigadegeneräle unter
sich haben muß, so muß auch der Vorsitzende — denn auf ihm ruht
nach der Verfassung die Hauptlast — Unterführer haben, um die
Arbeit einer Versammlung von 75 Mitgliedern zu durchdringen und
zu leiten. Aus diesem Grunde erachte ich es für unbedingt nötig,
daß wir uns in Abteilungen gliedern.

Wenn wir die Geschäfte in ihrer Grundsätzlichkeit überschauen,
so ist diese Gliederung eigentlich schon gegeben. Wir werden vor
allem die Technik und Ökonomik des Betriebes ausscheiden
müssen. Eine Trennung dieser etwa wie nach dem System der Forst=
wirtschaft in Waldbau und Forsteinrichtung oder in technische Ver=
hältnisse und betriebliche Verhältnisse wird nicht gut möglich sein, denn
da greifen doch die Beziehungen zu sehr ineinander. Wir müssen also
den gesamten Forstbetrieb in eine Abteilung zusammenfassen. Ich
denke mir, daß dann in jeder Abteilung eine Reihe von kleinen
Sonderausschüssen gebildet wird. Ich sage ausdrücklich: klein,
denn sonst bekommen wir die Schwierigkeit mit dem überschneiden
der Kommissionen. Wir haben es gestern an dem einen Tage ge=
merkt, wo wir die Kommissionssitzungen hatten, daß zwei Herren in
drei Kommissionen gleichzeitig hätten sein sollen. Das kommt in der
Hauptsache dadurch, daß wir vielgliedrige Kommissionen haben. Ich
glaube auch, daß in einer kleinen Kommission etwa von 3—5 Mit=
gliedern weit intensivere Arbeit geleistet wird, weil auf den einzelnen
mehr Verantwortung fällt und die betreffenden Herren sich weit mehr
ineinander hineinschicken können. Ich denke mir also die Entwickelung
so, daß mit der Zeit jedes Mitglied des Forstwirtschaftsrates so ziem=
lich in irgend einer Weise durch eine Sonderaufgabe in Anspruch ge=
nommen wird. Die Sonderausschüsse müßten besonders auszuscheidende
Fragen, und die natürlich sehr gründlich, verhandeln. Ich habe mir

nur, um das beispielsweise auszuführen, eine Reihe von Angelegen=
heiten notiert, z. B. Forstgarten= und Pflanzenzucht=
betrieb, ein an sich umfassendes Thema, aber doch schon eine reine
Spezialfrage. Ich bin überzeugt, daß das Arbeiten in diesem Sonder=
ausschuß eine sehr schöne Aufgabe für Herren wäre, die Spezialisten
in der Pflanzenzucht sind. Dann wären die ausländischen
Holzarten einer intensiveren Behandlung zu unterziehen. Schon
die Feststellung dessen, was im Deutschen Reich an solchen vorhanden
ist, ferner die systematische Erforschung ihres Verhaltens und der Ver=
gleich mit den einheimischen Holzarten wird ein reiches Tätigkeitsfeld
bieten. Ein weiteres Gebiet ist die Moorkultur. Unbedingt nötig
ist eine Prüfung der Geräte und Maschinen. Das kann
natürlich auch eine Aufgabe der forstlichen Versuchsanstalten werden;
ich halte es aber doch auch für nötig, daß im Forstwirtschafts=
rat Spezialisten sind, welche die Einläufe, die in dieser Hinsicht an
den Forstverein kommen, besorgen und die Verpflichtung hätten, in
den Körperschaften und Instituten mitzuarbeiten, die etwa die Prü=
fung von Geräten und Maschinen vornehmen. Eine sehr wichtige
Frage wäre auch die Behandlung der Pilze und Beeren.
Ich will auf diesen Gegenstand mit Rücksicht auf seine Besprechung an
anderer Stelle nicht weiter eingehen. Ich möchte nur das eine bemerken;
nach den Erhebungen, die ich für unseren Regierungsbezirk habe
pflegen lassen, darf man annehmen, daß etwa 10% der deutschen
Waldungen mit Heidelbeeren bestockt sind, das sind 1—1$^1/_2$ Millionen
Hektar. Eine Pflanze, die eine Fläche von 1—1$^1/_2$ Millionen Hektor
einnimmt und unter Umständen bei Vollernte 1000 kg pro Hektar
tragen kann, ist etwas, dessen sich schon der Deutsche Forstwirtschafts=
rat annehmen könnte. Wenn wir 1000 mal 1$^1/_2$ Millionen rechnen,
so kommen wir auf eine gewaltige Menge von Nährstoffen, die
gerade in der heutigen Zeit sehr beachtlich wäre. Wir wissen von der
Pilzzucht z. B. fast noch gar nichts. Zweifellos ist in den Reihen
der deutschen Forstleute eine reiche Erfahrung darüber vorhanden.

Auch die Holzverwendung ist zweifellos ein Gegenstand,
der der Fürsorge des Forstvereins bedarf. Die einzelne Verwaltung
kann das nach meinem Dafürhalten ebensowenig, wie es ein Hochschul=
institut tun kann. Wir sind mit unserem Hauptprodukt als Stoff
überall ins Hintertreffen gekommen, und wenn nicht der Zufall oder
die Außerhalbstehenden immer wieder neue Verwendungsformen dafür
fänden, so wären wir von den Eisen= und Zementleuten längst an
die Wand gedrückt worden. Für die Vertreter der deutschen Forst=
wirtschaft und =Wissenschaft ist es von der größten Wichtigkeit, daß
sie ständig auf dem Laufenden bleiben, wie sich die technische Ver=
wendung des hauptsächlich von uns geschaffenen Stoffes gestaltet.
Daß der Waldwegebau eine sehr beachtenswerte Sonderaufgabe

wäre, darf ich als selbstverständlich voraussetzen. Dann denke ich auch, daß Jagd und Fischerei in Waldgewässern eine Aufgabe für einen Sonderausschuß wäre.

Wenn wir derartige Sonderausschüsse schaffen, so schaffen wir damit zugleich eine ganze Reihe von Spezialisten auf diesem Gebiete, an die sich jeder deutsche Forstmann wenden kann, Leute, deren Kenntnisse auch für die deutschen Waldbesitzer und selbst für die deutschen Staatsforstverwaltungen, die ja Spezialisten in diesem Umfange nicht haben können, von großem Werte sein würden.

Die zweite Abteilung wäre die für Verwaltung und Organisation. Wir haben schon Sonderausschüsse, welche Geschäfte dieser Art behandeln: die Saatgutkontrolle, dann der Ausschuß für Prüfungen und der Fortbildungsausschuß. In dieser Beziehung wären zweifellos noch weitere Ausschüsse zu schaffen möglich, etwa einen Ausschuß für Beratung der Waldbesitzer, wenigstens für die Vermittlung der Beratung. Ich wäre auch der Meinung, daß man das ganze Gebiet der Fachausdrücke und Normalien einheitlich behandeln sollte, eine Lebensarbeit, kann man beinahe sagen, für einen, der sich mit der Sache abgibt, eine Arbeit, die von anderen Fächern längst geleistet ist. Vielleicht könnte noch ein Sonderausschuß für Ausstellungen geschaffen werden. Nach der Richtung haben wir bekanntlich sehr wenig getan. Es wird vielleicht nötig sein und jedenfalls sehr förderlich für die Verbreitung der Kenntnisse und für die Anerkennung unseres Faches, sowie auch direkt von Nutzen für den Absatz unserer Produkte, wenn mit Ausstellungen gearbeitet wird, ähnlich wie es die Landwirtschaft schon längst betreibt. Ich erinnere nur an die außerordentlich gelungene forstliche Abteilung der Ausstellung in Nürnberg, deren ganze Erfahrung wieder verloren gegangen ist.

Abteilung 3 hätten zu bilden die Handels-, Verkehrs- und Zollangelegenheiten. Daß wir hier nicht genug Spezialisten haben und deren dringend bedürfen, darüber dürfte wohl kein Zweifel sein. Wenn Sie selbst Ihr Inneres prüfen, werden Sie zugestehen, daß Sie von Handels-, Verkehrs- und Zollangelegenheiten außerordentlich wenig verstehen und in die größte Verlegenheit kämen, wenn Sie Auskunft geben sollten. Ich bin überzeugt, auch einer mittleren und kleinen Staatsforstverwaltung wird es nicht so leicht sein, Spezialisten aufzutreiben, die auf diesem Gebiete versiert sind. Hier muß die Organisation durch das ganze Deutsche Reich eintreten. Wir haben Herrn Professor Endres und Herrn Professor v. Mammen — ich bin zu Ende, wenn ich die Herren aufzählen sollte, die man als vollwichtige Sachverständige für diese Angelegenheiten betrachten darf. Wenn sich aber jemand getroffen fühlt, so nehme ich alles zurück. (Heiterkeit.) Das ist ein Gebiet von so ungemeiner Wichtigkeit, daß darüber kein Wort zu verlieren ist. Es ist unbedingt nötig, daß wir vom Forstverein eine Reihe von Herren mit dem Einarbeiten in diese Aufgaben betrauen, an die man sich in Zweifelsfällen wenden kann.

Die Abteilung 4 für koloniale und ausländische Forstwirtschaft möchte ich gewissermaßen aus Optimismus aufstellen. Es ist keine Frage, daß die koloniale Forstwirtschaft uns vor gewaltige Aufgaben stellen wird. Wir müssen sagen, daß wir eigentlich schon vor dem Kriege, solange wir noch unsere Kolonien hatten, vor solchen Aufgaben gestanden haben; sie sind aber systematisch von niemandem in die Hand genommen worden. Man hat das Reich wirtschaften lassen ohne viel forsttechnischen Beirat, wir haben uns um die ganze Sache sehr wenig gekümmert. Hier werden uns, wie wir alle hoffen, in Zukunft ganz bedeutende Aufgaben zufallen. Wir werden mit den Reichsbehörden in Verbindung zu treten haben, wir werden dafür sorgen müssen, daß das Verständnis für koloniale Forstwirtschaft im deutschen Publikum sich hebt. Wir dürfen annehmen, daß gerade der Forstmann der Pionier des Deutschtums in den Kolonien sein wird. Ebenso ist es mit den Beziehungen zur ausländischen Forstwirtschaft. Es ist ungeheuer schwierig, hier rechtzeitig Beziehungen anzuknüpfen. Es muß jemand mit den speziellen Fragen betraut sein, jemand der vollständig eingearbeitet ist, der die Persönlichkeiten kennt, mit denen man verhandeln muß, der imstande ist, Auskunft zu geben und dafür zu sorgen, daß die deutsche Forstwirtschaft auch im Auslande ihren gebührenden Platz findet. Ich möchte darauf aufmerksam machen, daß die Österreicher bedeutend besser unterrichtet waren als wir. Die Österreicher, deren Forstwirtschaft überhaupt sehr hoch entwickelt ist, haben bereits einen Vertreter nach Albanien entsandt; auch die griechische Forstwirtschaft ist von einem österreichischen Forstbeamten organisiert worden. Wir dürfen uns hier schon vor unserem werten Bundesgenossen etwas in acht nehmen, sonst sind sie auf einmal in Bulgarien und in der Türkei. Ich glaube, es wäre ein großes und dankbares Feld für die Tätigkeit des deutschen Forstmanns, und hier die Vermittlung zu schaffen, ist zweifellos Sache des Deutschen Forstvereins. Man wird die technischen und naturwissenschaftlichen Verhältnisse der tropischen Waldwirtschaft genau studieren müssen, die Statistik des Handels der Kolonien, der Erzeugung und Waldverhältnisse der befreundeten, neutralen und feindlichen Länder usw.

Das ist das System, nach dem ich mir den Forstwirtschaftsrat gegliedert denke.

Vielleicht darf ich, nachdem ich einmal das Wort habe, ganz kurz auf einige Ausführungen der Herren Vorredner zurückkommen.

Ich möchte dem Herrn Kollegen G r e t s ch gegenüber bemerken, daß er mich mißverstanden hat. Ich hatte durchaus nicht vor, den Gedanken auszusprechen, daß wir etwa den deutschen Forstverwaltungen unsere Meinung aufdrängen wollten, sondern ich hatte nur an ein gegenseitiges Zusammenarbeiten gedacht. Es liegt mir nichts ferner als der Gedanke, daß ein Verein sich in die Verwaltung eindrängen sollte. Ich bin selbst Vorstand einer Verwaltung und würde mir natürlich auch von einem Verein keine Vorschriften machen lassen. Aber ich arbeite sehr gern mit dem Verein zusammen, und habe die Erfahrung gemacht, daß man bei Vereinsversammlungen einen außerordentlich tiefen Einblick in Dinge bekommt, die man auf amtlichem Wege einfach nicht hört.

Ich freue mich sehr über die anerkennenden Worte, die Herr Landforstmeister S ch e d e unserer Tätigkeit gewidmet hat. Ich bin optimistisch genug, halte ihn auch für so weich und selbst den preußischen Finanzminister für so weich, daß er sich schließlich dazu bringen lassen wird, wenn die Notwendigkeit und die Dringlichkeit nachgewiesen ist, einen höheren Beitrag zu gewähren. Ich möchte nur noch, um die Sache rechnerisch darzulegen, bemerken, daß wir von den Forstverwaltungen 0,5 Pfg. pro Hektar beanspruchen, und ich denke, s o = v i e l wirtschaftet man an uns heraus.

Die stilistischen Bedenken werde ich mit dem Herrn Kollegen M ü l l e r besprechen und mich freuen, wenn er uns Verbesserungen vorzuschlagen weiß. Ich bin jederzeit bereit, sie anzunehmen.

Ich möchte nochmals bemerken, daß der Satzungsentwurf nichts Endgültiges sein soll, sondern daß es sich für heute nur darum handelt, das grundsätzliche Einverständnis des Forstwirtschaftsrates herbeizuführen.

O b e r f o r s t r a t E i g n e r (Regensburg): Meine Herren! Der Vortrag des Herrn Regierungsdirektors W a p p e s war außerordentlich interessant. Ich habe mich gefreut, daß er mit jugendlichem Feuer wie der Ritter St. Georg gegen den Drachen Konservatismus, der die Forstwirtschaft beherrscht, loszog. Besondere Anerkennung verdienen seine Bestrebungen zur Hebung unseres Faches. Bei der Allgemeinheit gilt leider immer noch der Spruch: „Am schönsten hats die Forstpartie, die Bäume wachsen ohne sie." Meine Herren, Ideale sind schön, aber man kann sie nicht verwirklichen ohne Geld. Das Ziel ist zu hoch gesetzt. Ehe wir eine Organisation der Geschäftsführung einführen, die allein 20 000 Mk. kostet, muß festgesetzt sein, welche Einnahmen wir haben. Kein Mensch gibt mehr aus, als er einnimmt. Die künftigen Einnahmen lassen sich ja berechnen. Bevor die finanzielle Grundlage nicht gesichert ist, kann an die Ausführung der hoch liegenden Pläne nicht gedacht werden. Das erste wäre also: man stellt fest, wieviel Geld wir haben, und richtet dann die Organisation danach ein. Wenn wir Großes vorschlagen und können es nicht ausführen, so macht das einen ungünstigen Eindruck.

Oberforstrat Gretsch (Karlsruhe): Ich muß Herrn Oberforstmeister v. Oertzen ganz kurz erwidern, daß er mich **vollständig mißverstanden** hat. Ich habe ausdrücklich erklärt, daß ich mit den Satzungsänderungen im allgemeinen einverstanden bin. Meine Einwendungen richteten sich nur gegen die **Art der persönlichen Begründungen** heute morgen; da konnte man tatsächlich verschiedener Meinung sein. Ich habe auch erfahren, daß verschiedene Herren meine Ansicht teilen. Ich bin deshalb auch dem Herrn Berichterstatter sehr dankbar dafür, daß er durch seine Erklärung zu erkennen gegeben hat, wie sein Standpunkt aufzufassen sei. Ich schließe mich im übrigen der Anerkennung der Arbeit, die Herr Regierungsdirektor Wappes in Sachen der Satzungsänderung getan hat, in vollem Maße an.

Oberforstrat Reuß (Dessau): Ich möchte gern zu § 12 eine Erläuterung haben. Aus wieviel Mitgliedern soll sich der Forstwirtschaftsrat ungefähr zusammensetzen?

Regierungsdirektor Dr. Wappes (Speyer): Die Zahl wechselt, sie steht nicht immer fest, da verschiedene Funktionen sich auf eine Person vereinigen können. Es heißt im § 12: Dem Forstwirtschaftsrate gehören mit vollem Stimmrechte an der Vorstand — und wir wollten noch sagen: einschließlich der Stellvertreter —, die Landesobmänner usw. Der Vorstand kann natürlich ein Landesobmann sein, es kann ein Professor sein, kann Delegierter eines Vereins sein. Außerdem können Professoren Landesobmänner sein. Man kann deshalb keine bestimmte Zahl angeben. Schätzungsweise möchte ich sagen, daß der Forstwirtschaftsrat im allgemeinen 60 bis 70 Mitglieder hat. Wenn die Staatsforstverwaltungen, was wir noch zu erreichen hoffen, mehr Vertreter entsenden, so kann sich die Zahl auf 80, 90 Mitglieder erhöhen. Das wäre dann ein Körper, der außerordentlich schwerfällig wäre und bei dem sich unbedingt die Notwendigkeit der Teilung ergeben würde.

Forstrat Blum (Aschaffenburg): Meine Herren! Ich halte die Zusammensetzung des Forstwirtschaftsrates mit den Landesobmännern und Vertretern vom nichtstaatlichen Großwaldbesitz und von Waldbesitzervereinen für zu schwerfällig. Ich glaube, die Sache läßt sich einfacher dadurch machen, daß wir sagen: wir teilen das Deutsche Reich in Bezirke, welche je von einem Obmann vertreten werden, und dieser Obmann kommt dann auch in den Forstwirtschaftsrat. Daß die Forstvereine nicht ausgeschaltet werden, könnte man dadurch erreichen, daß in den Obmannbezirken, in denen Forstvereine bestehen, die ähnliche Grundsätze haben wie der Deutsche Forstverein, die Obmannschaft unmittelbar auf diese Forstvereine überginge. Wir

13*

würden dadurch den Landesobmann ersparen. Die jetzige Einrichtung bringt manche Mißstände mit sich. Es sind Doppelvertretungen da, oder die Forstvereine können die Doppelvertretung dadurch schaffen, daß sie für ihren Bezirk einmal den Haupteinfluß auf die Wahl des Obmanns haben und dann noch einen Vertreter vom Verein aus entsenden. Diese Doppelvertretung halte ich für nicht richtig. Es kommt da zu manchen Unzuträglichkeiten. Ich glaube, es wird niemand geschädigt, wenn man sagt: wo Forstvereine bestehen, die auf ähnlichen Grundsätzen aufgebaut sind wie der Deutsche Forstverein, geht die Obmannschaft auf diese Vereine über.

Regierungsdirektor Dr. Wappes (Speyer): Meine Herren! Die Kommission hat die eben angeschnittene Frage bereits erwogen; wir sind zu dem Ergebnis gekommen, daß man im gegebenen Augenblick hier keine einschneidende Änderung vornehmen soll. Im großen und ganzen sollte man die Vertretung belassen. Es kann wieder Differenzen geben zwischen dem Obmann und den Vereinen, wenn mehrere Vereine in Frage kommen. Wir wollten dem Forstwirtschaftsrat, der die Obmänner vorschlägt, die Kompetenz nicht nehmen. Die Vereine sollten in der Aufstellung ihrer Vertreter vollkommen selbständig sein. Dafür sollten wieder gewisse Gebiete zusammengefaßt werden zu selbständigen Vertretungen. Ich gebe allerdings zu, daß dort, wo Forstverein und Obmannsbezirk zusammenfallen, eine Doppelvertretung entsteht. Aber das ist kein Unglück, denn die Vertretung erfolgt von vollständig verschiedenen Gesichtspunkten aus. Der Vereinsvertreter vertritt die Anschauungen seines Vereins und ist unter Umständen an den Auftrag seines Vereins gebunden. Der Obmann hat ganz andere Funktionen, er hat hauptsächlich die Aufgabe, die Mitglieder aufzunehmen und solche für den Deutschen Forstverein zu werben, er hat unter Umständen Verhandlungen mit den einschlägigen Verwaltungen zu führen. Kurzum, es ist kein Bedenken, wenn derartige Vertretungen nebeneinander bestehen. Wie gesagt, wir wollten an der im großen und ganzen bewährten Verfassung des Forstvereins, was die Wahl und die Zusammensetzung anlangt, nicht unnötig eine Änderung eintreten lassen. Wir sind von der Auffassung ausgegangen, daß die ganze Organisation doch nur mehr oder weniger einen Übergang bedeutet. Wenn wir unser Aufgabengebiet erweitern, wenn wir intensiver arbeiten, wird die Gewalt der Verhältnisse doch bald wieder zu einer Änderung führen. Wir wollten nur insoweit einen Ausbau vornehmen, als er sich durch die Forderungen der Entwickelung ergeben hat.

Vorsitzender: Meine Herren! Ich möchte mich den Worten mehrerer der Herren Vorredner insofern anschließen, als auch ich Herrn Regierungsdirektor Wappes herzlich danke für die mühevolle Arbeit, die er geleistet hat. (Bravo!) Es ist ein großes Programm, das er uns entwickelt hat, und ich muß sagen, ich bin etwas besorgt über die Möglichkeit der Ausführung. Wir nehmen eine Fülle von Arbeit auf uns und wir alle, die wir daran arbeiten sollen, sind doch Leute, die meist in Amt und Lebensstellung schon reichlich belastet sind. Daß es möglich sein wird, auf allen diesen Gebieten wirklich intensiv zu arbeiten, wage ich nicht zu hoffen. Aber ich möchte die Zuversicht und Arbeitsfreudigkeit des Herrn Dr. Wappes nicht herabstimmen.

Nun müssen wir uns darüber klar werden, wie wir formell in der Sache weiterkommen. Geplant war eigentlich, heute eine rein akademische Erörterung zu führen. Die Satzungskommission hat den schon 1¹/₂ Jahre alten Entwurf nochmals durchgesprochen. Wir sind nicht in der Lage, heute im einzelnen bindende Beschlüsse zu fassen, denn dann hätte dieser Punkt besonders auf die Tagesordnung gesetzt werden müssen. Dazu ist die Sache zu wichtig, als daß wir sie so beim Bericht der Satzungskommission nebenbei erledigen könnten. Es fragt sich, in welcher Weise wir formell weiter verfahren wollen. Die Satzungskommission hat ja, wie aus den Worten ihres Herrn Vorsitzenden hervorging, mit Recht vom Forstwirtschaftsrat gewisse Direktiven für ihre Weiterarbeit verlangt. Aus der bisherigen Diskussion habe ich in dieser Hinsicht wenig entnehmen können. Anträge auf Beschlüsse sind nicht gestellt worden. Es wäre aber wünschenswert, zu einem gewissen Abschluß zu kommen.

Regierungsdirektor Dr. Wappes (Speyer): Unser Gedanke war, die Sache zur Besprechung zu bringen, etwaige Einwände zu hören und uns darüber zu verständigen. Die Diskussion hat insoweit ein Ergebnis gehabt, als von keiner Seite schwerwiegende Einwendungen gekommen sind. Der einzige Zweifel ist von Herrn Kollegen Eigner geäußert worden, indem er die Aufmachung einer Rechnung verlangt hat. Wir hätten diese Aufmachung bereits vollzogen, wenn wir materielle Unterlagen gehabt hätten. Wir haben aber immer noch die Hoffnung, daß wir die Staatsforstverwaltungen zu höheren Beiträgen bewegen werden. Wir haben auch noch nicht mit sämtlichen großen Waldbesitzern verhandelt. Ich hoffe, daß sie sich auf die Staffelung einlassen werden. Erst dann sind wir in der Lage, einen Überblick über die Mittel zu erhalten, die uns zur Verfügung stehen. Wenn sich also die finanziellen Voraussetzungen durch die weiteren Verhandlungen der Satzungskommission ergeben, dann würde ich daraus entnehmen, daß im übrigen der Forstwirtschaftsrat mit den allgemeinen Grundsätzen, die wir in dem Entwurf aufgestellt haben, einverstanden ist. Das wäre nach meinem Dafürhalten ein wertvolles Ergebnis. Wir könnten dann nach der bisherigen Richtung einfach weiterarbeiten.

Universitätsprofessor Dr. Endres (München): Ich glaube, daß daraus, daß heute verhältnismäßig wenig Herren sich zu der Materie selbst geäußert haben, nicht geschlossen werden darf, wir wären alle mit allen Punkten einverstanden. Die Sache ist doch so, daß wir die Vorschläge der Kommission und die Erörterungen des Herrn Regierungsdirektors Dr. Wappes vorerst nur ad referendum nehmen können, um daraufhin in der nächsten Sitzung endgültige Beschlüsse zu fassen. Wenn die einzelnen Paragraphen aufgerufen und diskutiert worden wären, dann würden wohl bei jedem Paragraphen Einwendungen und Anfragen gemacht worden sein. Ich möchte gegen das Ganze durchaus keine grundsätzliche Opposition machen; aber mit allem könnte ich mich vorerst doch nicht einverstanden erklären. Aus der Tatsache, daß heute wenig Korrekturen erfolgt sind, darf nicht geschlossen werden, daß der Forstwirtschaftsrat mit dem ganzen Entwurf, so wie er ist, einverstanden ist.

Forstmeister Heyer (Jugenheim, zurzeit Lodz): Wenn die Voraussetzung zutrifft, die Herr Professor Endres ausspricht, dann halte ich dafür, auf den Vorschlag des Herrn Oberforstrats Reuß zurückzukommen, die einzelnen Paragraphen aufzurufen und die Herren aufzufordern, ihre Meinung zu äußern. Wenn wir nur zusammengekommen sind, um das Vorgetragene ad referendum zu nehmen, dann weiß die Satzungskommission nicht, wie sie weiter verfahren soll. Wir müssen die Richtlinien für ihre weitere Arbeit festzulegen suchen und es ist meiner Ansicht nach Pflicht eines jeden, sich zu äußern, wenn er etwas dazu zu sagen hat.

Universitätsprofessor Dr. Endres (München): Dazu ist, wie der Herr Vorsitzende schon gesagt hat, das Thema nach der Tagesordnung nicht geeignet. Es hat nur geheißen: die Kommission berichtet über das, was sie beschlossen hat. Es sollte nicht eine endgültige Stellungnahme zu den ganzen Satzungen in der Weise erfolgen, daß das, was der Forstwirtschaftsrat jetzt beschließt, der Hauptversammlung vorgelegt wird. Soweit sind wir noch lange nicht.

Vorsitzender: Ich möchte doch auch dagegen erhebliche Bedenken äußern. Auf der Tagesordnung steht der Bericht der Satzungskommission. Ich bin überzeugt, daß die Mehrzahl der Mitglieder nicht Gelegenheit gehabt hat, den Entwurf, den sie erst heute wieder in die Hand bekommen haben, durchzuarbeiten und sich auf die Spezialdiskussion vorzubereiten. Dazu ist die Sache zu wichtig. Das würde ja den wichtigsten Punkt einer Tagesordnung darstellen, für den wir bei einer anderen Gelegenheit mindestens einen ganzen Tag ansetzen müssen, nachdem jedem Gelegenheit gegeben ist, sich gründlich vorzubereiten. Übers Knie brechen dürfen wir die Sache nicht. Das ist aber auch nicht die Absicht der Kommission gewesen. Die Kommission hat die Absicht gehabt, sich über die Stimmung zu orientieren, und wird die heutigen Einwände und Ergebnisse der Aussprache als schätzenswertes Material weiter verarbeiten und wohl in dem Sinne weiter arbeiten, daß sie nun zunächst festzustellen sucht, über welche Mittel wir verfügen können. Das ist die notwendige Grundlage. Aus den Worten des Herrn Landsforstmeisters S c h e d e habe ich ja entnommen, daß die preußische Staatsforstverwaltung auch heute noch bereit ist, den in Aussicht gestellten Zuschuß zu geben. Aber wie es bezüglich anderweitiger Zuschüsse nach Beendigung des Krieges aus= sehen wird, ist sehr zweifelhaft. — Es ist also das Nächste, was fest= gestellt werden muß: was stehen uns für Mittel zur Verfügung. Eher können wir nicht die Anstellung eines Generalsekretärs im Hauptamt mit Bureau und sonstigem Zubehör in den Satzungen vorsehen.

Ich glaube also, wir verfahren formell so, daß die Satzungs= kommission lediglich das Ergebnis der heutigen Aussprache als Material für ihre Weiterarbeit verwertet und sich Mühe gibt, weiter zu werben, um zunächst eine gesicherte materielle Grundlage zu schaffen.

F o r s t m e i s t e r H e y e r (Jugenheim, zurzeit Lodz): Eine end= gültige Beschlußfassung anzuregen, lag mir fern. Aber wir müssen die Diskussion so weit erschöpfen, wie es irgend möglich ist. Die Ein= richtungen, die die neuen Satzungen erstreben, hängen ja zweifellos ab von den Geldmitteln, über die wir verfügen können. Aber wenn wir deren Höhe auch noch nicht kennen, so ist doch eine Besprechung dieser Einrichtungen und ihrer Zweckmäßigkeit an sich sehr wohl mög= lich. Wenn z. B. grundsätzliche Bedenken gegen einen Geschäftsvor= stand, wie er vorgeschlagen ist, bestehen, dann brauchen wir viel weniger Mittel, und unsere Arbeit vermindert sich wesentlich.

G e h e i m e r F o r s t r a t K o h l s c h ü t t e r (Sigmaringen): Ich habe angenommen, daß sich an die allgemeine Aussprache eine Be= sprechung der einzelnen Paragraphen knüpfen werde, bei der ich das Folgende vorzubringen gedachte: Es ist schon darauf hingewiesen worden, daß an die Privatwaldbesitzer größere Ansprüche gestellt, die Beiträge erhöht werden sollen. Da mir das vorher nicht bekannt war, habe ich keinen Auftrag, mich über diesen Punkt zu äußern, und ich kann daher nur meine persönliche Überzeugung aussprechen, daß wohl keiner von den großen Waldbesitzern an einer Steigerung der Beiträge Anstand nehmen würde. Nehme ich einen Grundbesitz von 30 000 ha an, so handelt es sich um eine Bruttoeinnahme von 2 Millionen, und nach dem Vorschlage der Satzung hätte der Be= treffende 60 Mk. Beitrag zu zahlen. Ich glaube nicht, daß irgend ein Großgrundbesitzer deswegen die Mitgliedschaft zurückziehen würde, namentlich solche nicht, die als Besitzer einer größeren Waldwirtschaft die Ehre haben, einen Vertreter in den Forstwirtschaftsrat zu ent= senden. Alle Waldbesitzer sind wohl von der Bedeutung ihrer Wal= dungen für ihre finanzielle Lage so durchdrungen, daß sie gewiß nicht davor zurückschrecken werden, diesen nicht zu hohen Beitrag zu leisten. Ich wiederhole, daß ich nicht im Auftrag spreche, sondern bloß meine persönliche Ansicht äußere, die ich aber auch glaube, höheren Ortes vertreten zu können.

Forstmeister Cusig (Grudschütz): Ich erlaube mir, folgenden Beschluß dem Forstwirtschaftsrat vorzuschlagen:

Der Forstwirtschaftsrat erklärt sich mit den Ausführungen des Herrn Berichterstatters im allgemeinen einverstanden und erteilt der gewählten Kommission den Auftrag, zunächst die finanzielle Grundlage für den weiteren Ausbau des Forstwirtschaftsrates festzustellen und auf dieser Grundlage in der nächsten Tagung weitere Vorschläge zu machen.

Das würde dem entsprechen, was der Herr Vorsitzende eben geäußert hat.

Regierungsdirektor Dr. Wappes (Speyer): Ich habe selbstverständlich gegen diesen Antrag nichts; im Gegenteil, ich begrüße ihn insofern, als er uns wenigstens eine Richtlinie gibt. Etwas müssen wir doch von der heutigen Versammlung mitnehmen. Wir müssen doch wissen, ob wir mit der Aufstellung unseres Entwurfes den Weg betreten haben, den der Forstwirtschaftsrat im großen und ganzen anerkennt. Da glaube ich, aus dem Ergebnis der Besprechungen entnehmen zu dürfen, daß im allgemeinen unser Entwurf und die ihm zugrunde liegenden Grundsätze die Billigung des Forstwirtschaftsrates gefunden haben. Mehr bindet das natürlich den Forstwirtschaftsrat nicht. Wir müssen nur wissen, ob wir weiter arbeiten sollen und, wenn wir weiter arbeiten, ob wir es auf der Grundlage tun sollen, die wir jetzt gelegt haben. Also ich bin mit dem Antrage einverstanden.

Vorsitzender: Wünscht noch jemand das Wort? Das ist nicht der Fall. Dann stelle ich den Antrag zur Abstimmung. — Der Antrag ist einstimmig angenommen. Damit ist dieser Punkt wenigstens formell zum Abschluß gekommen.

Wir werden dann morgen in der Tagesordnung fortfahren.

Der Vorsitzende eröffnet am folgenden Tage die Sitzung und erteilt zunächst Herrn v. Oertzen das Wort.

Oberforstmeister v. Oertzen (Gelbensande): Meine Herren! Es ist gestern in der letzten Frage ein Beschluß gefaßt worden, und dieser Beschluß geht mir nicht weit genug. Ich möchte dringend bitten, daß die Frage der Organisation nicht so lange hinausgeschoben wird, bis wieder Frieden ist. Ich halte es für dringend notwendig, daß noch in diesem Jahre eine Hauptversammlung zu dem Zwecke einberufen wird, um die Organisationsfrage durchzubringen. Sollte es notwendig sein, daß zu diesem Zweck ein Antrag gestellt wird, so will ich ihn gern hier niederlegen. Ich denke mir diesen Antrag so: Bei der Wichtigkeit, welche die Frage der Organisation des Forstwirt-

schaftsrates für die Weiterentwickelung des forstlichen Wirtschafts=
lebens und der deutschen Forstwissenschaft hat, wird die Satzungs=
kommission zur beschleunigten Weiterarbeit aufgefordert, damit einer
zu diesem Zweck noch in diesem Sommer einzuberufenden Haupt=
versammlung des Deutschen Forstvereins die neuen Satzungsvorschläge
zur Beratung und Beschlußfassung vorgelegt werden können. — Darf
ich das noch etwas näher begründen?

(Vorsitzender: Ich bitte, sich kurz zu fassen, die Zeit ist
knapp!)

Gestern ist mehrfach darauf hingewiesen worden: wir müssen
erst die Gelder haben, und dann werden wir sehen können, wie es
weiter geht. Ich glaube, daß es nötiger ist, zunächst einmal zu arbeiten.
Wenn wir praktische Arbeit leisten, dann werden wir die Gelder be=
kommen. Das Wohlwollen der Staatsverwaltungen wird genau in
dem Maße steigen, wie wir ihnen praktische Arbeit vorführen. Wenn
die Staatsforstverwaltungen uns jetzt schon Gelder in Aussicht ge=
stellt haben, so ist das im Vertrauen auf unsere Arbeit geschehen.
Aber die großen Gelder werden uns erst dann zufließen, wenn wir
tatsächlich etwas vorgeführt haben. Der gestrige Tag hat mir, wie
ich sagen muß, wenn ich ihn ganz unvoreingenommen im Geiste über=
schaue, das dringende Bedürfnis nach positiver Arbeit nahegelegt.
Ich will niemandem einen Vorwurf machen, aber man muß doch auf
Fehler, die in unserer augenblicklichen Organisation bestehen, hin=
weisen. Als gestern die Frage angeschnitten wurde, was denn der
Forstverein und der Forstwirtschaftsrat an Neuorganisationen während
des Krieges geleistet haben, da sagte der Herr Vorsitzende: vacat[1]).
Das ist nicht befriedigend. Daß der Forstwirtschaftsrat nichts leisten
konnte, das will ich gern zugeben; im Nebenamte können viel be=
schäftigte Herren solche Arbeit nicht leisten, uns fehlte eben das General=
sekretariat mit den 20 000 Mk. Mit 20 000 Mk. muß Arbeit ge=
leistet werden, sonst gibt man sie nicht. Nachher wurde uns hier mit=
geteilt, daß in Verhandlungen mit dem Landwirtschaftsrat eingetreten
sei; die Herren haben uns wohlwollend angehört, aber dann gesagt:
die Statuten sind für eine Verschmelzung nicht geeignet. Das ist
doch auch eigentlich betrübend. Denn wenn sie auf unsere Mitarbeit
Wert legten, würden sie wahrscheinlich einen Weg gefunden haben. Der
Landwirtschaftsrat sagt sich eben: die Forstwirtschaft können wir ja
mitvertreten, die Forstleute laßt nur ruhig allein. Woran liegt es,
daß wir so wenig Ansehen haben?

Ich möchte noch ein kurzes Beispiel dafür anführen, daß Leute,
die Arbeit geleistet hatten, sofort Geld bekommen haben. Im
Jahre 1911 ist die Vereinigung für exakte Wirtschaftsforschung ge=

---

[1]) Siehe Fußnote auf S. 205.

gründet worden, die sehr bald Unterstützungen von den verschiedensten Seiten bekommen hat. Die Vereinigung hat mehrere Studienkommissionen errichtet, eine Kommission, zu der ich auch gehöre, zur Erhaltung des Bauernstandes, für Kleinsiedelung und Landarbeit. Diese hat wieder vier Unterausschüsse gebildet, und ein Ausschuß behandelt auch die Forstarbeiterfrage. Auf unserem ganzen heutigen Programm steht von der Forstarbeiterfrage gar nichts, und doch ist das eine so brennende Frage. Wie gesagt, an Geldern hat es der Studienkommission nicht gefehlt, und was diese Studienkommission geleistet hat, werden Sie daraus ersehen, daß Exzellenz Batocki seinerzeit Leitsätze auf Grund der Arbeiten der Studienkommission hat aufstellen lassen können, die den Regierungen zugesandt, an die Parlamente geschickt und auch in die Presse übergegangen sind. Durch diese Leitsätze ist entschieden berechtigter Einfluß ausgeübt worden. Positive große Arbeit ist da geleistet worden, und diese ist aus sich entstanden in den wenigen Jahren seit 1911. Das wird hier auch gehen.

Es ist auch bekannt, daß in der Studienkommission Arbeit geleistet wurde. Dafür nur ein kurzes Beispiel. Vor vier Wochen bin ich auch in Berlin gewesen. Ich wurde gefragt: wo wollen Sie denn hin? — „Nach Berlin, zur Sitzung der Studienkommission.“ — Zu welcher Kommission? — „Zu der Kommission für Kleinsiedelung und Landarbeit!“ — Ja, das ist eine wichtige Sache, das ist eine brennende Frage, da arbeiten Sie nur recht fleißig. — Vier Wochen später wurde ich wieder gefragt: wo wollen Sie hin? — „Nach Berlin!“ — Schon wieder? — „Ja, zum Forstwirtschaftsrat.“ — Forstwirtschaftsrat, was ist das? Was hat der Forstwirtschaftsrat zu beraten? — „Ja, der Forstwirtschaftsrat ist ein Organ des Forstvereins.“ — Ach, da wollen Sie wohl wegen einer Hauptversammlung beraten, da machen sie ja so nette Ausflüge? — Ich sagte: der Forstwirtschaftsrat hat auch brennende Tagesfragen zu beraten, Fragen der Zoll- und Handelspolitik usw. (Das muß man schon sagen, das ist das einzige, was den Leuten imponiert; die Fragen sind aber gerade momentan nicht so brennend.) — Was war die Antwort? Na, dann fahren Sie nur nach Berlin und amüsieren Sie sich schön! (Heiterkeit.) Das läßt doch tief blicken. In dem einen Fall wird mir der Rat gegeben: arbeiten Sie gut! — im andern: amüsieren Sie sich schön! (Erneute Heiterkeit.)

Meine Herren, wir müssen positive Arbeit leisten, dann bekommen wir auch Geld. Ich will das nicht weiter ausführen, ich will damit nur sagen: Sie brauchen nicht zu fürchten, daß wir die Gelder nicht bekommen, wenn wir nur Arbeit leisten.

Warum ist denn in Kriegsorganisationen nichts geleistet worden? War das denn in der Forstwirtschaft während des Krieges gar nicht

möglich? Ist nicht die Frage, wieviel Grubenholz die deutsche Forstwirtschaft liefern kann und wie das aus dem Walde herauskommen
kann, von größter Wichtigkeit? Wenn wir einen Generalsekretär
im Hauptamt gehabt hätten, einen Mann, der sich vollständig der
Sache widmen kann, so hätte der alle diese Fragen vorbearbeiten
können.

In der Ausnutzung der verschiedenen forstlichen Produkte
hätte vom Forstwirtschaftsrat sicher bei entsprechender Organisation
sehr viel geleistet werden können. Wollen wir nun wieder warten
bis zum Friedensschluß, dann wird es immer heißen: der Forstwirtschaftsrat ist weiter nichts als ein Ausschuß eines Forstvereins, der
den Zweck hat, die Geselligkeit zu pflegen, Ausflüge zu machen und
sich Belehrungen zu verschaffen.

Regierungsdirektor Dr. Wappes (Speyer): Meine
Herren! Der Herr Antragsteller wird ja erwarten, daß ich mich in
irgend einer Weise äußere. Ich darf wohl für mich beanspruchen,
daß ich bisher die Frage der Reform unserer Satzungen sehr nachdrücklich verfolgt habe. Aber es war wohl während des Krieges
nicht möglich, eher eine Sitzung des Forstwirtschaftsrates mit der
Sache zu befassen. Nun entsteht die Frage, ob wir weiter arbeiten
sollen, und insbesondere, in welcher Weise wir arbeiten sollen. Der
Beschluß der gestrigen Versammlung hat uns ja in einer Hinsicht
einen Anhalt für die weitere Arbeit gegeben, indem er sich grundsätz-
sätzlich für unsere Vorschläge ausgesprochen hat. Gleichzeitig ist
auch gesagt worden, auf welchem Wege wir weiterarbeiten sollen,
nämlich in der Art, daß zunächst einmal Verhandlungen über die Beschaffung der Mittel gepflogen werden sollen und daß man erst, nachdem man einen gewissen Überblick über diese hat, an die definitive
Beschlußfassung über die Satzung herantritt. Ich habe doch Bedenken,
ob wir den Weg, den wir gestern vorgezeichnet bekommen haben,
verlassen sollen; ich habe Bedenken, ob es uns in den nächsten
Monaten, wo wir doch noch mit einer Fortdauer des Krieges rechnen
müssen — und selbst, wenn der Krieg zu Ende wäre, bei den gewaltigen Fragen, die sich unmittelbar an den Abschluß des Krieges
knüpfen —, gleich nach dem Kriege gelingen wird, unsere Mitglieder
zu einer Hauptversammlung zusammenzubringen. Im Augenblick ist,
glaube ich, jeder, der im aktiven Forstdienst steht, derart belastet, daß
er sich kaum einmal einige Tage freimachen kann. (Sehr richtig!) Auf
einen großen Besuch einer solchen Versammlung können wir also
wohl nicht rechnen. Selbstverständlich werden alle, die draußen im
Felde sind, nicht teilnehmen können, und das ist doch bei aller Wertschätzung der inländischen Fachgenossen ein Teil unserer Mitgliedschaft, auf den wir auch hören müssen und von dem ich mir sogar sehr
viel Impulsivität erwarte, wenn er zurückkommt.

Ich glaube auch, daß man an eine Ausgestaltung des Deutschen Forstvereins nicht herantreten kann, ohne daß man noch eine Reihe von ziemlich umfangreichen Verhandlungen geführt hat. Es wird notwendig sein, neben den Verhandlungen mit der eigentlichen Vertretung des staatlichen Forstbetriebes, auch mit den Reichs- und den Staatsbehörden in Verbindung zu treten, denen die allgemeine Pflege des Forstwesens obliegt, also den Ministerien, denen die Gemeinde- und Privatwaldungen unterstehen, was ja in einer Reihe von Staaten getrennt ist. In Bayern z. B. untersteht die Fürsorge für die Gemeinde- und Privatwaldungen dem Ressort des Ministeriums des Innern, während die Staatsforstverwaltung dem Finanzministerium untersteht. In Preußen ist ja wohl alles dem Landwirtschaftsministerium unterstellt. (Rufe: Nein!) Es werden aber für das staatliche Forstwesen und die Fürsorge für die Gemeinde- und Privatwaldungen verschiedene Abteilungen in Frage kommen. Auch in anderen Staaten, z. B. in Württemberg, ist die Staatsforstverwaltung und die Gemeinde- und Privatwaldfürsorge verschiedenen Ressorts zugeteilt. Man wird also genötigt sein, auch noch in dieser Richtung Verhandlungen zu pflegen, um unter Umständen auch hier zu einer Zuwendung von Mitteln zu gelangen. Auch das Reich wird man für die Sache interessieren können nicht nur vom Standpunkte des Staatssekretariats des Innern, sondern auch dem des Kolonialamtes. In dieser letzteren Richtung ist ja bereits eine Besprechung gepflogen worden. Also, meine Herren, bevor wir nicht mit etwas Fertigem und Abgerundetem hervortreten können, glaube ich, sind wir nicht in der Lage, der Hauptversammlung eine Vorlage zu machen. Wir müssen ihr einen ganz und gar ausgearbeiteten Entwurf vorlegen. Daß ein solcher in den nächsten Wochen fertiggestellt werden könnte, halte ich für ausgeschlossen. So sehr ich also dem Herrn Vorredner für seine temperamentvollen Ausführungen und für die Anerkennung unserer bisherigen Arbeit und die Betonung der Notwendigkeit einer energischen Weiterarbeit dankbar bin, so glaube ich doch, daß wir im Augenblick seinem Antrage nicht näher treten können. Dagegen halte ich mich für berechtigt, im Namen aller Mitglieder der Satzungskommission auszusprechen, daß wir die Sache sehr nachdrücklich verfolgen werden. Mehr können wir hier und im Augenblick nicht unternehmen.

Oberforstmeister v. Oertzen (Gelbensande): Nur noch eine kurze Aufklärung. Wenn ich von einer Hauptversammlung gesprochen habe, so habe ich an eine außerordentliche Hauptversammlung gedacht, die nur zu diesem Zwecke einberufen werden soll. Herr Direktor Wappes muß es ja viel besser wissen, wie lange das dauert; aber je länger wir es hinausschieben, desto mehr geht der Wert der Sache verloren. Man wird schließlich sagen: es hat die ganze Zeit ohne große Tätigkeit des Forstwirtschaftsrates gegangen, also wird es in Friedenszeiten auch so gehen. Ich will gern meinen Antrag zurückziehen, er sollte auch nur ein Bild geben, wie ich mir den Fortgang denke. Ich möchte aber doch darauf hinweisen, daß es die Aufgabe der Satzungskommission ist, so schnell wie möglich zu arbeiten und nicht bloß immer auf Schwierigkeiten zu stoßen, sondern auch einmal durchzustoßen, damit der Entwurf sobald wie möglich einer ad hoc einzuberufenden Hauptversammlung unterbreitet werden kann. Die Herren, die draußen im Felde stehen, werden es gewiß nicht übelnehmen, wenn sie hören, daß wir daheim gearbeitet und die Wege vorbereitet haben, auf denen weiter gearbeitet werden kann.

Regierungsdirektor Dr. Wappes (Speyer): Ich bin ganz dafür, daß wir bei der heutigen Tagung in irgend einer Weise positive Arbeit leisten, Beschlüsse nach der Richtung fassen und nötigenfalls sogar Einrichtungen treffen. Das wird sich aber ermöglichen lassen, ohne daß wir die Satzungsreform durchführen. Die dauert unter allen Umständen zu lange. Wir können auch bei der gegenwärtigen Verfassung des Forstwirtschaftsrates Beschlüsse fassen, die zu positiven Arbeiten führen. Es ist nun einmal Krieg, man muß die Organisation improvisieren.

Vorsitzender: Ich möchte nur kurz auf die Bemerkung des Herrn Oberforstmeisters v. Oertzen bezüglich der Kriegsorganisation erwidern. Die Frage der Volkswirtschaftlichen Vereinigung lautete doch dahin, welche Kriegsorganisationen beständen [1]. Die bestanden eben bei uns nicht und ließen sich nicht einfach schaffen. Es wäre ja möglich gewesen, daß die eine oder andere Kommission zusammengekommen wäre und die in ihr Fach schlagenden Fragen beraten hätte. Ich glaube aber nicht, daß wir damit irgend etwas erreicht hätten. Tatsächlich war der ganze Betrieb des Vereins auf einen für solche Arbeiten keineswegs eingerichteten Vertreter des im Felde stehenden Generalsekretärs gestellt. Für mich ohne Akten — die Akten waren in München, ich in Filehne — mit zwei recht arbeitsreichen Ämtern belastet, war es selbstverständlich ausgeschlossen, neue Organisationen zu schaffen, zumal der Vorstand dazu auch gar nicht befugt gewesen wäre.

Was die Frage der außerordentlichen Mitgliederversammlung betrifft, so möchte ich nur bemerken, daß dem unsere Satzungen entgegenstehen, in denen es ausdrücklich heißt, daß außerordentliche Mitgliederversammlungen nicht stattfinden. Es kann nur die reguläre Hauptversammlung einberufen werden, und dazu sind wohl jetzt in der Kriegszeit die Verhältnisse nicht angetan. Ich kann mir nicht denken, daß in dieser schweren Zeit bei unseren Vereinsmitgliedern

---

[1] Beim geschäftlichen Teil der Verhandlungen erörtert; vgl. Mitt. d. Deutschen Forstvereins 1916, Nr. 3, S. 73 oben rechts.

Stimmung für eine Hauptversammlung besteht, bei der doch immerhin der gesellige Teil stark in den Vordergrund tritt.

Dagegen ist es sehr erwünscht, wie Herr Regierungsdirektor Wappes auch erklärt hat, daß die Satzungskommission sich nun mit Eifer daran setzt, um möglichst bald einen fertig durchgearbeiteten Satzungsentwurf zu liefern. Wann der zur Beratung durch den Forstwirtschaftsrat kommen wird, muß die weitere Entwickelung ergeben. Es ist schon sehr erfreulich, daß wir uns jetzt haben zusammenfinden und die Sache weiter fördern können.

Da Herr v. Oertzen seinen Antrag zurückgezogen hat, so bleibt es bei dem gestern gefaßten Beschluß.

Meine Herren, wir stehen am Ende unserer Verhandlungen, und ich glaube wohl, wir können sagen, daß es eine der interessantesten und inhaltreichsten Tagungen war, die wir bisher im Deutschen Forstwirtschaftsrat erlebt haben. Wir wollen hoffen, daß die gegebenen Anregungen, die Verstärkung der Intensität und die Vertiefung der Arbeit dazu führen mögen, daß wir auch in Zukunft ohne den jetzigen äußeren Zwang Verhandlungen von ähnlichem Inhalt und gleichem Interesse führen können. Für heute möchte ich Ihnen für die rege Teilnahme an unserer Arbeit herzlich danken, und wir wollen alle wünschen, daß sie dem Vaterlande und dem deutschen Walde zum Nutzen gereiche. (Bravo!)

Ich schließe hiermit die Sitzung des Deutschen Forstwirtschaftsrates.

Regierungsdirektor Dr. Wappes (Speyer): Meine Herren! Ich glaube in Ihrer aller Namen zu sprechen, wenn ich unserem Herrn Vorsitzenden für seine große Mühe unseren herzlichsten Dank ausdrücke. Wir wissen alle, in welchem umfassenden Maße er an sich schon belastet ist. Um so mehr müssen wir es dankbar anerkennen, daß er sich nicht nur den Aufgaben der Geschäftsleitung unterzogen hat, sondern auch mit einem so eingehenden Referat in die Bresche gesprungen ist. Ich glaube, in Ihrer aller Namen zu handeln, wenn ich ihm diesen unseren Dank dafür zum Ausdruck bringe. (Lebhafter Beifall.)

Anhang

zum Referat:

Die wirtschaftliche Lage der Forstwirtschaft und des Holzhandels im Kriegszustand, Berichterstatter: Prof. Dr. von Mammen-Brandstein.

Anlage A.

1. Allgemeine Literaturübersicht.

Anmeldung der Brennholzvorräte in Ungarn. Österreichische Forst- und Jagd-Zeitung 1915, Nr. 34, S. 235 und Allgemeiner Anzeiger für den Forstprodukten-Verkehr 1915, Nr. 48, S. 3.

Ausfuhrbewilligungen für Holz. A. A. f. F.-V. 1915, Nr. 6, S. 3.

Aussichten, Die, unseres Holzexportes nach dem Kriege. Ö. F.- u. J.-Ztg. 1915, Nr. 32, S. 222.

Biermann, Volkswirtschaftliche Lehren des Weltkrieges. Berlin und Leipzig, Dr. Walter Rothschild, 1915.

Borgmann, Forstliche Tagesfragen. Rückblick auf den Stand der wichtigeren Ereignisse, literarischen Erscheinungen und Fortschritte in Wissenschaft und Praxis um die Jahreswende 1915/16. Tharandter Forstliches Jahrbuch, 67. Band, Heft 1, S. 60 ff.

Brennholznot in Deutschland? Deutsche Forstzeitung 1915, Nr. 52, S. 1045 f.

Brennholzverkehr in Ungarn. Ö. F.- u. J.-Ztg. 1915, Nr. 35, S. 240.

Brennholzvorräte in Ungarn. Ö. F.- u. J.-Ztg. 1915, Nr. 10, S. 70.

Dietrich, Unser Handel mit unsern Feinden. München-Leipzig, Duncker und Humblot, 1914.

Eßlinger, Lohrindenverwertung und Beschaffung von Gerbmitteln während des Krieges. Forstwissenschaftliches Zentralblatt 1915, Mai, S. 206 ff.

Eulenburg, Die deutsche Volkswirtschaft im Kriege. Vortrag im Gewerbeverein zu Dresden. Dresdner Anzeiger 1915, Nr. 305, S. 18.

Fabian, Die ostdeutsche Holzsägeindustrie und ihre wirtschaftliche Lage. Dissertation, Breslau.

Frachtermäßigung für Zellstoffholz in Ostpreußen. A. A. f. F.-V. 1915, Nr. 41, S. 3.

Fuchs, Die deutsche Volkswirtschaft im Kriege. Akademische Rede. Tübingen, J. C. B. Mohr (Paul Siebeck), 1915.

Gerbstoff-Krisis, Die. Die Lederindustrie, 57. Jahrg. 1914, Nr. 220 u. 247.

Gothein, Die wirtschaftlichen Aussichten nach dem Kriege. Handelspolitische Flugschriften herausgegeben vom Handelsvertragsverein, Verband zur Förderung des deutschen Außenhandels, Heft 10. Berlin, Liebheit u. Thiesen, 1915.

Gretsch, Kriegsmaßnahmen der badischen Forstverwaltung. Karlsruhe 1915.

Großmann, Das Holz, seine Bearbeitung und seine Verwendung. Aus Natur und Geisteswelt. 473. Bd. Leipzig und Berlin, B. G. Teubner, 1916.

Heiderich, Die weltpolitische und weltwirtschaftliche Zukunft von Österreich-Ungarn. Wien, Ed. Hölzel, 1916.

Landesberger, Der Krieg und die Volkswirtschaft. Zur Zeit- und Weltlage. 4. Heft. Wien, Ed. Hölzel, 1914.

Lauffmann, Zur Kenntnis wenig untersuchter bzw. neuer Gerbemittel. Ledertechnische Rundschau, 6. Jahrg., 1914, Nr. 45, S. 321 ff.

Lederer, Die Organisation der Wirtschaft durch den Staat im Kriege. Krieg
und Weltwirtschaft. Kriegshefte des Archivs für Sozialwissenschaft und
Sozialpolitik. 1. Heft. Tübingen, J. C. B. Mohr (Paul Siebeck), 1914,
S. 118 ff.

— Die Lage des Arbeitsmarktes und die Aktionen der Interessenverbände zu
Beginn des Krieges. Ebenda S. 147 ff.

Lederindustrie, Die, während des Krieges. F. C. 1915, Febr., S. 93 ff.

Leitfaden zur Erläuterung der Zoll- und Handelspolitik. Wirtschaftspolitische
Tagesfragen, Heft 6. M.-Gladbach, Volksverein, 1914.

Mammen v., Welche Wirkungen haben die bestehenden Zollsätze auf die deutsche
Forstwirtschaft gezeitigt, und welche Verbesserungen sind bei der Ausgestaltung der neuen Zolltarife anzustreben? Bericht des deutschen Forstvereins 1913, S. 16 ff.

— Deutschlands und Österreich-Ungarns Holzzollpolitik vor, während und nach
dem Weltkriege. Bibliothek für Volks- und Weltwirtschaft, Heft 9. Dresden
und Leipzig, Globus, 1916.

— Die Bedeutung des Waldes, insbesondere im Kriege. Ebenda. Heft 11.

Maximalpreise für Brennholz in Budapest. Ö. F.- u. J.-Ztg. 1915, Nr. 1, S. 5.

Mayr v., Volkswirtschaft, Weltwirtschaft, Kriegswirtschaft. Berlin und Leipzig,
Dr. Walter Rotschild, 1915.

Mitscherlich, Nationalstaat und Nationalwirtschaft und ihre Zukunft. Leipzig
C. L. Hirschfeld, 1916.

Nachfrage, Starke, nach Brennholz in Dänemark. A. A. f. F.-B. 1915, Nr. 49,
S. 3.

Ochwadt, Was lehrt uns der Krieg? Z. f. F. u. J. 1915, Novbr., S. 661 ff.

Plenge, Der Krieg und die Volkswirtschaft. 2. Auflage mit dem Zusatzkapitel:
Zwischen Zukunft und Vergangenheit nach 16 Monaten Wirtschaftskrieg.
Münster i. W., Borgmeyer u. Co., 1915.

— Eine Kriegsvorlesung über die Volkswirtschaft. Berlin, Julius Springer, 1915.

Pollak, Reiner oder mit Sulfitzellulose versetzter Quebrachoextrakt? Die
Lederindustrie, 58. Jahrg. 1915, Nr. 4.

Rieder, Fichtenreisig-Extrakt. Ledertechnische Rundschau, 6. Jahrg. 1914,
Nr. 48, S. 345 ff.

Schmid, Kriegswirtschaftslehre. Leipzig, Veit u. Co., 1915.

Schollmayer-Lichtenberg v., Vorbereitungen zur Revision des autonomen
Zolltarifs im Jahre 1915. Mitteilungen des Krainisch-küstenländischen
Forstvereins. XXXI. Heft, S. 142 ff.

Schulte im Hofe, Die Welterzeugung von Lebensmitteln und Rohstoffen
und die Versorgung Deutschlands in der Vergangenheit und Zukunft.
Berlin, Ernst Siegfr. Mittler und Sohn, 1916.

Sering, Die deutsche Volkswirtschaft während des Krieges von 1914/15.
Sonderabdruck aus: Sitzungsberichte der kgl. preuß. Akademie der Wissenschaften. XXXI. S. 438 ff., 1915.

Sicherung des Brennholzbedarfs in Ungarn. Ö. F. u. J.-Ztg. 1915, Nr. 38,
S. 258.

Stresemann, Das deutsche Wirtschaftsleben im Kriege. Zwischen Krieg und
Frieden. Heft 23. Leipzig, S. Hirzel, 1915.

Veräußerungsverbot für Esche und Nußbaum. A. A. f. F.-B. 1915, Nr. 108,
S. 3.

Voelcker, Die deutsche Volkswirtschaft im Kriegsfall. Leipzig, Dr. Werner
Klinkhardt, 1909.

2. Literaturübersicht zur Frage einer wirtschaftlichen Annäherung zwischen Deutschland und Österreich-Ungarn.

Diehl, Zur Frage eines Zollbündnisses zwischen Deutschland und Österreich-Ungarn. Jena 1905.

— Deutschland als geschlossener Handelsstaat im Weltkriege. Stuttgart-Berlin, Deutsche Verlags-Anstalt, 1916.

Gerloff, Der wirtschaftliche Imperialismus und die Frage der Zolleinigung zwischen Deutschland und Österreich-Ungarn. Der Deutsche Krieg, 45. Heft. Stuttgart 1915.

Haardt, Was tut uns not? (S. 25 ff. III. Wie stellen wir uns handelspolitisch zu Deutschland?) Leipzig u. Wien, Franz Deuticke, 1916.

Hatschek, Das mitteleuropäische Wirtschaftsbündnis. Aussig, Kraus u. Co., 1916.

Haushalter, Deutsch-österreichische Zolleinigung. Sonder-Abdruck aus der „Bayerischen Handelszeitung". München 1915.

Irresberger, Das Deutsch-Österreichisch-Ungarische Wirtschafts- und Zollbündnis. Berlin, Julius Springer, 1916.

Kautsky, Die Vereinigten Staaten Mitteleuropas. Stuttgart, J. H. W. Dietz, 1916.

Klötzer, Zur Frage der wirtschaftspolitischen Annäherung zwischen Deutschland und Österreich-Ungarn. Osteuropäische Zukunft, 1. Jahrg., 1916, Nr. 1, S. 10/11.

Köhler, Der neue Dreibund. München, J. F. Lehmann, 1915.

März, Ein deutsch-österreichisch-ungarischer Zollverband. Das Größere Deutschland, Jahrg. 1916, Nr. 5, S. 148 ff.

Mayr v., Zur wirtschaftlichen Gestaltung des mitteleuropäischen Großblocks. Europäische Staats- und Wirtschaftszeitung, Jahrg. 1916, Nr. 2, S. 90 ff.

Naumann, Mitteleuropa. Berlin, Georg Reimer, 1915.

Osel, Künftige Wirtschaftspolitik der Zentralmächte. Soziale Kultur, 35. Jahrg. Heft 7, Juli 1915.

Pflugk-Harttung v., Die Mittelmächte und der Vierverband. Berlin, R. Eisenschmidt, 1916.

Philippovich, Ein Wirtschafts- und Zollverband zwischen Deutschland und Österreich-Ungarn. Zwischen Krieg und Frieden, Heft 14. Leipzig, S. Hirzel, 1915.

Pistor, Die Volkswirtschaft Österreich-Ungarns und die Verständigung mit Deutschland. Berlin, Georg Reimer, 1915.

Redlich, Das europäische Problem. Stuttgart und Berlin, Deutsche Verlagsanstalt, 1916.

Stein, Der wirtschaftliche Zusammenschluß Mitteleuropas. Vogtländischer Anzeiger 1915, Nr. 239, S. 10.

Stengel, Zur Frage der wirtschaftlichen und zollpolitischen Einigung von Deutschland und Österreich-Ungarn. München, S. Hirzel, 1915.

Verbindung, Eine engere, zwischen Österreichs und Deutschlands Holzgewerben. A. A. f. J. W. 1915, Nr. 36, S. 3.

Wolf, Ein deutsch-österreichisch-ungarischer Zollverband. 1. u. 2. Auflage. Leipzig, A. Deichert (Werner Scholl), 1915.

Zukunft, Politisch wirtschaftliche, Deutschlands und Österreich-Ungarns nach dem Kriege. 2. Auflage, Berlin, Karl Curtius, 1915.

Zusammenschluß, Wirtschaftlicher, zwischen Deutschland und Österreich-Ungarn. O. F.- u. J.-Ztg. 1915, Nr. 38, S. 255 f.

Außerdem zahlreiche Artikel in: Das Größere Deutschland, Osteuropäische Zukunft, Europäische Staats- und Wirtschaftszeitung ꝛc.

Auf Vollständigkeit können die mitgeteilten Literaturübersichten bei der Fülle der Erscheinungen einen Anspruch natürlich nicht erheben.

Anlage B.

Kleinhandelspreise für kleingemachtes Maschinenholz in Königsberg i. Pr.
(pro rm).

Jahr	Monat	Verkaufspreis (weich)			Verkaufspreis (hart)		
		niedrigster Pfg.	höchster Pfg.	durchschnittl. Pfg.	niedrigster Pfg.	höchster Pfg.	durchschnittl. Pfg.
1909	Dez.			966,5			1029
1910	Jan.	875	1125	958,5	900	1200	1046
	Febr.	850	1125	950	900	1200	1046
	März	850	1125	950	900	1300	1062,5
	April	850	1125	941,5	925	1300	1079
	Mai	875	1125	966,5	900	1250	1054
	Juni	850	1125	941,5	850	1175	1029
	Juli	850	1000	921	850	1125	1016,5
	Aug.	850	1000	921	900	1200	1054
	Sept.	800	1000	921	925	1200	1062,5
	Okt.	850	1025	950	875	1175	1041,5
	Nov.	825	1025	929	875	1175	1033,5
	Dez.	800	1000	908,5	850	1150	1012,5
1911	Jan.	850	1025	929	900	1200	1037,5
	Febr.	700	1025	890,5	900	1175	1028
	März	825	1025	929	850	1200	1046
	April	875	1025	950	850	1200	1054
	Mai	850	1050	941,5	875	1275	1087,5
	Juni	850	1025	937,5	875	1175	1054
	Juli	850	1025	933,5	950	1225	1104
	Aug.	875	1025	950	900	1175	1054
	Sept.	850	1025	929	850	1200	1062,5
	Okt.	850	1025	937,5	875	1175	1062,5
	Nov.	850	1025	937,5	900	1225	1079
	Dez.	875	1050	950	900	1200	1071
1912	Jan.	875	1025	946	850	1200	1071
	Febr.	850	1025	929	850	1225	1062,5
	März	875	1000	925	950	1200	1046
	April	850	1025	937,5	875	1225	1079
	Mai	850	1050	950	850	1175	1062,5
	Juni	875	1000	937,5	900	1150	1037,5
	Juli	875	1025	941,5	925	1175	1079
	Aug.	875	1050	941,5	850	1175	1050
	Sept.	900	1025	950	850	1150	1037,5
	Okt.	850	1075	941,5	900	1150	1041,5
	Nov.	875	1075	954	900	1175	1062,5
	Dez.	875	1025	946	875	1175	1050
1913	Jan.	850	1050	941,5	950	1200	1062,5
	Febr.	825	1075	950	850	1175	1054
	März	750	1025	908,5	950	1175	1071
	April	900	1050	958,5	900	1200	1083,5
	Mai	875	1025	941,5	900	1200	1066,5

Jahr	Monat	Verkaufspreis (weich)			Verkaufspreis (hart)		
		niedrigster Pfg.	höchster Pfg.	durchschnittl. Pfg.	niedrigster Pfg.	höchster Pfg.	durchschnittl. Pfg.
1913	Juni	900	1075	962,5	900	1200	1071
	Juli	900	1025	958,5	950	1175	1075
	Aug.	850	1025	954	900	1200	1066,5
	Sept.	900	1100	987,5	950	1250	1104
	Okt.	950	1075	1000	900	1200	1079
	Nov.	850	1025	991,5	900	1175	1091,5
	Dez.	900	1100	991,5	950	1250	1100
1914	Jan.	900	1125	1012,5	900	1200	1079
	Febr.	925	1125	1016,5	900	1225	1104
	März	950	1100	1004	950	1200	1083,5
	April	950	1125	1037,5	1050	1200	1146
	Mai	700	1050	941,5	800	1200	1046
	Juni	1000	1100	1041,5	1050	1200	1137,5
	Juli	900	1125	1004	975	1250	1133,5
	Aug.	1150	1300	1241,5	1100	1400	1291,5
	Sept.	1300	1400	1316,5	1300	1500	1358,5
	Okt.	1100	1400	1283,5	1300	1500	1383,5
	Nov.	1300	1400	1316,5	1300	1500	1375
	Dez.	1200	1300	1266,5	1200	1500	1329
1915	Jan.	1300	1500	1416,5	1300	1600	1450
	Febr.	1400	1500	1466,5	1400	1600	1525
	März	1400	1500	1483,5	1475	1700	1562,5
	April	1400	1500	1483,5	1500	1600	1525
	Mai	1500	1500	1500	1500	1800	1596
	Juni	1500	1600	1517	1500	1800	1575
	Juli	1450	1600	1558,5	1600	1700	1625
	Aug.	1600	1600	1600	1600	1775	1662,5
	Sept.	1600	1600	1600	1600	1800	1633,5
	Okt.	1500	1600	1550	1600	1775	1650
	Nov.	1400	1600	1566,5	1600	1675	1616,5
	Dez.	1600	1600	1600	1600	1600	1600
1916	Jan.	1600	1600	1600	1600	1600	1600
	Febr.	1500	1600	1583,5	1600	1725	1633,5
	März	1750	1900	1858,5	1750	1900	1858,5
	April	1750	1900	1866,5	1750	1900	1875
	Mai	1700	1900	1858,5	1800	1900	1883,5

Brennholzpreise in Dresden pro rm einschließlich Zufuhr und Bergen.

Jahr	Monat	Buche Scheitholz Mk.	Buche grobgespaltenes Holz (in den Scheiten gemessen) Mk.	Buche klargespaltenes Holz (in den Scheiten gemessen) Mk.	Birke Scheitholz Mk.	Birke grobgespaltenes Holz (in den Scheiten gemessen) Mk.	Birke klargespaltenes Holz (in den Scheiten gemessen) Mk.	Kiefer und Fichte Scheitholz Mk.	Kiefer und Fichte grobgespaltenes Holz (in den Scheiten gemessen) Mk.	Kiefer und Fichte klargespaltenes Holz (in den Scheiten gemessen) Mk.
1887	Januar	10	13	—	—	12	—	9	11,60	12
	April	10	13	—	—	12	—	9	11,60	12
	Juli	10	13	—	—	12	—	9	11,60	12
	Oktober	10	13	—	—	12	—	9	11,60	12
1888	Januar	10	13	—	—	12	—	9	11,60	12
	April	10	13	—	—	12	—	9	11,60	12
	Juli	10	13	—	—	12	—	8,50—9	11,60	12
	Oktober	10—11	12—13,50	13—14,50	9—10	12—13	12	7—10,50	10—11,60	11—12,50
1889	Januar	10—11	12—13	13	9—11	12—13	12	7—10	9—11,60	10—12
	April	10—11	12—13	13—13,50	9—11	10—12	10—12	8,50—10	10—11,60	10—12
	Juli	10—11	12—13	13—13,50	10	12	12	8,50—10	10—11,60	10—12
	Oktober	10—12	11—13	12—13,50	9—12	10—13	11—12	8,50—10	10—10,50	11—12
1890	Januar	10—12	11—13	12—13,50	9—11	10—12	11—12	9—10	10—11	10—12
	April	9—12	11—13	11—13,50	8,50—12	10—13	10	8,50—10	10—11	10—12
	Juli	10—12	11—13	11—13,50	9—12	10—13	10—12	9—10	10—11	10—12
	Oktober	9—13	12—14	12—13,50	9—12	11—13	11—12	8—10	10—11	10—12
1891	Januar	9—13	12—14	—	9—12	10—13	—	9—10	10—11,60	10—12
	April	9—13	10—14	—	9—12	10—18	—	9—10	10—11,60	10—12
	Juli	9—13	11—14	—	9—10	10—12,50	—	9—10	10—11,60	10—12
	Oktober	9—13	11—14	—	9—10,50	10—13	—	9—10	10—11,60	10—12

1892	Januar	9—13	11—13	12	9—10,50	10—13	11	9—10	10—11,60	11—12
	April	9—13	11—14	11	9—11,50	10—13	10	9—10	10—11,60	10—12
	Juli	10—13	11—14	11	9—11,50	10—13	10	8—10	10—11,60	10—12
	Oktober	10—13	11—14	11	9—10	10—12	10	8—10	10—11,60	10—12
1893	Januar	10—13	11—14	11	9—10	10—12	10	9—10	10—11,60	10—12
	April	10—13	11—14	11	9—10,50	10—13,50	10	9—10	10—11,60	10—12
	Juli	10—13	10—14	10	9—9,50	10—12	10	9—10	10—11,60	10—12
	Oktober	10—13	11—14,50	11—13	9—11	10—13	10—13	9—10	10—12	10—12
1894	Januar	10—13	11—14,50	11	9—11	10—13	10	7,50—10	10—12	10—12
	April	10—13	11—14,50	11—13	9—12	10—13	10—13	9—10	10—11,60	10—12
	Juli	10—13	11—14,50	11—13,50	9—12	10—13	10—13,50	9—11	10—11,60	11—12
	Oktober	10—13	11—14,50	11—13,50	9—11,50	10—13	10—13,50	9—10	10—11,60	10—12
1895	Januar	10—13	11—14,50	11—13,50	9—11,50	10—12,50	10—13,50	9—10	10—11,60	10—12
	März	10—13	11—14,50	11	9—11,50	10—13	10	9—10	10—11,60	10—12
	Juli	10—13	11—14,50	11—13	8,50—9	10—12	10—11,50	8—10	10—11,60	10—12
	Oktober	10—13	11—14,50	11—13	9—11	10—12	10—13	8—10	9—11,60	10—12
1896	Januar	10—13	11—14,50	11—13	9	10—12	10	9—10	10—11,60	10—12
	April	10—13	11—14,50	11—13	9	10—12	10	9—10	10—11,60	10—12
	Juli	10—13	11—14,50	11—13	9	10—12	10	9—10	10—12	10—11,50
	Oktober	10—13	11—14	11—13	9	10—12	10	9—10	10—11,60	10—12
1897	Januar	10—13	11—14	11—13	9	10—12	10—11,50	9—10	10—12	10—12
	April	10—13	11—14	11—15	9	10—12	10	8,25—10	10—12	10—13
	Juli	10—13	11—14	11—15	9	10—12	10,50	8,25—10,75	9,50—12	11—12
	Oktober	10—13	11—13,50	11—15	9	10—12	10,50—11	8,25—10,75	9,50—11,60	11—12
1898	Januar	10—13	11—14	12—16	9	10—12	11	9—10	10—11,60	11—13
	April	10—12	11—13,50	12—15	9	10—12	11	8,25—10	9,50—11,60	11—12
	Juli	10—13	11—14	12—15	9	10—12	11	9—10	10—11,60	11—13
	Oktober	10—15	11—16	12—13	9	10—12	11	8,25—10,50	10—11,60	11—13
1899	Januar	10—15	11—16	12—13	9	10—12	11	9—10,50	10—11,60	11—13
	April	10—15	11—16	12—17	9	10	11	9—10,50	10—11,50	11—12,50

Jahr	Monat	Buche			Birke			Kiefer und Fichte		
		Scheitholz	grobgespaltenes Holz	klargespaltenes Holz	Scheitholz	grobgespaltenes Holz	klargespaltenes Holz	Scheitholz	grobgespaltenes Holz	klargespaltenes Holz
			in den Scheiten gemessen			in den Scheiten gemessen			in den Scheiten gemessen	
		Mt.	Mt.	Mt.	Mt.	Mt.	Mt.	Mt.	Mt.	Mt.
1899	Juli	10—15	11—16	12—13	9	10	11	9—11	10—11,50	11—13
	Oktober	10—14	11—15	12—13	9—11	10—13,50	11	9—11	10—12	11—14
1900	Januar	10,50—14	13—16	13	—	—	—	9—12	10,50—12,50	11,50—14,50
	April	10,50—15	13—16	—	—	—	—	9—12,50	10,50—13	—
	Juli	11—15	13—15,60	16	—	13,60	—	9,50—12	11—14,20	12—14,60
	Oktober	11—14	13,50—16	14—16,50	—	13	—	10—12	11,50—14,20	12—14,60
1901	Januar	11—14	13—16	14	—	13	—	10—12	11—14,20	12—14,60
	Februar	11—13	13—16	14—16	—	13	—	10—12	11—14,20	12—16
	März	11—13	13—16	14—15	—	—	—	10—12	11—14,20	12—14,60
	April	12—18	13—16	14	—	—	—	10—12	11—14,20	12—14,60
	Mai	12—18	13—16	14—16	—	—	—	10—12	11—14 20	11—13,50
	Juni	12—18	13—16	14	—	—	—	10—12	11—13	12—14
	Juli	12—18	13—16	14	—	—	—	10—12	11—14,20	12—14,60
	August	12—13	13—16	14	—	—	—	10—12	11—14	12—16
	Septemb.	12—13	13—16	14	—	—	—	10—12	11—14,20	12—16
	Oktober	10—14	12—17,50	13—16	—	—	13,50	9—12	10—14,20	11—14,60
	November	10—14	12—16	13—16	—	15	—	9—12	10—14,20	11—14,60
	Dezember	10—15	12—16	13—16	—	—	—	9—12	10—14,20	11—14,60
1902	Januar	10—16	12—16	13—13,50	—	15	—	9—12	10—14	11—14,60
	Februar	10—16	12—16	13—13,50	—	15	—	9—12	10—14,20	11—14,60
	März	10—16	12—16	13—13,50	—	15	—	9—12	10—14,20	11—14,60
	April	12—16	14—16	13,50	—	15	—	10—12	12—14,20	13—14,60

— 215 —

	Mai	10—16	12—16	13—15,50	—	15	—	9—12	10—14,20	11—14,60
	Juni	10—16	12—16	13—15,50	—	15	—	9—12	10—14,20	11—14,60
	Juli	10—16	12—16	13—15,50	—	15	—	9—12	10—14,20	11—14,60
	August	11—16	12,50—16	13,50—15,50	—	15	—	9—12	11,50—14,20	12,50—14,60
	Septemb.	10—12	12—15	13—15,50	12	14	—	9—11	10—12,50	11—13
	Oktober	10—16	12—16	13—15,50	—	13	—	9—12	11—12,60	11—13,50
	November	10—12	12—15	13—15,50	—	13—14	—	9—11	10—12,60	11—13
	Dezember	10,50—16	12—16	13—15,50	—	13—14	—	9—12	10—12,60	11—13
1903	Januar	9—16	12—16	13—15,50	—	13—14	14	9—12	10—12,60	11—13,50
	Februar	9—16	12—16	13	—	13—14	—	9—12	10—13	11—13,50
	März	10—16	12—16	13	—	13	13	10—12	10—13	11—13,50
	April	10—16	12—16	13—14	13,60	13—14	13	9—12,20	10—12,60	11—13,50
	Mai	10—16	12—15	13—14	—	13—14	13	9—12	10—12,60	11—13,50
	Juni	10—16	12—15	13—14	—	13—14	13—14	9—12	10—12,60	11—13,50
	Juli	10—15	12—16	13—14	—	13	—	9—12	10—12,60	11—13,50
	August	11,50—15	13,50—16	14	—	13—14	13	9—12	11—12,60	12—13,50
	Septemb.	11,50—15	13,50—16	—	—	13	13	9—12	11—12,60	12—13
	Oktober	12,50—16	13,50—15	—	—	13—14	13	9—12	11—12	12—13,50
	November	10—16	12—16,50	13	—	13—14	13	9—12	10—12,60	11—13
	Dezember	10—16	13,50—16,50	13	10—12	12—14	13	9—12	10—12,60	11—13,50
1904	Januar	10—16	12—16,50	13—15	—	13	—	10—12	10—13	11—13
	Februar	10—16	12—16,50	13—15	—	13—14	13	10—12	10—12,60	11—13
	März	10—16	12—16,50	13—15	—	13—14	13	9—13,50	10—12,60	11—13
	April	10—16	12—16,50	13—15	16	13—16,50	13	9—12	10—12,60	11—13,50
	Mai	10—16	12—16,50	13—14	—	13—16,50	13	9—12	10—12,60	11—13
	Juni	10—16	12—16,50	13—14	16	13—16,50	13	9—12	10—12,60	11—13
	Juli	10—16	12—16,50	13	16	16,50	13	9—12	10—12,60	11—13,50
	August	10—16	12—16,50	13	16	13—16,50	13	9—10	10—12,60	11—13,50
	Septemb.	10—16	12—16,50	13	16	14—16,50	—	9—12	10—12	11—13
	Oktober	10—16	13,50—16,50	13	—	13—14	13	9—12	10—12,60	11—14

Jahr	Monat	Buche			Birke			Kiefer und Fichte		
		Scheitholz	grobgespaltenes Holz	klargespaltenes Holz	Scheitholz	grobgespaltenes Holz	klargespaltenes Holz	Scheitholz	grobgespaltenes Holz	klargespaltenes Holz
			in den Scheiten gemessen			in den Scheiten gemessen			in den Scheiten gemessen	
		Mr.	Mr.	Mr.	Mr.	Mr.	Mr.	Mr.	Mr.	Mr.
1904	November	10—12	12—15	13	—	13	13	9—12	10—12,50	11—13
	Dezember	10—12	12—14	13	—	13	13	9—12	10—13,50	11—13,50
1905	Januar	12	13,50—14	—	—	13	13	10—12	11—13,50	12—13
	Februar	12	13,50—14	—	—	13—14	13	10—12	11,50—12	12—13
	März	11,25—12	13,50—14	—	11,25	13,50—14	13	10—12	11—12	12—13
	April	11,25—12	13,50—15	—	11,25	13—14	13	10—12	11—12	12—13
	Mai	11,25—12	13,50—14	13	11,25	13,50—15	13	10—11	11—12,60	12—13
	Juni	12	13,50—14	13	—	13	13	10—12	11—12,60	12—13
	Juli	12	13,50—14	13	12	13—13,50	13	10—12	11—12,60	12—13
	August	12	13,50—14	13	—	13	13	10—12	11—12,60	12—13
	Septemb.	12	13,50—14	13	—	13	13	10—12	11—12,60	12—13
	Oktober	12	13,50—14	13	—	13	13	10—12	11—12,60	12—13
	November	12	13,50—14	13	—	13	13	10—12	10—12,60	12—13
	Dezember	12	13,50—14	13	—	13	13	10—12	10—12,60	12—13
1906	Januar	12	13,50—14	13	—	13	13	10—12	10—12,60	12
	Februar	12	13,50—14	13	—	13	13	10—12	10—12,60	12—13
	März	12	13,50	13	—	—	13	10—12	10—12,60	12—13
	April	12	13,50—15	13	—	—	13	10—12	10—12,60	12—13
	Mai	12	13,50—15	13	—	—	13	10—12	10—12	12—13
	Juni	12	13,50—15	13	—	—	13	10—12	11—12	12—13
	Juli	12	13,50—15	13	—	—	13	10—12	11,50—12	12,50—13
	August	12	13,50—15	13	—	—	13	10—12	9—13,50	12—13,50
					—	—	13	10—12	9—13,50	12—13,50

	Septemb.	12—14	13,50—15,50	13	14	15,50	13	10—12	12—12,50	12—13,50
	Oktober	12—12,50	13,50—14	13	—	—	13	10—12,50	12—13,50	12,50—13,50
	November	12—12,50	13,50—14	13	—	—	13	10—12,50	12—12,50	12—13,50
	Dezember	12—12,50	14	13—14	—	—	13	10—12,50	12—13,50	12—13,50
1907	Januar	12—14	14—15,50	13	14	15,50	13	10—11,50	12—12,50	12—13,50
	Februar	12—14	14—15,50	13	14	15,50	13	10—13,50	10—12,50	13—13,50
	März	12	14—15,50	—	—	15,50	—	10—12,50	10—12,50	13—13,50
	April	12	14—15,50	13	—	15,50	13	10—13	10—13,50	13—14
	Mai	12	14—15,50	13	—	15,50	13	10—13	10—13,50	13—14
	Juni	12—14	14—15,50	13	14	15,50	13	10—13	10—14	13—14
	Juli	12—14	14—15,50	—	14	13—15,50	—	10—14	10—14	13—14
	August	12—14	14—15,50	—	14	13—15,50	—	10—13	10—14	13—14
	Septemb.	12—14	14—15,50	—	14	13,60—15,50	—	10—11	10—14	14
	Oktober	12—14	14—15,50	—	14	13,60—15,50	—	10—11	12—14	13,50—14
	November	12—14	14—15,50	—	14	13,60—15,50	—	10—11	12—13,60	13,50—14
	Dezember	12—14	14—15,50	—	14	13,60—15,50	—	10—11	12—13,60	13,50—14
1908	Januar	12—14	14—15,50	—	14	13,60—15,50	—	10—13	12—13,60	14
	Februar	12—14	14—15,50	—	14	13,60—15,50	—	10—13	12—13,60	14
	März	12—14	14—15,50	—	14	13,60—15,50	—	10—13	12—13,60	14
	April	12—14	14—15,50	—	14	13,60—15,50	—	10—12	12—13,60	14
	Mai	12—14	14—15,50	—	14	13,60—15,50	—	10—11	12—13,60	14
	Juni	12—14	14—15,50	—	14	13,60—15,50	—	10—11	12—13,60	14
	Juli	12—14	14—15,50	—	14	13,60—15,50	—	10—11	12—13,60	14
	August	12—14	14—15,50	—	14	13,60—15,50	—	10—11	12—13,60	14
	Septemb.	12—14	14—15,50	—	14	13,60—15,50	—	10—11	12—13,60	14
	Oktober	12—14	14—15	—	14	13,60—15,50	—	10—11	12—13,60	14
	November	12—14	14—15,50	—	14	13,60—15,50	—	11	12—13,60	14
	Dezember	12—14	14—15,50	—	14	13,60—15,50	—	11	12—13,60	14
1909	Januar	12—14	14—15,50	—	14	13,60—15,50	—	11	12—13,60	14
	Februar	12—14	14—15,50	—	14	13,60—15,50	—	11	12—13,60	14

Jahr	Monat	Buche			Birke			Kiefer und Fichte		
		Scheitholz	grobgespaltenes Holz	klargespaltenes Holz	Scheitholz	grobgespaltenes Holz	klargespaltenes Holz	Scheitholz	grobgespaltenes Holz	klargespaltenes Holz
			in den Scheiten gemessen			in den Scheiten gemessen			in den Scheiten gemessen	
		Mk.	Mk.	Mk.	Mk.	Mk.	Mk.	Mk.	Mk.	Mk.
1909	März	12—14	14—15,50	—	14	14—15,50	—	11	12—13,60	14
	April	12—14	14—14,50	—	12—14	14—14,50	—	11	12—13,60	14
	Mai	12—14	14—14,50	—	12—14	14—14,50	—	11	12—13,60	14
	Juni	12—14	14—14,50	—	12—14	14—14,50	—	11	12—13,60	14
	Juli	12—14	14—14,50	—	12—14	14—14,50	—	11	12—13,60	14
	August	12—14	14—14,50	—	12—14	14—14,50	—	11	12—13,60	14
	Septemb.	12—14	14—14,50	—	12—14	14—14,50	—	11	12—13,60	14
	Oktober	12—14	14—14,50	—	12—14	14—14,50	—	10—11	12—13,60	14
	November	12—14	14—14,50	—	12—14	14—14,50	—	10—11	12—13,60	14
	Dezember	12—14	14—14,50	—	12—14	14—14,50	—	10—11	12—13,60	14
1910	Januar	12—14	14—14,50	—	12—14	14—14,50	—	10—11	12—13,60	14
	Februar	12—14	14—14,50	—	12—14	14—14,50	—	10—11	12—13,60	14
	März	12—14	14—14,50	—	12—14	13,60—14,50	13,60	10—11	12—13,60	14
	April	12—13	14	—	12—13	13,60—14	13,60	10—11	12—13,60	14
	Mai	12—13	14	—	12—13	13,60—14	13,60	10—11	12—13,60	14
	Juni	12—13	14—14,50	—	13	13,60—14,50	13,60	10—11	12—13,60	14
	Juli	12—13	14—14,50	—	13	13,60—14,50	13,60	10—11	12—13,60	13—14
	August	12—13	14—14,50	—	13	13,60—14,50	13,60	10—11	12—13,60	13—14
	Septemb.	12—13	14—14,50	—	13	13,60—14,50	13,60	10—11	12—13,60	13—14
	Oktober	12—13	14	—	12,50—13	13,60—14	13,60	10—11	12—13,60	13—14
	November	12—13	14—14,50	—	12,50—13	13,60—14,50	13,60	10—11	12—13,60	13,50—14
	Dezember	12—13	14—15	—	13	13,60—15	13,60	11	12—13,60	14

1911	Januar	12—13	14—15	—	13	13,60—15	13,60	11	11—13,60	13—14
	Februar	12—13	14—15	—	13	13,60—15	13,60	11	11—13,60	13—14
	März	12—13	14—15	—	13	13,60—15	13,60	10—11	11—13,60	13—14
	April	12—13	14—15	—	12—13	13,60—15	13,60	11	12—13,60	13—14
	Mai	12—13	14—15	—	13	13,60—15	13,60	11	12—13,60	14
	Juni	12—13	14—14,50	—	13	13,60—14,50	13,60	11	12—13,60	13,50—14
	Juli	12—13	14—14,50	—	13	13,60—14,50	13,60	11	12—13,60	13—14
	August	12—13	14—14,50	—	13	13,60—14,50	13,60	11	12—13,60	13,50—14
	Septemb.	12—13	14—14,50	—	13	13,60—14,50	13,60	11—12	12—13,60	14
	Oktober	12—13	14—14,50	—	13	13,60—14,50	13,60	11—12	12—13,60	13,50—14,50
	November	12—13	14—14,50	—	12,50—13	13,60—14,50	13,60	11—12	12—13,60	13,50—14,50
	Dezember	12—13	14—14,50	—	12,50—13	13,60—14,50	13,60	11—12	12—13,60	13,50—14,50
1912	Januar	12—13	14—14,50	—	12,50—13	13,60—14,50	13,60	11—12	12—13,60	14—14,50
	Februar	12—13	14—14,50	—	12,50—13	13,60—14,50	13,60	11—12	12—13,60	14—14,50
	März	12—13	14—14,50	—	13	13,60—14,50	13,60	11—12	12—13,60	14—14,50
	April	12—13	14—14,50	—	13	13,60—14,50	13,60	11—12	12—13,60	13,50—14,50
	Mai	12—13	14—14,50	—	13	13,60—14,50	13,60	11—12	12—13,60	14—14,40
	Juni	12—13	14—14,50	—	13	13,60—14,50	13,60	11—12	12—13,60	14—14,40
	Juli	12—13	14—14,50	—	13	13,60—14,50	13,60	11—12	12,20—13,60	14—14,40
	August	12—13	14—14,50	—	13	13,60—14,50	13,60	10—12	12,20—13,60	14—14,40
	Septemb.	12—13	14—14,50	—	13	13,60—14,50	13,60	11—12	12,20—13,60	14—14,40
	Oktober	12—13	14—14,50	—	13	13,60—14,50	13,60	11—12	12,20—13,60	14—14,40
	November	12—13	14—14,50	—	13	13,60—14,50	13,60	11—12	12,50—13,60	14—14,40
	Dezember	12—13	14—14,50	—	13	13,60—14,50	13,60	11—12	12,50—13,60	14—14,40
1913	Januar	12—13	14—14,50	—	13	13,60—14,50	13,60	11—12	12,50—13,60	14—14,40
	Februar	12—13	14—14,50	—	13	13,60—14,50	13,60	11—12	12,20—13,60	14—14,40
	März	12—13	14—14,50	—	13	13,60—14,50	13,60	11—12	12,20—13,60	14—14,40
	April	12—13	14—14,50	—	13	13,60—14,50	13,60	11—12	12,20—13,60	14—14,40
	Mai	12—13	14—14,50	—	13	13,60—14,50	13,60	11—12	12,20—13,60	14—14,50
	Juni	12—13	14—14,50	—	13	13,60—14,50	13,60	11—12	12,20—13,60	14—14,50

Jahr	Monat	Buche			Birke			Kiefer und Fichte		
		Scheitholz	grobgespaltenes Holz	Klargespaltenes Holz	Scheitholz	grobgespaltenes Holz	Klargespaltenes Holz	Scheitholz	grobgespaltenes Holz	Klargespaltenes Holz
			in den Scheiten gemessen			in den Scheiten gemessen			in den Scheiten gemessen	
		Mk.	Mk.	Mk.	Mk.	Mk.	Mk.	Mk.	Mk.	Mk.
1913	Juli	12—13	14—14,50	15	13	13,60—14,50	13,60	11—12	12,20—13,60	14—14,40
	August	12—13	14—14,50	15	13	13,60—14,50	13,60	11—12	12,20—13,60	14—14,40
	Septemb.	12—13	14—14,50	—	13	13,60—14,50	13,60	11—12	12,20—13,60	13,50—14,40
	Oktober	12	14	—	12	13,60—14	13,60	11—12	12,50—13,60	13,50—14,40
	November	12	14	—	12	13,60—14	13,60	11—12	12,50—13,60	13,50—14,40
	Dezember	12	14	—	12	13,60—14	13,60	11—12	12,50—13,60	14—14,40
1914	Januar	12	14	—	12	13,60—14	13,60	11—12	12,50—13,60	14—14,40
	Februar	12	14	—	12	13,60—14	13,60	11—12	12,50—13,60	14—14,40
	März	12	14	—	12	13,60—14	13,60	11—12	12,50—13,60	14—14,40
	April	12,50	14	—	12,50	13,60—14	13,60	11—12,50	12,50—13,60	14—14,40
	Mai	12,50	14	—	12,50	13,60—14	13,60	11—12,50	12,50—13,60	14—14,40
	Juni	12,50	14	—	12,50	13,60—14	13,60	11—12,50	12,50—13,60	14—14,40
	Juli	12,50	14	—	12,50	13,60—14	13,60	11—12,50	10—14	11,40—14,40
	August	12,50	14	—	12,50	14	13,60	11	12,50—14	14—14,40
	Septemb.	12	14—15	—	12	13,60—14	13,60	11	13,60—14	14—14,40
	Oktober	12	14—15	—	12	13,60—14	—	11	13,60—14	14—16
	November	12—14	14—15	—	12—14	13,60—14	—	11—12	13—14	—
	Dezember	12—14	14—15	—	12—14	13,60—14	—	11—12	13—14	14—16
1915	Januar	12	14—15	—	12	13,60—14	—	11—12	13,60—14	14—16
	Februar	12	14—15	—	12	13,60—14	—	11—12	13,60—14	14—16
	März	12	14—15	—	12	13,60—14	—	11	13,60	14—16
	April	12—15	14—15	—	12	14—15	—	11	13,60	14—17,60

Jahr	Monat									
	Mai	13,50	14—15	—	13,50	14—15	—	12	13,50—13,60	14—17,60
	Juni	13,50	14—15	—	13,50	14—15	—	12	13,50—13,60	14—17,60
	Juli	13,50	15—17	—	13,50	15—16,40	17	12	13,50—16,40	14,50—17,60
	August	13—14	15—17	—	13—14	15—16,40	17	13	14,50—16,40	.16—17,60
	Septemb.	13—14	15—17	—	13—14	15—17	17	12	14,50—16,40	16,50—17,60
	Oktober	—	16—17	—	—	16—17	17	—	16,40	17—17,60
	November	—	16—17	—	—	16—17	17	—	16,40	17—17,60
	Dezember	16	16—17,50	—	16	17	17	—	16,40	17—17,60
1916	Januar	—	16—17	—	—	16,40	17	—	16—16,40	17—17,60
	Februar	16	16—17,50	—	—	16,40	17	—	16—16,40	17—17,60
	März	—	16—17	19,20	—	16,40	17	—	16—16,40	17–17,60
	April	—	16—20	—	—	16,40	17	15	16—16,50	17—20